"十四五"时期国家重点出版物出版专项规划项目
碳中和负碳技术·二氧化碳地质利用与封存丛书
总主编　庞忠和　李小春

碳中和目标下CCUS技术发展与投资评价研究

CCUS Technology Development and Investment Assessment Under the Carbon Neutrality Goal

张　贤　樊静丽　著

華東理工大學出版社
EAST CHINA UNIVERSITY OF SCIENCE AND TECHNOLOGY PRESS
·上海·

图书在版编目(CIP)数据

碳中和目标下 CCUS 技术发展与投资评价研究 / 张贤，樊静丽著. -- 上海 ：华东理工大学出版社，2024. 12.
(碳中和负碳技术 · 二氧化碳地质利用与封存丛书 / 庞忠和，李小春总主编). -- ISBN 978-7-5628-7433-1

Ⅰ. X701.7

中国国家版本馆 CIP 数据核字第 20252UW788 号

内 容 提 要

随着全球气候变化形势日益严峻，CCUS 技术已成为不可或缺的关键减排技术，大规模部署 CCUS 技术对中国实现碳中和目标和缓解气候变化危机至关重要。

本书共十章，辅以附录形式对所涉计算进行补充说明。第 1 章主要分析了全球及代表性国家的一次能源消费和二氧化碳排放变化趋势，以及中国的一次能源消费和二氧化碳排放特征。第 2 章讨论了 CCUS 技术与中国减排系统的关系，总结梳理了中国 CCUS 技术成熟度、项目进展、政策体系。第 3 章详细分析了中国 CCUS 地质封存与利用潜力。第 4 章至第 7 章针对中国主要工业排放源（燃煤电厂、钢铁厂、水泥厂、煤化工厂），分析了 CCUS 减排潜力，并进行了投资效益评价。第 8 章进行了中国煤制氢 CCUS 投资效益评价。第 9 章以煤电行业为例，介绍了中国 CCUS 技术与水资源协同发展。第 10 章剖析了碳中和目标下中国 CCUS 发展机遇与挑战。本书适合 CCUS 技术研究及大气污染防治领域的科研人员、设计人员、管理人员、高等院校师生及政府公务人员参考借鉴。

项目统筹 / 马夫娇
责任编辑 / 陈婉毓
责任校对 / 赵子艳
装帧设计 / 徐　蓉
出版发行 / 华东理工大学出版社有限公司
地址：上海市梅陇路 130 号，200237
电话：021－64250306
网址：www.ecustpress.cn
邮箱：zongbianban@ecustpress.cn
印　　刷 / 上海中华商务联合印刷有限公司
开　　本 / 710 mm×1000 mm　1/16
印　　张 / 18
字　　数 / 326 千字
版　　次 / 2024 年 12 月第 1 版
印　　次 / 2024 年 12 月第 1 次
定　　价 / 228.00 元

序 | Preface

在人类文明发展的长河中，气候变化已成为横亘于全球发展前路的重大挑战。世界各国以前所未有的共识与决心，锚定本世纪中叶实现净零排放的宏伟目标，共同筑起守护地球家园的绿色防线。作为负责任的发展中大国，中国以非凡的战略定力与大国担当，郑重许下“2030 年前实现碳达峰，2060 年前实现碳中和”的“双碳”承诺。这不仅是对全球气候治理的庄严回应，更是加快经济社会发展全面绿色转型、实现可持续发展的时代抉择。

与欧美发达国家相比，中国迈向碳中和的征程面临着独特而艰巨的双重结构性挑战。一方面，我国正处于经济从高速增长阶段转向高质量发展阶段的关键时期，庞大的人口基数决定了我们必须统筹兼顾经济增长、民生改善、能源安全与低碳转型等多重目标，并在发展与减排、整体与局部、短期与长期的复杂关系中寻求动态平衡；另一方面，我国碳达峰时的排放量预计将远超主要发达国家的历史峰值，而从碳达峰到碳中和的时间跨度仅约 30 年，较发达国家普遍周期大幅缩短，这无疑为减排任务增添了巨大压力。实现“双碳”目标，本质上是一场深刻重塑经济社会发展模式的系统性变革，其核心在于以技术创新为驱动，推动各领域深度脱碳，从而为高质量发展注入新动能。

在众多减排技术中，碳捕集、利用与封存(CCUS)技术犹如一颗璀璨明珠，闪耀着独特而关键的战略光芒。它不仅能为钢铁、水泥、化工等难以完全电气化或高度依赖化石能源的工业部门，以及传统火电行业，提供大规模、快速深度脱碳的“利器”；还能与生物质能等零碳能源、直接空气碳捕集技术协同发力，创造宝贵的负排放空间，有效抵消难减排领域的剩余碳排放。更为重要的是，通过将捕集到的二氧化碳进行资源化利用，如合成燃料、化学品、建筑材料及强化驱油等，CCUS 技术还能催生出全新的产业链条，成为经济增长的新引擎。

立足中国国情，CCUS 技术展现出强大的适配性和广阔的应用前景。从资源禀赋上看，我国陆上及近海盆地拥有巨大的理论地质封存潜力；以煤为主的能源结构在短期内难以根本改变，加之密集排放的支柱性产业体量大、减排难度高，丰富的生物质资源则为 CCUS 技术规模化部署提供了坚实的物质基础。在技术发展层面，近年来我国持续加大研发投入，CCUS 技术创新与工程示范加速推进，捕集能力实现数倍增长并迈入百万吨级行列，项目覆盖行业不断拓展，诸多关键技术已接近国际先进水平。在政策支持方面，CCUS 技术被写入《中华人民共和国国民经济和社会发展第十四个五年规划和 2035 年远景目标纲要》，低碳、零碳、负碳技术支持政策体系日臻完善，绿色金融工具、碳市场建设与国际合作持续深化。可以说，CCUS 技术已成为我国实现碳中和目标不可或缺的重要支撑。

然而，我们必须清醒地认识到，无论是放眼全球，还是聚焦国内，现阶段 CCUS 项目的实际部署规模与实现气候目标所需的规模相比，仍存在巨大差距。其中，对 CCUS 技术全链条碳减排成本效益、长期投资风险与决策方案，以及其在复杂能源系统中、在不同的区域和行业背景下可实现减排潜力的科学认知不够清晰，成为制约其发展的关键因素。尤其是在我国碳中和目标的严格约束下，CCUS 技术发展的优先方向、最优部署策略、成本下降路径，以及大规模商业化推广的瓶颈，亟待深入研究与破解。

该书正是为应对上述核心挑战而作。作者团队凭借长期深耕该领域的深厚积累与实践经验，聚焦我国 CCUS 技术规模化应用的关键维度，展开了系统而深入的研究。书中全面剖析了碳中和目标下 CCUS 的战略定位，精细化评估了地质封存潜力，深入分析了重点工业行业的减排潜力与技术经济性，量化研究了复杂政策环境下的投资决策风险效益，以及规模部署可能产生的环境影响。作者团队创新性地开发并应用了一系列定量分析模型，形成了一批精细化、系统性的研究成果。这不仅深化了 CCUS 投资决策与碳减排效益评估的理论体系，更在国家和行业层面为制定 CCUS 发展路径规划、部署方案和政策设计提供了坚实的科学决策依据。

当前，我国碳中和进程已进入攻坚克难的关键阶段。该书中的研究成果，将为 CCUS 项目前期可行性研究、全链条商业价值评估，以及国家、区域和行业层面的宏观战略与政策设计，提供全新的思路与解决方案。我们期待，该书的出版能够成为推动 CCUS 全产业链技术协同创新、商业模式突破的强劲引擎，进一步凝聚产学研用各界共识，加速构建符合我国自主减排需求的 CCUS 发展新格局，为科技助力实现“双碳”目标注入磅礴力量，也为推动全球气候治理、构建人类命运共同体作出积极贡献。

在此，谨向为该书撰写付出辛勤努力、倾注智慧心血的作者团队，致以最诚挚的敬意与感谢！

中国工程院院士　彭苏萍

前言 | Foreword

2020 年 9 月，在第七十五届联合国大会一般性辩论的国际舞台上，习近平主席以高瞻远瞩的战略眼光郑重宣布："中国将提高国家自主贡献力度，采取更加有力的政策和措施，二氧化碳排放力争于 2030 年前达到峰值，努力争取 2060 年前实现碳中和。"这一承诺不仅彰显了中国作为负责任大国参与全球气候治理的坚定决心，更标志着我国经济社会发展全面向绿色低碳转型的壮丽启航。为实现这一宏伟目标，需要系统推进低碳、零碳和负碳等关键技术创新，构建支撑生态文明建设的科技体系。其中，碳捕集、利用与封存(CCUS)技术作为实现碳中和的核心技术路径之一，近年来在关键技术突破与示范项目建设上持续取得重大进展，正释放出重塑能源工业格局的巨大潜力。

CCUS 技术在能源转型的进程中发挥着双重关键作用：一方面，与化石能源深度融合，为电力等高碳工业部门开辟深度脱碳新路径；另一方面，与生物质能或直接空气碳捕集技术协同发力，创造宝贵的负排放空间，有效拓展剩余碳排放容量。中国作为全球最大的碳排放国，其复杂多元的排放源、丰富的地质封存资源和庞大的工业体系，共同构成了 CCUS 技术规模化应用的坚实基础。然而，技术成本高昂、成熟度不足、发展路径不确定性高，以及空间基础设施布局不均衡等诸多挑战，使得 CCUS 技术在减排潜力挖掘、投资决策优化、环境影响评估等关键领域仍需开展系统性、前瞻性的研究。

本书紧扣我国碳中和战略目标，围绕 CCUS 技术发展与投资评价核心命题，展开了多维度、深层次的学术探索。全书以十章架构构建了完整的研究体系：前两章放眼全球视野与国家战略，系统梳理 CCUS 技术的时代使命，剖析其在中国碳中和技术体系中的关键定位；第 3 章以县域尺度为研究单元，精细测算地质封存容量与注入能力，精准识别区域减排潜力与早期发展机遇；第 4 章至第 8 章深入煤电、钢铁、水泥、现代煤化工及煤制氢等重点行业，通过构建实物期权模型、进行全生命周期评价等方法，量化评估减排潜力与投资效益；第 9 章聚焦 CCUS 技术与水资源协同发展，揭示 CCUS 技术与水资源利用的耦合关系；第 10 章立足发展全局，展望我国 CCUS 技术的未来图景，提出政策优化途径。

在研究过程中，我们秉持严谨治学态度，创新运用空间分析、经济模型、政策模拟等多元方法，力求实现理论深度与实践价值的有机统一。在煤电行业研究中，通过源汇匹配优化模型，探索燃煤电厂与封存地的最优连接路径；在钢铁、水泥等行业分析中，引入实物期权理论，为企业投资决策提供动态评估框架；在现代煤化工与煤制氢领域，构建多情景模拟体系，预测技术发展趋势与经济可行性。这些研究成果不仅深化了对 CCUS 技术经济规律的认知，还为国家战略规划、行业转型升级提供了科学决策依据。

本书的完成，凝聚着众多科研工作者的智慧与心血。张贤、樊静丽两位学者统筹组织与协调跨学科研究团队；张贤、樊静丽、鲜玉娇、李凯、项小娟、周世宇、谢小玉、李吉喆、吕昊东、王钰璇、李泽政、谷长宛、毛依帆、解静静、于鹏伟、郝文超、许毛、李楠、马盼盼、延文高、杨琳、刘辉祥、王雅先等各章节作者发挥专业所长，在数据采集、模型构建、成果撰写中力求精益求精；王兵、李向前、周文龙、肖姝璇、王智、丁自霞、李超洋、巨展奇、赵祎丹、陈继明、王晨等同仁积极参与讨论及校对，为书稿质量保驾护航。在研究过程中，彭苏萍、李阳、贺克斌、刘合、高翔、葛世荣、魏一鸣、魏伟、方梦祥、周宏伟、彭勃、王兆华、张九天、刘兰翠、陈彬、王灿、关大博、温宗国、鲁玺、侯运炳、高林、王涛、芮振华、刘宇、穆献中、吴玉峰、林千果、梁希等院士、专家的悉心指导，以及柯兵、陈其针、孙洪、戴彦德、聂立功、吴刚、刘强、王鹤鸣、王乐、王天堃、周爱国、许世森、张建等学界、业界人士的广泛支持，为本书注入了宝贵的学术养分与实践经验。在此，谨向所有关心、支持本书创作的同仁致以最诚挚的谢意！

面对全球气候变化的严峻挑战，CCUS 技术的发展既肩负着破解能源转型难题的历史使命，也面临着技术突破与市场培育的双重考验。受研究条件与认知水平所限，本书在技术经济预测、政策情景模拟等方面或存不足，恳请学界同仁不吝赐教。期待本书能为我国 CCUS 技术创新与产业发展提供有益参考，助力“双碳”目标实现，并为全球气候治理贡献智慧。

著　者
2024 年 9 月

目录 | Contents

第 1 章

绪　论

能源消费产生的二氧化碳排放对全球气候变化和经济社会发展的影响日益显著。作为实现全球温控目标的关键技术之一，碳捕集、利用与封存（carbon capture，utilization and storage，CCUS）技术备受国际社会关注。本章将首先围绕一次能源消费和二氧化碳排放，分析全球及代表性国家的一次能源消费和二氧化碳排放变化趋势；其次从能流和碳流的角度，详细分析中国的一次能源消费和二氧化碳排放特征；最后在全球气候变化和减排需求增加的背景下，探讨 CCUS 技术在应对全球气候变化中所发挥的作用。

1.1　全球能源消费和碳排放趋势

本节分析了近三十年全球一次能源消费与二氧化碳排放趋势。在分类标准方面，地区分类参考了国际能源署（IEA）的相关报告；能源品种包含煤炭、石油、天然气、核能、水电和可再生能源六大类；在二氧化碳排放分析中，核能、水电和可再生能源被合并为其他能源。相关数据来源于英国石油公司（BP）、英国能源协会（EI）、IEA，以及全球大气研究排放数据库（EDGAR）。一次能源消费量根据《世界能源统计年鉴》提供的热当量值进行换算，二氧化碳排放量是指一次能源直接燃烧所排放的二氧化碳的总量。

1. 全球一次能源消费总量和二氧化碳排放总量近三十年的年均增长率均保持在 2%以内

全球一次能源消费总量和二氧化碳排放总量持续增长，而主要地区的一次能源消费量和二氧化碳排放量呈现不同程度的变化趋势（图 1-1、图 1-2）。全球一次能源消费总量从 1990 年的 112.7 亿吨标准煤增长至 2022 年的 206.2 亿吨标准煤，年均增长率为 1.9%；全球二氧化碳排放总量从 1990 年的 225.2 亿吨增长至 2022 年的 385.2 亿吨，年均增长率为 1.7%。从全球主要地区来看，欧洲和北美洲的一次能源消费量增长缓慢，年均增长率分别为 0.28%和 0.75%；同时，这两个地区的二氧化碳排放量呈现不同程度的上升趋势，2022 年较 1990 年分别上升了 25.7 亿吨和 2.1 亿吨，年均增长率分别为 1.9%和 0.1%。相反，以发展中国家为主体的亚太地区（不包括中国）的一次能源消费量和二氧化碳排放量则保持较快增长，2022 年，该地区的一次能源消费量达到 40.4 亿吨标准煤，二氧化碳排放量为 73.5 亿吨。1990—2022 年，亚太地区（不包括中国）这两项指标的年均增长率分别为 3.0%和 2.7%，这主要是由于发展中国家为实现经济增长而增加了能源密集型产业和碳密集型产业的比重。此外，在全球各主要地区中，中国的一次能源消费量和二氧化碳排放量增长最为显著。1990—2022 年，中国这两项指标的年均增长率分别为 5.6%和 5.3%。到 2022 年，中国一次能源消费量在全球一次能源消费总量中的占比达到 26.4%，中国二氧化碳排放量在全球二氧化碳排放总量中的占比达到 32.9%。

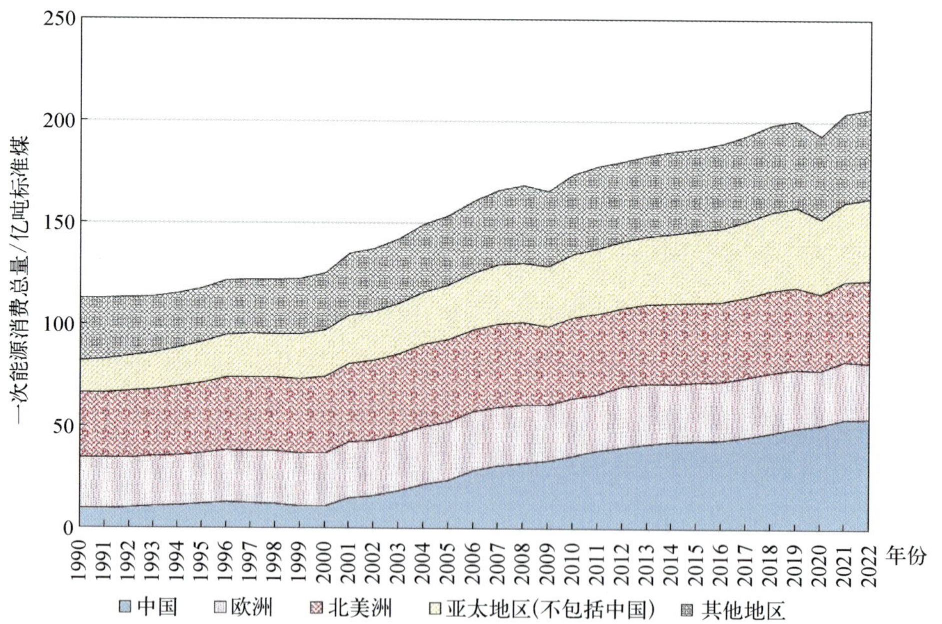

图 1-1　1990—2022 年全球一次能源消费总量

（数据来源：BP、EI）

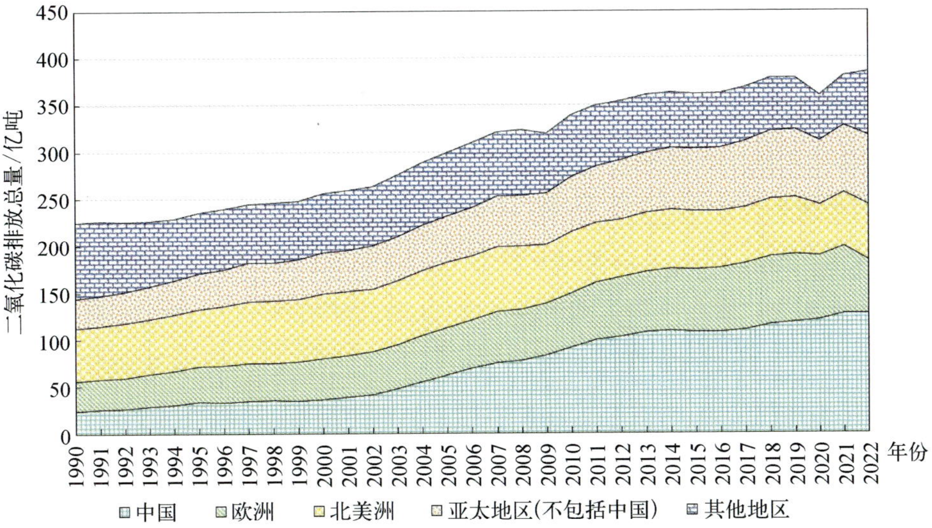

图 1 - 2 1990—2022 年全球二氧化碳排放总量

(数据来源：EDGAR)

2. 全球人均一次能源消费量和人均二氧化碳排放量近三十年持续增长

随着经济的发展，全球人均一次能源消费量和人均二氧化碳排放量总体保持上升态势(图 1 - 3)，具体可以分为以下三个阶段：

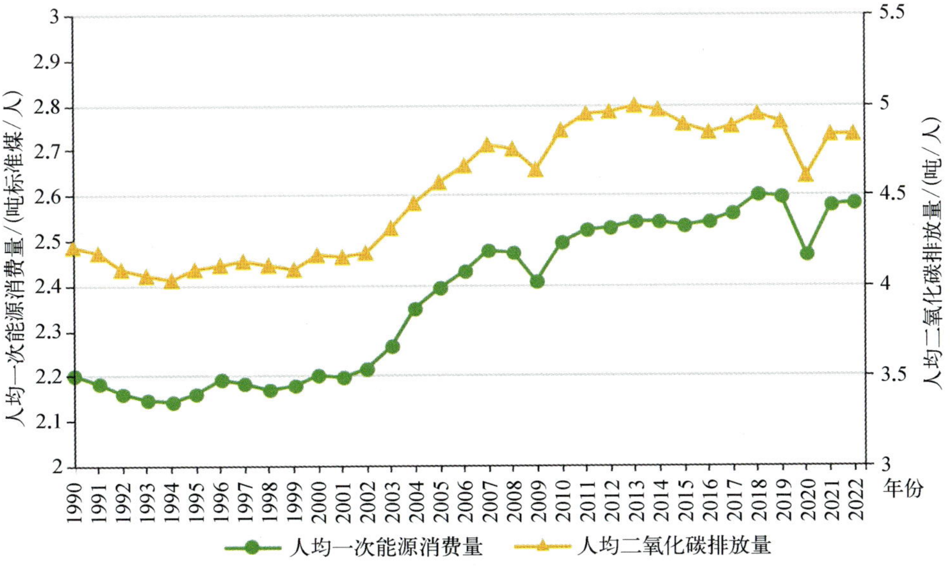

图 1 - 3 1990—2022 年全球人均一次能源消费量与人均二氧化碳排放量

(数据来源：BP、EI、EDGAR)

第一阶段为 1990—2002 年的低速发展阶段，全球人均一次能源消费量和人均二氧化碳排放量增长相对平缓。第二阶段为 2003—2011 年的高速增长阶段，全球人均一次能源消费量和人均二氧化碳排放量明显上升，从 2003 年的约 2.3 吨标准煤/人和近 4.3 吨/人分别增长至 2011 年的约 2.5 吨标准煤/人和近 5.0 吨/人，年均增长率分别为 1.0%和 1.9%。这主要受到中国加入世界贸易组织后全球经济和社会高速发展的刺激，从而推动了全球人均一次能源消费量和人均二氧化碳排放量的快速增长。第三阶段为 2012—2022 年的波动达峰阶段，全球人均一次能源消费量和人均二氧化碳排放量趋于平稳，到 2022 年，这两项指标分别为 2.6 吨标准煤/人和 4.8 吨/人。随着社会经济的进一步发展，各国开始转变经济发展模式，逐步摆脱不合理的能源消费和产业发展模式。

3. 近三十年，石油和煤炭在全球一次能源消费结构中的合计占比超 58%，在二氧化碳排放结构中的合计占比超 76%

1990—2022 年，全球一次能源消费结构中的石油占比逐渐下降，煤炭占比保持稳定，可再生能源占比持续攀升（图 1-4）。石油消费量占全球一次能源消费总量的比重从 1990 年的 39.4%下降至 2022 年的 31.6%，煤炭消费量在全球一次能源消费总量中的占比在过去近三十年里基本在 24.6%～30.4%之间波动，石油和

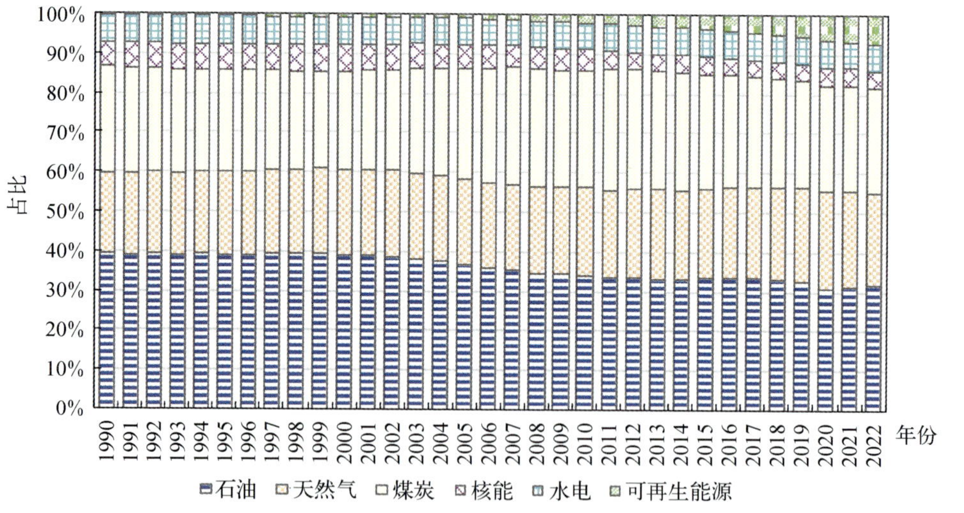

图 1-4　1990—2022 年全球一次能源消费结构变化①

（数据来源：BP、EI）

① 图中可再生能源包括生物燃料，但不包括水电。

煤炭的累计消费量占比则稳定在55%以上。天然气消费量在全球一次能源消费总量中的占比略微增加，从1990年的20.4%增长到2022年的23.5%，年均增长率为0.44%。可再生能源的消费量占比持续提升，从1990年的0.50%增长到2022年的7.48%，年均增长率为8.8%。

自1990年以来，石油在全球二氧化碳排放结构中的占比呈下降趋势，从1990年的38.0%下降至2021年的32.0%（图1-5）。作为全球主要供应能源之一，煤炭在全球二氧化碳排放结构中的占比在过去近三十年里稳定保持在37.5%～46.5%。随着技术的进步，全球对天然气的开采和利用水平不断提高，作为碳排放因子较低的化石能源，天然气的二氧化碳排放量占比逐年增加，其占全球二氧化碳排放总量的比重从1990年的16.4%上升至2021年的22.4%，年均增长率为1.0%。

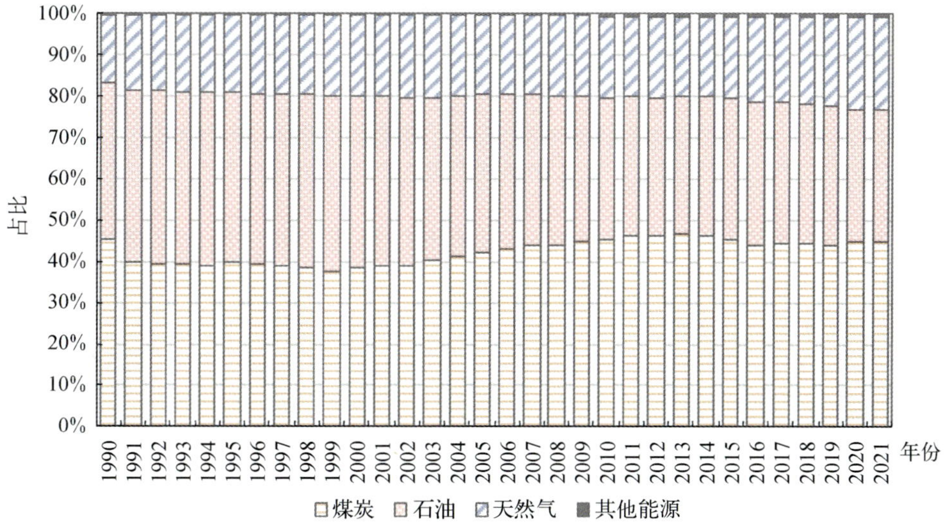

图1-5　1990—2021年全球二氧化碳排放结构变化

（数据来源：IEA）

4. 全球终端一次能源消费集中分布在交通运输业、工业，二氧化碳排放集中分布在发电和供热部门

从终端消费部门来看，交通运输业、工业、住宅业是全球终端一次能源消费的主要部门（图1-6）。其中，交通运输业的一次能源消费占比在1990—2021年一直稳定在25%以上；工业的一次能源消费占比则呈上升趋势，从1990年的28.8%上升至2021年的30.1%。交通运输业和工业在全球终端一次能源消费中的合计占比在过去近三十年里始终高于50%。相比之下，住宅业的一次能源消费占比呈下

降趋势，从 1990 年的 24.3%下降至 2021 年的 21.5%，下降幅度为 2.8%。2021 年，商业和公共服务业的一次能源消费占比为 7.9%，较 1990 年上升了 0.8%。

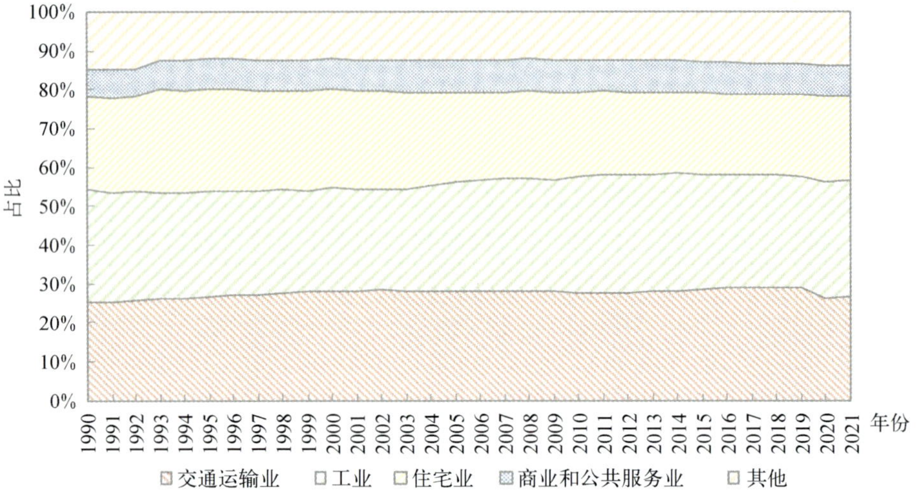

图 1-6　1990—2021 年全球一次能源消费的终端部门结构变化①

（数据来源：IEA）

随着全球电气化水平的不断提高，发电和供热部门的二氧化碳排放占比持续增加，从 1990 年的 37.2%上升至 2021 年的 43.6%，年均上升 0.21%（图 1-7）。

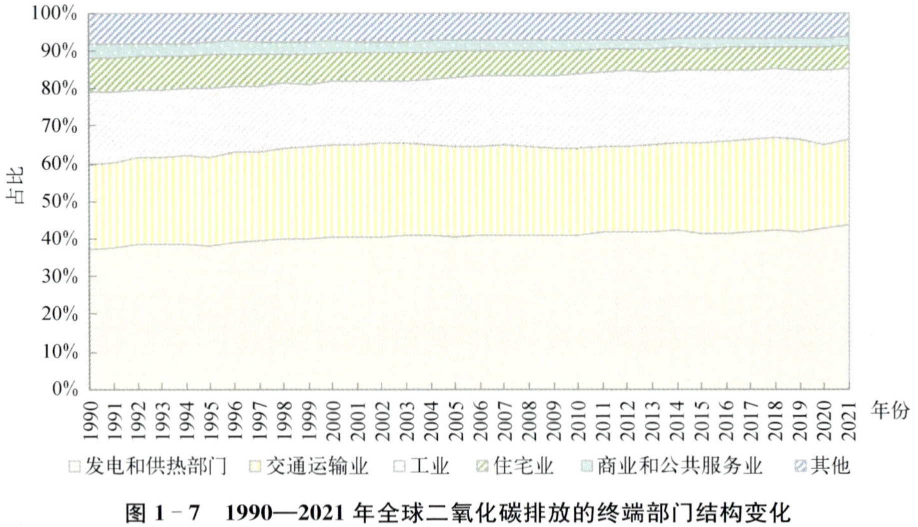

图 1-7　1990—2021 年全球二氧化碳排放的终端部门结构变化

（数据来源：IEA）

① 发电和供热部门包含在图中工业中。

此外，1990—2021年，交通运输业与工业的二氧化碳排放占比相对稳定，分别为22.3%～24.9%与16.3%～20.1%。住宅业与商业和公共服务业的二氧化碳排放占比则略有下降，从1990年的9.0%和3.7%分别下降至2021年的5.9%和2.4%，年均下降幅度分别为0.10%和0.04%。

1.2 代表性国家能源消费和碳排放趋势

本节分析了十个代表性国家（中国、美国、印度、俄罗斯、日本、加拿大、巴西、德国、法国、英国）的一次能源消费与二氧化碳排放趋势。数据主要来源于BP、EI、IEA、EDGAR、世界银行等机构。其中，能源品种包括煤炭、石油、天然气、核能、水电和可再生能源六大类，少数代表性国家使用的风能、太阳能等可再生能源由于量小而忽略不计；一次能源消费量根据《世界能源统计年鉴》提供的热当量值换算为标准煤；在二氧化碳排放趋势的分析中，核能、水电和可再生能源被合并为其他能源。

1. 近三十年，代表性发达国家和代表性发展中国家①的一次能源消费量总体呈现增长趋势，二氧化碳排放量的变化趋势则相反

自1990年以来，半数代表性国家的一次能源消费量表现为一定程度的增长（图1-8）。在代表性发达国家中，仅美国和加拿大2022年的一次能源消费量较1990年有所增加，而日本、德国、法国、英国等国家的一次能源消费量均呈现下降趋势。在代表性发展中国家中，除了俄罗斯2022年的一次能源消费量低于1990年，中国、印度、巴西等国家的一次能源消费量在此期间均显著上升。综合来看，中、美两国的一次能源消费量远超其他代表性国家，2022年分别为54.4亿吨标准煤和32.8亿吨标准煤，位居世界第一和第二，年均增长率分别为5.6%和0.5%。

自1990年以来，代表性发达国家和代表性发展中国家的二氧化碳排放量呈现相反的变化趋势（图1-9）。在代表性发达国家中，除加拿大2022年的二氧化碳排放量较1990年有小幅增长外，美国、日本、德国、英国和法国等国家的二氧化碳排放量均呈现下降趋势。其中，美国的二氧化碳排放量由1990年的49.8亿吨下降

① 在本节中，代表性发达国家是指十个代表性国家中的发达国家，代表性发展中国家同理。

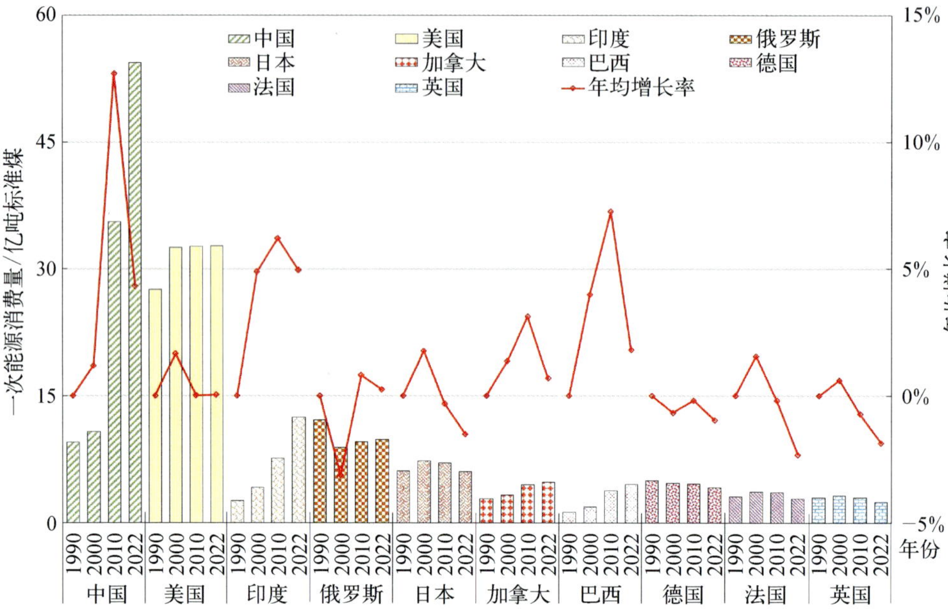

图 1-8　代表性国家的一次能源消费量变化(1990 年、2000 年、2010 年和 2022 年)

(数据来源：BP、EI)

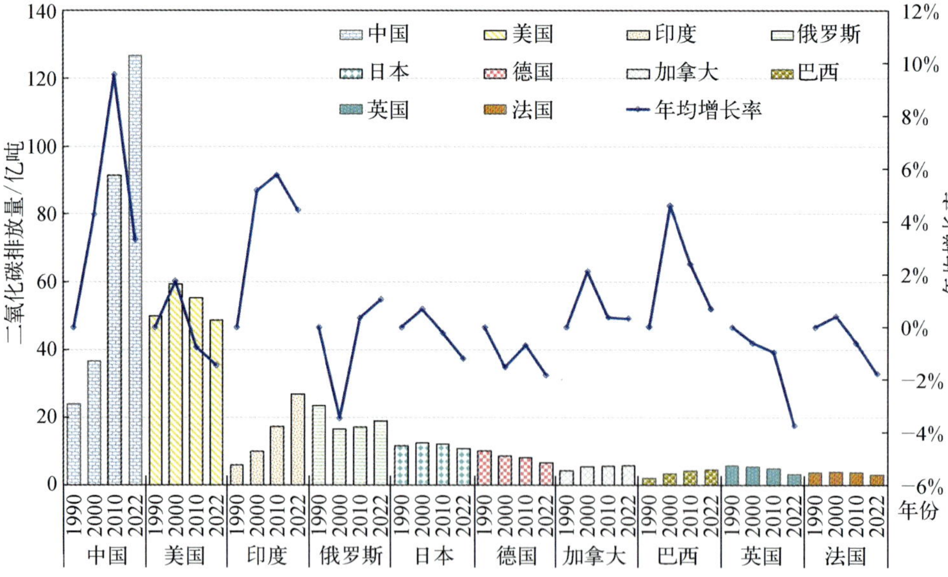

图 1-9　代表性国家的二氧化碳排放量变化(1990 年、2000 年、2010 年和 2022 年)

(数据来源：EDGAR)

至2022年的48.5亿吨，年均下降率为0.08%。在代表性发展中国家中，除俄罗斯2022年的二氧化碳排放量低于1990年外，中国、印度、巴西等国家的二氧化碳排放量均显著上升。以中国为例，其二氧化碳排放量由1990年的24.1亿吨上升至2022年的126.7亿吨，年均增长率为5.3%。

2. 代表性发达国家的人均一次能源消费量和人均二氧化碳排放量普遍高于代表性发展中国家

就人均指标而言，受发展阶段的影响，代表性发达国家的人均国内生产总值(gross domestic product, GDP)、人均一次能源消费量和人均二氧化碳排放量普遍高于代表性发展中国家(图1-10、图1-11)。在代表性发达国家中，美国的人均GDP和人均一次能源消费量处于较高水平，2022年分别为6.3万美元/人(2015年不变价美元)和9.7吨标准煤/人，其中人均GDP在1990—2022年的年均增长率为1.5%，而人均一次能源消费量在同一时期的年均下降率为0.40%；2022年，美国的人均二氧化碳排放量为14.4吨/人，较1990年的19.7吨/人有明显下降。加拿大的人均一次能源消费量和人均二氧化碳排放量长期居代表性国家首位，2022年分别为12.6吨标准煤/人和15.2吨/人。日本、德国、法国、英国的人均GDP和人均一次能源消费量水平相近，1990—2022年的年均变化率在1%左右，而人均二氧化碳排放量均有一定程度的下降，其中英国的年均下降速度最快

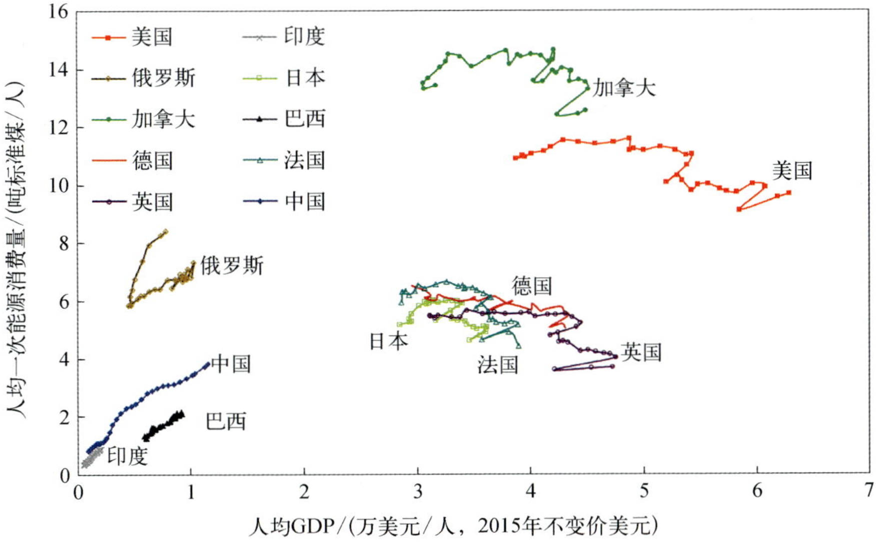

图1-10　1990—2022年代表性国家人均GDP和人均一次能源消费量

(数据来源：BP、EI、世界银行)

(2.3%),日本的年均下降速度最慢(0.28%)。可见,处于后工业化阶段的代表性发达国家虽然人均GDP在升高,但人均一次能源消费量和人均二氧化碳排放量呈现下降趋势。在代表性发展中国家中,俄罗斯2022年的人均一次能源消费量为6.8吨标准煤/人,人均二氧化碳排放量为13.3吨/人,高于中国、印度和巴西。此外,中国的人均GDP、人均一次能源消费量和人均二氧化碳排放量在代表性国家中的增幅最大,1990—2022年的年均增长率分别为8.3%、4.9%和4.8%。相比之下,印度和巴西的人均GDP、人均一次能源消费量和人均二氧化碳排放量的年均增长速度缓慢,但均超过1%。

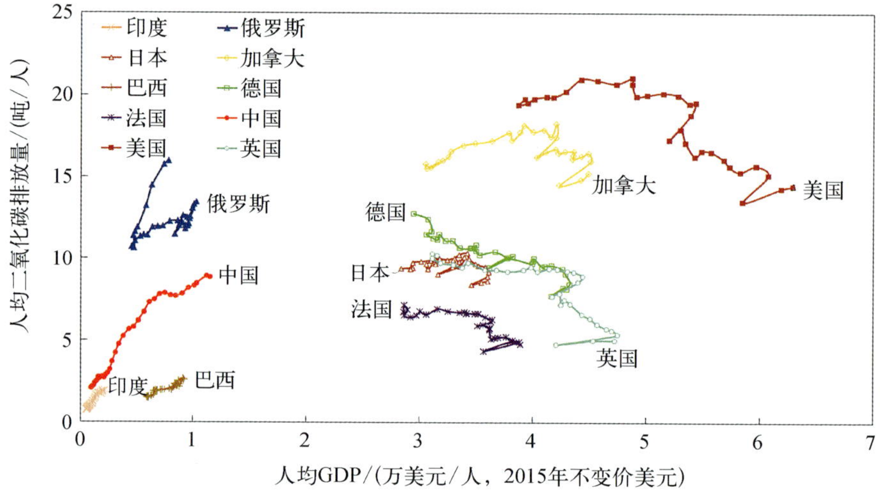

图1-11 1990—2022年代表性国家人均GDP和人均二氧化碳排放量

(数据来源:EDGAR、世界银行)

3. 代表性发达国家的一次能源消费结构和二氧化碳排放结构以石油、天然气为主,代表性发展中国家呈现不同特征

代表性发达国家消费的主要能源是石油和天然气,而代表性发展中国家表现出不同特征(图1-12)。在代表性发达国家中,由于油气资源丰富且低廉,大多数国家主要消费石油和天然气。例如,1990—2022年,美国的一次能源消费结构中石油和天然气合计占比稳定在60%以上,2022年高达70.8%。同时,代表性发达国家的可再生能源消费占比也在持续提升。例如,德国和英国2022年的可再生能源消费占比分别达到19.9%和18.6%。此外,加拿大的一次能源消费结构中水电发展势头向好,2022年的水电消费占比达到26.4%。在代表性发展中国家中,中国和印度以煤炭消费为主,两者1990—2022年的煤炭消费占比均保持在50%以

上。然而，受资源禀赋的影响，俄罗斯和巴西的一次能源消费结构与代表性发达国家的相似。俄罗斯以天然气消费为主，其 2022 年的天然气消费占比达到 50.9%；巴西以石油消费为主，但其石油消费占比总体呈下降趋势，从 1990 年的 44.9%下降至 2022 年的 37.3%。无论是代表性发达国家还是代表性发展中国家，自 1990 年以来，各国的一次能源消费结构都在不断优化。尽管石油、煤炭等化石能源在一些国家的一次能源消费结构中仍然占据重要地位，但天然气、核能、水电、可再生能源等清洁能源由于其低碳特性而逐渐成为重要的能源消费选择。

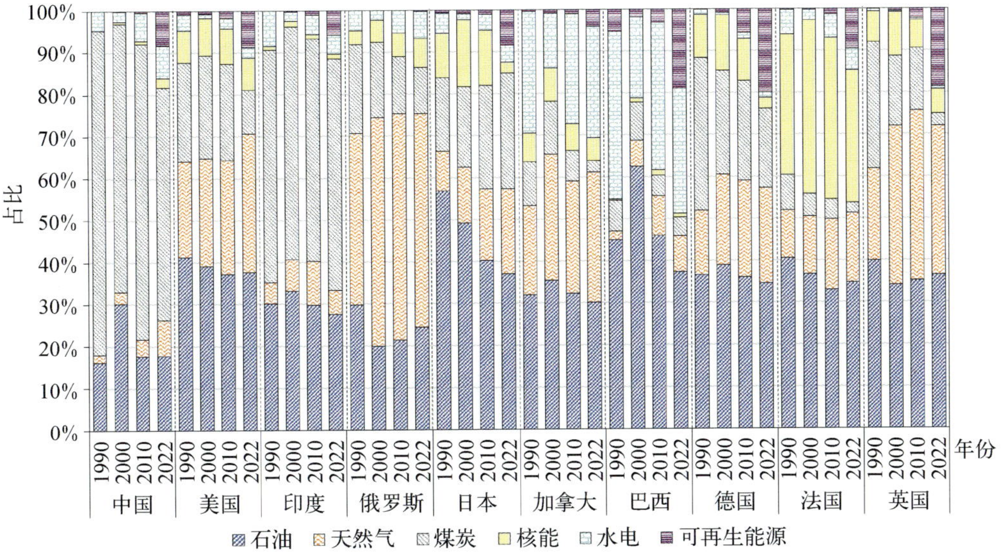

图 1-12　代表性国家的一次能源消费结构变化(1990 年、2000 年、2010 年和 2022 年)

(数据来源：BP、EI)

代表性发达国家的二氧化碳排放结构以石油和天然气为主(图 1-13)。1990—2021 年，美国、加拿大、英国和法国的二氧化碳排放结构中石油和天然气合计占比均稳定在 60%以上，日本和德国的均稳定在 50%以上。相比之下，在代表性发展中国家中，中国和印度的二氧化碳排放结构以煤炭为主，两者 1990—2021 年的煤炭产生的二氧化碳排放占比均保持在 70%以上。此外，类似于一次能源消费结构，俄罗斯和巴西的二氧化碳排放结构也与代表性发达国家的相似。俄罗斯的二氧化碳排放的主要能源来源是天然气，其 2021 年的天然气产生的二氧化碳排放占比达到 52.4%；巴西的二氧化碳排放结构以石油为主，但石油在其二氧化碳排放结构中的占比呈下降趋势，从 1990 年的 81.7%下降至 2021 年的 65.8%。

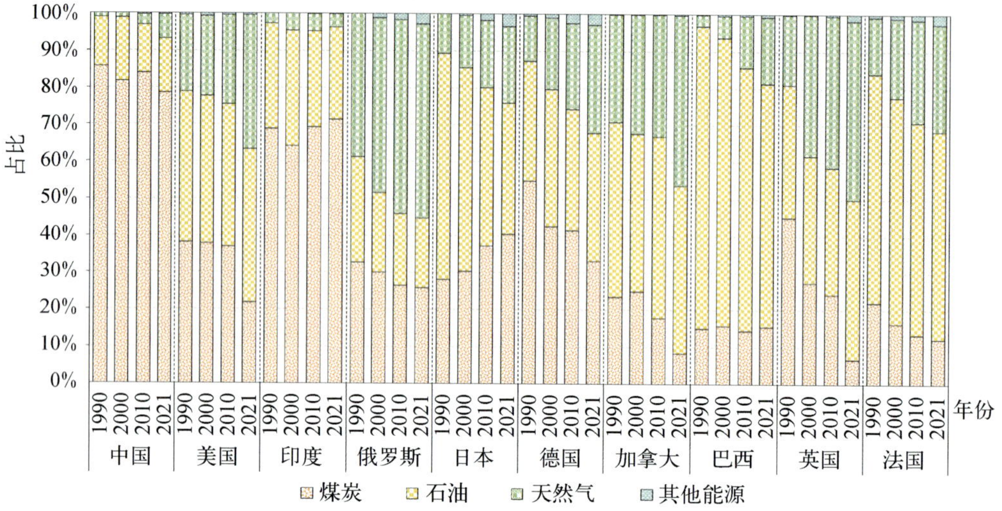

图 1-13 代表性国家的二氧化碳排放结构变化(1990 年、2000 年、2010 年和 2021 年)

(数据来源：IEA)

4. 代表性发达国家与代表性发展中国家在一次能源消费和二氧化碳排放的终端部门结构上差异显著

由于代表性发达国家的交通运输体系较完善,其交通运输业在终端一次能源消费中占有较大比重(图 1-14)。例如,美国交通运输业的一次能源消费占比在

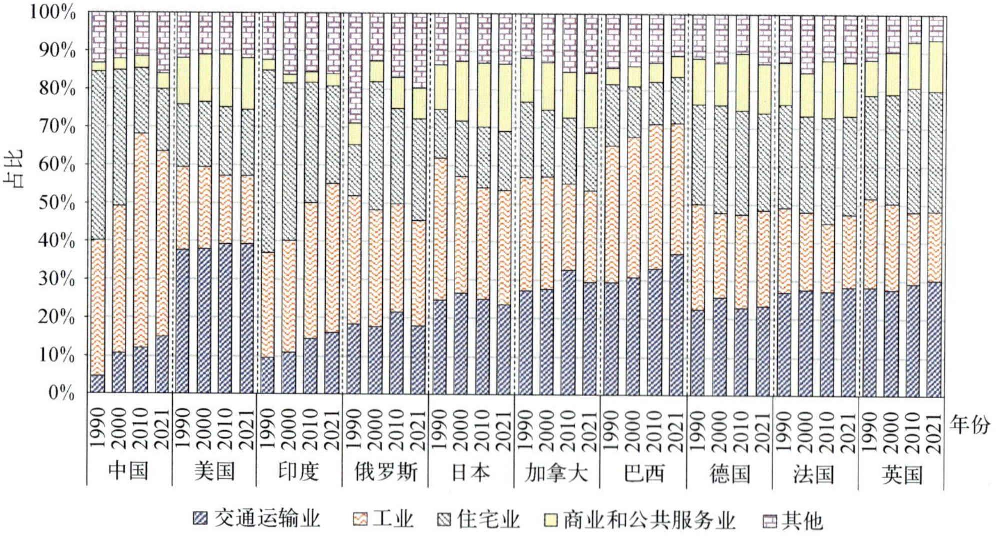

图 1-14 代表性国家一次能源消费的终端部门结构变化(1990 年、2000 年、2010 年和 2021 年)

(数据来源：IEA)

1990—2021年稳定在37%～40%。此外，由于代表性发达国家基本完成工业化进程，其工业2021年的一次能源消费水平较1990年普遍下降，在终端一次能源消费中的占比均低于30%。对代表性发展中国家来说，随着工业化的推进，其交通运输业的一次能源消费占比呈上升趋势。例如，中国交通运输业的一次能源消费占比从1990年的4.6%上升至2021年的14.9%。此外，代表性发展中国家工业1990—2021年的一次能源消费占比较高，2021年大多高于30%。由于经济发展水平的差距，中国、印度、俄罗斯、巴西等代表性发展中国家的商业和公共服务业的一次能源消费占比远低于美国、日本、加拿大等代表性发达国家。

由于发展阶段不同，电力部门的二氧化碳排放占比在代表性发达国家总体呈下降趋势，在代表性发展中国家则总体呈上升趋势(图1-15)。例如，中国和印度电力部门的二氧化碳排放量占其二氧化碳排放总量的比重从1990年的26.6%和35.9%分别上升至2022年的46.6%和46.6%。代表性发展中国家工业的二氧化碳排放占比在2000—2022年普遍高于代表性发达国家。以中国为例，其工业2022年的二氧化碳排放占比为23.9%，而美国的仅为9.6%。对于交通运输业和建筑业，代表性发达国家的二氧化碳排放占比远超代表性发展中国家，但代表性发展中国家的二氧化碳排放占比正在不断提升。其中，美国交通运输业的二氧化碳排放

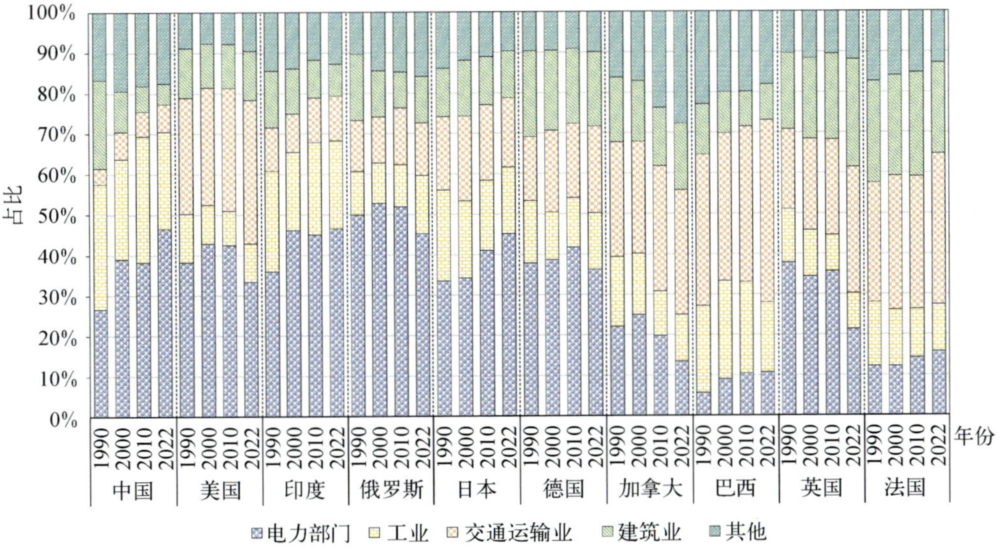

图1-15 代表性国家二氧化碳排放的终端部门结构变化(1990年、2000年、2010年和2022年)

(数据来源：EDGAR)

占比在 1990—2022 年稳定在 28%～36%；中国交通运输业的二氧化碳排放占比在 2022 年达到 6.9%，较 1990 年上升了 3.0%。可以看出，代表性发展中国家二氧化碳排放的终端部门结构正在逐渐向代表性发达国家靠拢，但仍然存在较大差距。

1.3 中国能源消费和碳排放现状

根据《中国能源统计年鉴 2022》中的能源平衡表（采用电热当量法）和《IPCC 2006 年国家温室气体清单指南 2019 修订版》中的不同能源品种及其碳排放因子，本节计算并绘制了 2021 年中国能流图和碳流图。考虑到部分终端消费部门的能源需求相对较低，在能流图和碳流图中显示不明显，因此本节将交通运输业、仓储业和邮政业合并为交通业，将农、林、牧、渔业，批发和零售业，住宿和餐饮业，以及其他合并为其他行业。在绘制能流图时，为了探索各种能源对工业的影响，将工业的煤炭消费量及煤炭制品消费量合并为煤合计消费量，将原油消费量及油类制品消费量合并为油品合计消费量，天然气消费量、热力消费量、电力消费量和其他能源消费量则与《中国能源统计年鉴 2022》中保持一致；在绘制碳流图时，将原煤、原油和天然气作为碳流图的生产端，并将加工转换中火力发电和供热产生的二氧化碳分配给终端消费部门，以展示中国二氧化碳排放的源头、流量及在各部门间的流向。

1. 化石能源在中国一次能源生产结构中仍占主导，占比约为 89%

2021 年，中国一次能源生产总量为 38.0 亿吨标准煤，同比增长 4.3%（图 1-16）。其中，原煤占据主要地位，占比为 74.9%，同比下降 0.48%；原油占比为 7.5%，同比下降 0.16%；一次电力（指核电、水电、风电及太阳能发电所发出的电力）占比和天然气占比分别为 8.8%和 6.9%，分别同比增长 0.56%和 0.11%，这与中国近年来大力发展清洁能源的国情相一致；其他能源占比为 2.0%，同比下降 0.03%。总体来看，化石能源在中国一次能源生产结构中仍占据主导地位（89.3%），与实现碳中和目标下能源结构根本变革仍有差距。因此，中国需进一步加速清洁能源替代化石能源的进程。

2. 中国一次能源消费结构仍以煤炭为主，2021 年煤炭占比逾 60%

2021 年，中国一次能源消费总量为 48.7 亿吨标准煤（采用电热当量法）①，终

① 由于数据来源、计算方式等不同，与 1.2 节中的结果略有差异。

图 1-16 2021 年中国能流图

端消费部门的一次能源消费量为37.4亿吨标准煤，较2020年分别增长了4.6%和4.4%。具体而言，工业、居民生活部门、交通业、建筑业和其他行业的一次能源消费量分别为24.6亿吨标准煤、4.6亿吨标准煤、4.0亿吨标准煤、0.8亿吨标准煤和3.4亿吨标准煤，较2020年分别增长了3.8%、4.3%、5.9%、1.4%和7.7%。从不同能源品种的流向来看，2021年，火力发电、供热、炼焦、炼油及煤制油和制气是煤炭类能源在加工转换方面的主要去向，投入量分别为15.1亿吨标准煤、2.7亿吨标准煤、5.7亿吨标准煤、0.3亿吨标准煤和0.3亿吨标准煤。对于原油类能源，2021年，炼油及煤制油的原油投入量为1.3亿吨标准煤，占原油消费量的99.3%，同比增长4.0%；汽油、煤油、柴油、燃料油和其他石油制品的原油投入量分别为2.4亿吨标准煤、0.6亿吨标准煤、2.4亿吨标准煤、0.4亿吨标准煤和1.4亿吨标准煤。天然气在加工转换方面的去向主要是火力发电和供热，投入量分别为0.6亿吨标准煤和0.3亿吨标准煤，分别同比增长9.5%和16.2%。从能源损失方面来看，2021年，中国一次能源损失量为13.1亿吨标准煤，占可供一次能源消费量的26.8%，同比增长4.3%，这反映出中国一次能源使用效率还有待提升。

3. 中国煤炭消费超1/3来自工业，其中重工业占比超八成

2021年，中国工业的一次能源消费量为24.6亿吨标准煤，占中国一次能源消费总量的50.5%和终端一次能源消费总量的65.8%。这主要是由于中国目前仍处于工业化和城镇化的快速发展阶段，工业的一次能源消费量在未来一段时间内可能会继续保持增长趋势。工业以煤炭类能源消费为主，占其总能耗的41.7%；原油类能源、天然气、热力、电力和其他能源的消费占比分别为14.6%、9.5%、7.1%、26.7%和0.4%。同时，工业是除电力部门外中国煤炭消费量最大的部门，2021年的煤合计消费量为10.2亿吨标准煤，占中国煤炭消费总量的34.0%。此外，中国居民生活部门煤炭类能源、原油类能源、天然气、热力、电力和其他能源的消费占比分别为9.4%、25.2%、16.0%、11.6%、32.6%和5.2%；交通业六种能源的消费占比分别为0.2%、79.7%、11.2%、0.4%、6.1%和2.4%；建筑业六种能源的消费占比分别为4.6%、75.4%、0.5%、0.9%、18.2%和0.4%；其他行业六种能源的消费占比分别为12.5%、28.1%、5.0%、3.5%、48.1%和2.8%。

中国工业大类中的主要能源消耗行业为黑色金属冶炼和压延加工业，化学原料和化学制品制造业，非金属矿物制品业，石油、煤炭及其他燃料加工业，有色金属冶炼和压延加工业，采矿业，金属制品业，其一次能源消费量分别为7.2亿吨标准煤、4.7亿吨标准煤、3.0亿吨标准煤、2.6亿吨标准煤、1.3亿吨标准煤、0.88亿吨

标准煤、0.40 亿吨标准煤,占工业一次能源消费总量的 81.6%,同比增长 3.2%。

4. 中国一次能源相关二氧化碳排放逾七成源自煤炭使用

2021 年,中国一次能源相关二氧化碳排放量为 111.8 亿吨①,较 2020 年增长了 5.9%(图 1-17)。其中,原煤产生的二氧化碳排放量占总排放量的 74.1%,较 2020 年增长了 6.1%;原油产生的二氧化碳排放占比为 18.8%,较 2020 年增长了 2.7%;天然气产生的二氧化碳排放占比为 7.1%,较 2020 年增长了 12.9%。总体来看,煤炭仍然是中国一次能源相关二氧化碳排放的主要来源,这是中国的能源资源特性所决定的,短期内实现大幅度下降并不现实。但随着中国能源结构转型的提速,化石能源产生的二氧化碳排放量将在未来进一步下降。

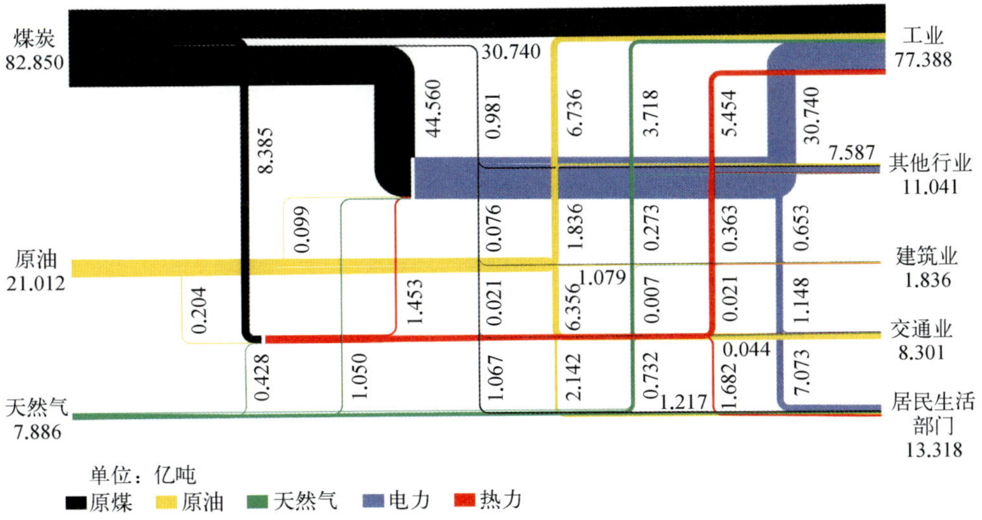

图 1-17 2021 年中国碳流图

5. 工业是煤炭和天然气相关二氧化碳排放的主要部门,占比约为 37% 和 47%

2021 年,中国工业、居民生活部门、交通业、建筑业和其他行业的二氧化碳排放量分别为 77.4 亿吨、13.3 亿吨、8.3 亿吨、1.8 亿吨和 11.0 亿吨,占比分别为 69.3%、11.9%、7.4%、1.6%和 9.9%。其中,工业是煤炭相关二氧化碳排放的主要部门,排放量达到 30.7 亿吨,占煤炭相关二氧化碳排放总量的 37.1%,较 2020 年下降了 2.6%。未来可通过清洁能源替代煤炭的方式逐步减少该部门的二氧化

① 由于数据来源、计算方式等不同,与 1.2 节中的结果略有差异。

碳排放。石油产生的二氧化碳排放主要集中在工业、交通业和居民生活部门，排放量分别为 6.7 亿吨、6.4 亿吨和 2.1 亿吨，较 2020 年分别增长了 5.7%、8.1%和 5.2%。交通业的二氧化碳排放可能会随着经济的发展而增加，因此应大力发展清洁能源，逐步以清洁电力和氢能替代交通业中的化石能源。天然气产生的二氧化碳排放主要集中在工业，排放量为 3.7 亿吨，占天然气相关二氧化碳排放总量的 46.9%，较 2020 年增长了 18%。

1.4 全球气候目标下 CCUS 技术的作用

CCUS 技术是指将二氧化碳从工业、能源生产等排放源或空气中捕集、分离，并输送到适宜的场地进行利用或封存，从而实现二氧化碳减排的技术，按技术流程可分为捕集、运输、利用和封存四个环节（《第四次气候变化国家评估报告》编写委员会，2022）。CCUS 技术起源于 20 世纪 70 年代的二氧化碳驱油利用技术（指把二氧化碳注入油层以提高油田采油率的技术），随着人们对气候变化相关问题认识的深入及减排需求的增加，CCUS 技术逐渐成为应对气候变化的重要技术手段，受到了广泛的关注。美国、欧盟、澳大利亚等经济体纷纷出台 CCUS 技术政策规划，全球碳捕集与封存研究院（GCCSI）等多个国际 CCUS 组织相继成立，CCUS 技术展现出良好的国际发展前景。

1. CCUS 技术是统筹能源安全和碳减排的重要技术选择

《巴黎协定》提出各国将全球平均气温较前工业化时期上升幅度控制在 2℃以内，并努力将温升幅度限制在 1.5℃以内的长期目标。全球主要国家据此设定了净零排放目标，并为此加快推动自身能源变革和低碳转型，其中发展新能源和清洁能源产业成为各国发力的重要方向。但随着全球能源市场的动荡加剧，以及新能源发电存在的规模不足、间歇性和不稳定性等问题，保持能源供应稳定和推动碳减排成为各国同等重要的任务。在这种情境下，过激的能源调整可能威胁国家能源安全，并影响其经济发展，特别是对以化石能源消费为主的发展中国家而言。此时，作为主要用于燃煤发电、石油化工、钢铁冶炼等高排放行业领域的碳减排技术，CCUS 技术能够促进化石能源低碳化利用，保障全球能源安全转型，成为各国在保持化石能源消费稳定情况下推动碳减排的重要技术手段（张贤等，2021）。在 2023 年化石能源仍占全球一次能源消费结构 81%的背景下，“化石能源＋CCUS”已成为各国统筹能源安全和气候变化行动的优先路径选择。

2. CCUS技术是确保现有工业实现低碳转型发展的重要技术手段

受限于工艺要求和化石能源的高温热处理特点，钢铁、水泥和化工等重工业行业在短期内难以通过大规模节约能源或提高清洁能源替代化石能源占比等方式来实现减排目标。因此，采用CCUS技术以平稳过渡能源结构转型，是这些行业实现大规模减碳的可行路径（张贤等，2021）。一方面，CCUS技术可以将工业生产中燃料燃烧等工业过程产生的二氧化碳捕集、运输、利用或封存，从而避免其直接排放到大气中。另一方面，钢铁、水泥和化工等重工业行业的工艺流程已较为成熟，更换为清洁能源需要对现有生产工艺进行调整和改造，故需要较大的投资成本和技术革新，可能影响行业生产效率和产能。此外，一些工业过程可能需要高温燃烧或特定的化学反应条件，这就要求所使用的能源具有相应的能量密度和化学性质。在清洁能源不能完全满足这些要求的情况下，CCUS技术能够保持现有生产工艺的稳定性和成熟度。

3. CCUS技术是BECCS、DACCS等负排放技术的核心支撑技术

负排放技术或碳移除技术是指直接从大气中移除二氧化碳，或者通过人为增加陆地或海洋碳汇来降低大气中二氧化碳浓度的技术（IPCC，2022），包括生物质能碳捕集与封存（bioenergy with carbon capture and storage，BECCS）、直接空气碳捕集与封存（direct air carbon capture and storage，DACCS）、植树造林、土壤固碳、生物炭、强化岩石风化、海洋蓝碳和海水碱化等技术手段。CCUS技术是支撑BECCS、DACCS等技术实现的关键技术。BECCS技术是指将碳中性生物质能和CCUS相结合，对生物质燃烧或转化过程产生的二氧化碳进行捕集、封存，从而实现负排放的技术；DACCS技术则是指将直接空气碳捕集（direct air capture，DAC）与CCUS进行组合，直接从大气中分离、捕集二氧化碳并进行封存，以实现负排放的技术。2018年，联合国政府间气候变化专门委员会（IPCC）发布的《全球升温1.5℃特别报告》着重介绍了DACCS和BECCS这两种负排放技术，指出实现全球控温1.5℃目标所需要的减排量依赖于包括二氧化碳捕集与封存（carbon capture and storage，CCS）、DACCS和BECCS在内的技术手段（IPCC，2018）。2022年，IPCC发布的第六次评估报告（AR6）第三工作组报告再次重申了DACCS和BECCS等碳移除技术的负排放效应在实现全球温控目标中的必要性（IPCC，2022）。IPCC《全球升温1.5℃特别报告》和AR6中几乎所有的温升预测模型结果都表明，如果没有BECCS、DACCS等负排放技术，将难以实现到21世纪末将全球

温升控制在 2℃或 1.5℃以内的目标。

4. CCUS 技术是降低净零排放长期减排成本的关键技术支撑

从技术经济性来看，虽然当前 CCUS 技术与其他减排技术相比竞争优势尚不明显，但随着其他减排技术的潜力发挥殆尽，以及针对非二氧化碳温室气体和难减排行业出现减排技术瓶颈，CCUS 技术的竞争优势将凸显，甚至可能成为 2050 年以后的关键减排技术。若不考虑 CCUS 技术，则全球实现净零排放目标的成本将成倍增加。2014 年，IPCC 第五次评估报告（AR5）认为，若完全不考虑 CCS 技术，则绝大多数气候模式无法实现减排目标，并且全球减排成本将提高 138%（IPCC，2014）。对于 2℃目标，工业耦合 CCUS 技术可以在 2075 年和 2100 年分别降低全球减排成本的 12%和 71%（Paltsev et al.，2021）。此外，相关研究表明，如果没有 BECCS 技术，实现 1.5℃和 2℃的温升目标将面临更高的碳价和 GDP 损失率。特别是在 1.5℃目标下，部署 BECCS 技术可以在 2050 年将碳价降低 61%，并将 GDP 损失率降低 3%。

第 2 章

碳中和目标下中国 CCUS 再定位

2020 年 9 月,习近平主席在第七十五届联合国大会一般性辩论上正式提出中国二氧化碳排放力争于 2030 年前达到峰值,努力争取 2060 年前实现碳中和的愿景。随着碳中和目标的提出和 CCUS 技术的逐渐成熟,CCUS 技术在经济社会发展全面绿色转型中的重要性不断提升。本章将首先从碳中和技术体系构建的角度出发,分别从能源系统、难减排行业、碳循环利用和负排放技术方面探讨 CCUS 技术作为“中国碳中和目标实现技术组合的关键组成部分”与中国减排系统的关系;其次,回顾近十年来,CCUS 技术在捕集、运输、利用和封存等环节的发展成熟度,以及 CCUS 示范项目的进展情况;最后,从数量、类型、覆盖行业、发展方向等角度总结梳理国内 CCUS 政策现状。

2.1 CCUS 技术与中国减排系统

随着碳中和目标的提出,中国正加速构建零碳能源系统,重塑零碳工艺流程,建立负碳技术体系。在这一背景下,过去“化石能源大规模低碳利用”的 CCUS 技术应用场景将发生深刻变化。从碳中和技术体系构建的角度来看,应将 CCUS 技术重新定位为“中国碳中和目标实现技术组合的关键组成部分”(张贤等,2021)。该定位涵盖了化石能源近零排放的唯一技术选择,钢铁、水泥等难减排行业深度脱碳的可行技术方案,未来支撑碳循环利用的主要技术手段等多重内涵。此外,BECCS 和 DACCS 等负排放技术还可以移除已经存在于大气中的二氧化碳(故被称为碳移除技术),为未来实现碳中和目标提供托底技术保障(图 2-1)。

图 2－1 碳中和目标下中国 CCUS 技术定位

［数据来源：张贤等(2021)］

1. CCUS 技术是实现化石能源近零排放的唯一技术选择

为实现碳中和目标，未来应积极构建以高比例可再生能源为主导，核能、化石能源等多能互补的复合能源体系，以实现近零排放并保障能源安全。长期以来，化石能源在中国能源体系中占据主导地位，2023 年，煤炭、石油、天然气等化石能源在一次能源消费中的占比高达 82.1%(国家统计局，2023)，并且在未来一段时间内，中国能源消费仍将以化石能源为主。一方面，中国巨大的经济体量和能源消费需求无法全部通过可再生能源得到满足。预计到 2060 年，中国能源消费总量将达到 60 亿吨标准煤，即使实现碳中和目标，复合能源体系中仍会保留占比为 5%～20%的化石能源构成(全球能源互联网发展合作组织，2021)。另一方面，由于风电、太阳能发电具有间歇性和气候易损性，因而以可再生能源为主导的电力供应结构极大地增加了电力供应安全风险。在避免季节性或长期性的电力短缺方面，化石能源发电将发挥惯性支撑和频率控制等重要作用(国网能源研究院有限公司，2020)，从而保障电力系统的安全稳定。综上，化石能源将是现代能源体系的重要组成部分。但化石能源的利用方式决定了 CO_2 的排放是不可避免的，CCUS 技术将是实现该部分化石能源近零排放的唯一技术选择。此外，火电机组加装 CCUS 能够减少年轻机组淘汰量，降低基础设施建设的搁浅成本。因此，要实现未来能源系统的净零排放，CCUS 技术具有不可替代的作用。

2. CCUS 技术是推动难减排行业深度脱碳的可行技术方案

在实现碳中和目标的过程中，除了要尽快构建零碳能源系统，重塑零碳工艺流程同样重要。总体来看，工业部门在碳达峰后，尤其是快速去峰期，CCUS 技术的驱动作用逐步凸显，将成为钢铁、水泥等难减排行业实现深度脱碳的可行技术方案。例如，钢铁和水泥等行业通常被认为难以通过工艺改进、效率提升、原料和燃料替代等常规减排措施实现有效减排。有研究预测，到2050年，中国钢铁和水泥总产量将分别达到4亿～5亿吨/年和8亿吨/年。若采取常规减排措施，则两个行业将分别剩余2亿吨CO_2和2亿～3亿吨CO_2。即使氢基直接还原铁技术取得重大突破，钢铁行业仍将剩余约1亿吨CO_2，两个行业都必须靠CCUS技术实现近零排放(IEA，2020；IEA，2021；张希良等，2022)。此外，有研究表明，对于钢铁行业，采用CCUS改造后的技术的成本比不采用该技术低四分之一左右(IEA，2020)。这进一步证明了CCUS技术不仅在技术上可行，在经济上也具备优势，是推动难减排行业深度脱碳的关键解决方案。

3. CCUS技术是获取绿碳原料的主要来源

碳元素、氢元素、氧元素是化工生产的三大基础元素，其中氢元素和氧元素已有清洁低碳的供给技术方案。未来，化石能源耦合CCUS技术和可再生能源电解水制氢工艺将大规模提供清洁低碳氢，同时，分离液态空气法等制氧工艺也将发展成熟。相比之下，高耗能、高成本且高污染的化石能源制备工艺已不符合碳中和目标下的产业发展趋势。CCUS技术可捕集化石能源消耗和工业过程排放的CO_2，提纯后可将其作为碳原料循环利用于燃料和化工领域，是实现未来碳元素清洁供应的主要技术渠道(IEA，2019)；同时，获取的低碳产品的收益也有助于降低CCUS全流程的技术成本(IEA，2019)。在CO_2燃料转换方面，通过生物转化制备甲烷已经展现出广阔前景，利用甲烷氧化细菌、氢氧化细菌等生物代谢工程，配合电解或人工光合作用，实现从CO_2到甲烷的生物转化，是一种前沿的可再生生物能源制取方案(IEA，2019)。

4. CCUS技术是满足碳中和目标下负排放需求的托底保障

在新的应用场景与深度减排需求下，CO_2捕集源由传统的能源和工业设施逐步拓展至生物质和空气等中性碳源，由此形成的BECCS技术和DACCS技术，已经成为CCUS技术的重要组成部分，是实现气候目标的必要手段。第一，BECCS技术和DACCS技术是抵消超支与剩余排放的托底保障。研究表明，到2050年，在使用经济可行性较高的减排技术后，中国还将存在3亿～8亿吨“非二”温室气体难以削减。届时需要通过以BECCS和DACCS为代表的负排放技术实现全部温室气体减排(IEA，2021；张希良等，2022；张贤等，2021)。此外，DACCS技术不仅能够与可再生能源协同作用，而且选址更灵活，还能够通过模块化建设降低运输成本及设备能耗，有力支撑碳中和目标下的负排放需求。第二，BECCS技术和DACCS

技术是优化减排路径的必要选择。在未来的减排路径中,可能会出现一定时期的碳排放“超支”,这将进一步增加按时实现碳中和目标的难度。因此,提前部署 BECCS 技术和 DACCS 技术,不仅能够获得充足的负排放额度,还能够作为抵消未来长短期“超支”排放的保险方案。第三,BECCS 技术和 DACCS 技术对实现中国全经济尺度的碳中和具有重要意义。尽管目前 BECCS 技术和 DACCS 技术的减排成本普遍高于 100 美元/吨,但随着技术的进步和空间布局的优化,其减排成本将逐渐降低,预计到 2060 年将远低于“非二”温室气体的边际减排成本(Fuss et al. ,2018)。因此,负排放技术的部署有助于通过取代中长期更昂贵的减排措施,显著降低总减排成本。

2.2 中国 CCUS 技术成熟度

中国 CCUS 技术已取得一系列重要成果,并仍在不断发展和改进。本节从 CCUS 技术成熟度的角度出发,与国际先进水平进行对比,分析中国 CCUS 技术在捕集、运输、利用和封存等领域取得的显著进展,探讨各环节内部的技术发展不均衡问题。此外,结合 CCUS 最新的商业化应用技术,从能耗和成本等方面分析中国 CCUS 技术的最新进展。

1. 中国 CCUS 技术进展显著,整体上基本达到国际先进水平

在过去十年间,中国 CCUS 技术取得了重要成果,特别是在燃烧前捕集、船舶运输、化工利用、强化深部咸水开采与封存等方面取得了快速发展,整体上基本达到国际先进水平(张贤等,2023)。对捕集技术而言,燃烧前捕集技术的发展在过去几年内表现突出,从 2019 年的平均基础研究水平发展到现阶段的工业示范及以上水平。其中,燃烧前物理吸收法发展最快,已具备商业化应用能力,与国际先进水平同步。对运输技术而言,各技术进展显著,公路罐车和内河船舶运输技术均已进入商业应用阶段。尤其是船舶运输技术,在不到十年的时间里,从基础研究阶段迅速进入商业应用阶段,达到了国际先进水平。对化学与生物利用技术而言,以二氧化碳合成化学材料技术为主的部分化工利用技术的发展水平相对较高,处于工业示范阶段。例如,合成有机碳酸酯、可降解聚合物、氰酸酯/聚氨酯,制备聚碳酸酯/聚酯材料,微藻生物利用等技术均取得了突破。对地质利用与封存技术而言,采热利用、地浸采铀等技术发展相对较快,均已达到国际先进水平。尤其是强化深部咸水开采与封存技术,已从概念阶段发展到工业示范阶段,达到了国际先进水平(图 2-2)。

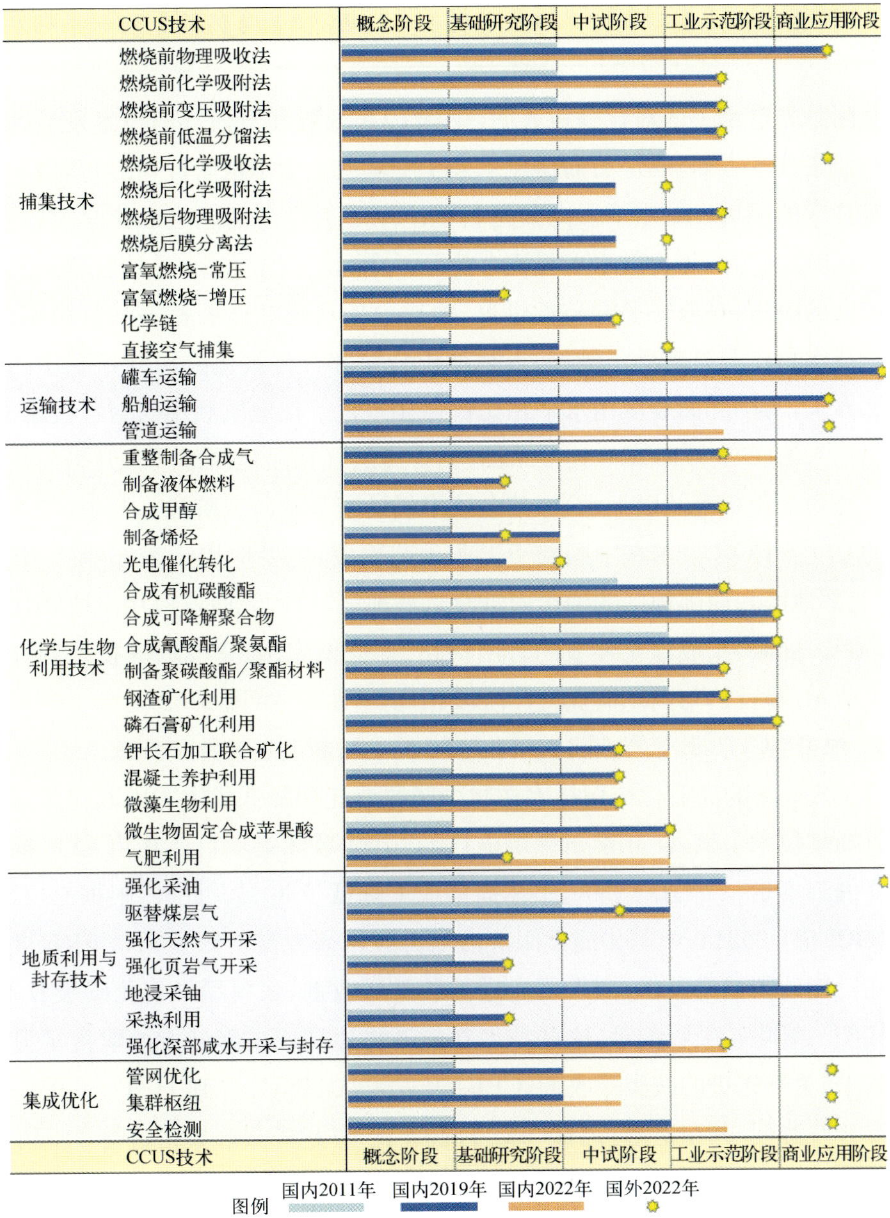

图2－2　国内外CCUS各环节主要技术发展水平①

[数据来源：张贤等(2023)]

① 概念阶段，指提出概念和应用设想；基础研究阶段，指完成实验室环境下的部件或小型系统的功能验证；中试阶段，指完成中等规模全流程装置的试验；工业示范阶段，指1～4个工业规模的全流程装置正在运行或者完成试验；商业应用阶段，指5个以上工业规模的全流程装置正在或者完成运行。

2. 中国 CCUS 各环节内部的技术发展不均衡，少数与国际先进水平存在明显差距

与国际先进水平的对比分析表明，中国 CCUS 各环节内部的技术发展并不均衡。在捕集技术方面，燃烧后捕集技术处于中试或工业示范阶段，相对落后于燃烧前捕集技术的平均发展水平。尤其是目前应用更为广泛的燃烧后化学吸收法，尚处于中试阶段，与国际先进水平相比有差距。在运输技术方面，虽然管道运输技术具有较大的潜力，且取得了突破性进展，但部分项目还在开展相关示范初期，与其他运输技术相比明显落后。例如，吉林油田公司和齐鲁石化公司开始采用陆上管道输送方式，与国际商业应用水平相比仍存在差距。在地质利用与封存技术方面，仅有强化采油(CO_2 - EOR)、地浸采铀、驱替煤层气和强化深部咸水开采与封存等技术已达到工业示范及以上水平，其余技术仍处于基础研究阶段。其中，经济效益较好的 CO_2 - EOR 技术在中国处于工业示范阶段，主要应用于东部地区、北部地区、西北部地区和西部地区的油田附近及近海地区，与国际商业应用阶段相比存在明显差距。此外，集成优化环节的管网优化、集群枢纽、安全检测等技术均处于中试或工业示范阶段，与国际商业应用阶段相比，差距较大(图 2 - 2)。

3. 中国 CCUS 新晋商业化应用技术实现能耗和成本的持续降低

CCUS 最新的商业化应用技术在减少能源消耗和降低成本方面取得了显著进展。以捕集技术为例，江苏泰州燃煤电厂 50 万吨碳捕集项目成功将 CO_2 捕集的能耗降低到不足 2.4 GJ/t CO_2，整体捕集成本降低了 30%。此外，根据 GCCSI 的收录(GCCSI, 2021)，中国华能集团清洁能源技术研究院有限公司(CERI)开发了多种高性能的碳捕集技术，如采用先进的胺类吸收剂、浆料型二氧化碳吸收剂、下一代相变二氧化碳吸收剂等，这些技术在能源再生和成本降低方面取得了显著改进。其中，关于先进的胺类吸收剂，CERI 开发了从 HNC - 1 到 HNC - 5 等一系列商业混合胺溶剂，并在上海石洞口 12 万吨/年的 CO_2 捕集装置中进行了 2 万多小时的验证，溶剂流失率为常规胺法的 40%，再生能量低于 2.8 GJ/t CO_2，降低了 20%的 CO_2 捕集成本；在以浆料为基础的二氧化碳吸收剂方面，CERI 开发了基于碳酸钾浆料的二氧化碳吸收剂和相应工艺，再生能量为 2.6 GJ/t CO_2，吸收剂成本为常规胺法的 20%，溶剂损失成本为 MEA 法的 22%～50%；在下一代相变二氧化碳吸收剂方面，CERI 开发的相变二氧化碳吸附剂在华能长春热电厂 1 000 吨/年的相变碳捕集工业装置中进行了试验，与传统的 MEA 相比，再生能量降低了 40%。

2.3　中国 CCUS 项目进展

随着 CCUS 技术受关注程度不断增加，中国 CCUS 项目的示范水平达到了历史最高。本节首先从数量上分析国内外 CCUS 示范项目，其中国外的数据来自 GCCSI 2023 年的 *Global Status Report*；其次，从新部署的示范项目的类型和覆盖行业两方面分析中国 CCUS 项目的最新进展；最后，针对 CCUS 领域前沿技术，与国际先进水平做对比，分析中国 CCUS 项目在负排放技术方面的最新进展。

1. 中国 CCUS 示范项目数量近年来快速增长

中国作为较早开始重视 CCUS 技术的国家，近年来正在建设或运营的 CCUS 示范项目数量迅速增长。据统计，截至 2022 年年底，中国有近百个已投运或规划在建的 CCUS 示范项目，其中 61 个示范项目已建成，累计规模超过 500 万吨（表 2 - 1）；预计于 2022 年及以后投运的示范项目共计 45 个，占总数的近一半；2023 年以后投运的示范项目共计 23 个，比 2022 年略有增加。总体来看，近些年，中国对 CCUS 技术的重视程度保持在较高水平，项目的示范作用显著增强。同时，全球范围内对 CCUS 技术的重视程度也呈现上升趋势。截至 2023 年 7 月 31 日，全球已宣布的 CCUS 示范项目数量为 392 个（图 2 - 3），年碳排放量增幅达到 47%，这是自 2018 年以来的最大增长（GCCSI，2023）。CCUS 项目的示范作用同样在全球范围内显著增强。尽管仍有一些国家尚无正在运营的 CCUS 项目，但部分国家宣布将在 2030 年前投运其首个示范项目。

表 2 - 1　中国 CCUS 示范项目概况

序号	项目分类	项 目 名 称	所在省市	捕集工业行业分类	项目规模/(万吨/年)	状态
1	捕集	北京建材总院复杂烟气环境下 CO_2 捕集技术示范项目	北京	水泥	10	规划中
2	捕集	大唐国际北京高井热电厂 CO_2 捕集项目	北京	电力	0.15	投运中

续 表

序号	项目分类	项目名称	所在省市	捕集工业行业分类	项目规模/(万吨/年)	状态
3	捕集	中电投重庆双槐电厂 CO_2 捕集示范项目	重庆	电力	1	投运中
4	捕集	国家能源集团锦界电厂 15 万吨/年燃烧后 CO_2 捕集与封存全流程示范项目	陕西神木	电力	15	投运中
5	捕集	国家能源集团泰州电厂 50 万吨/年 CCUS 项目	江苏泰州	电力	50	投运中
6	捕集	海螺集团芜湖白马山水泥厂 CO_2 捕集与纯化示范项目	安徽芜湖	水泥	5	投运中
7	捕集	河钢集团张家口氢能源开发和利用工程示范项目	河北张家口	钢铁	6	已建成，待投产
8	捕集	泓宇环能北京房山水泥厂烟气 CO_2 捕集项目	北京	水泥	0.3	停运
9	捕集	华电集团句容 1 万吨/年 CO_2 捕集工程	江苏句容	电力	1	投运中
10	捕集	华能集团上海 12 万吨/年相变型 CO_2 捕集工业装置	上海	电力	12	投运中
11	捕集	华能集团北京热电厂 3 000 吨/年 CO_2 捕集示范工程	北京	电力	0.3	停运
12	捕集	华能集团长春热电厂 1 000 吨/年相变型 CO_2 捕集工业装置	吉林长春	电力	0.1	间歇运行
13	捕集	华能集团洋浦热电燃气机组 2 000 吨/年 CO_2 捕集工程	海南儋州	电力	0.2	建设中
14	捕集	华能集团天津 IGCC 电厂 10 万吨/年燃烧前 CO_2 捕集工程	天津	电力	10	停运
15	捕集	华能集团北京密云燃气烟气 1 000 吨/年 CO_2 捕集示范工程	北京	电力	0.1	停运

续　表

序号	项目分类	项 目 名 称	所在省市	捕集工业行业分类	项目规模/(万吨/年)	状态
16	捕集	华能集团湖南岳阳低温法 CO_2 和污染物协同脱除工程	湖南岳阳	电力	0.1	停运
17	捕集	华润电力海丰碳捕集测试平台	广东汕尾	电力	2	投运中
18	捕集	华中科技大学应城 35 MW 富氧燃烧工业示范	湖北应城	电力	10	停运
19	捕集	佳利达环保佛山 1 万吨/年烟气 CO_2 捕集与固碳示范工程	广东佛山	印染	1	投运中
20	捕集	金隅集团琉璃河水泥厂 CO_2 捕集及应用项目	北京	水泥	0.12	投运中
21	捕集	金隅集团北京水泥厂 CCUS 项目	北京	水泥	10	规划中
22	捕集	清华大学运城中温变压吸附 H_2/CO_2 分离中试示范装置	山西运城	煤化工	2.5	间歇运行
23	捕集	西南化工研究设计院太原瑞光电厂烟气 CO_2 捕集项目	山西太原	电力	0.3	投运中
24	捕集	西南化工研究设计院吉林佰诚发酵气 CO_2 捕集项目	吉林吉林	化工	10	投运中
25	捕集	心连心 CCUS 全流程项目	河南新乡、新疆昌吉、江西九江	煤化工	50	投运中
26	捕集	中国煤炭地质总局天津铁厂烟气 CO_2 捕集项目	河北邯郸	钢铁	0.5	建设中
27	捕集	中海油丽水 LS36－1 气田 CO_2 捕集提纯项目	浙江温州	油气	5	停运
28	捕集	中海油渤中 19－6 凝析气田Ⅰ期开发工程	山东滨州	油气	28	规划中
29	捕集	旭阳集团邢台焦炉烟气 CO_2 捕集示范项目	河北邢台	煤化工	0.75	投运中

续 表

序号	项目分类	项 目 名 称	所在省市	捕集工业行业分类	项目规模/(万吨/年)	状态
30	捕集	宝武钢铁集团乌鲁木齐欧冶炉冶金煤气 CO_2 捕集	新疆乌鲁木齐	钢铁	—	建设中
31	捕集	鞍钢集团营口绿氢流化床直接还原技术示范项目	辽宁营口	钢铁	—	建设中
32	捕集	中建材(合肥)新能源光伏电池封装材料二期暨 CO_2 捕集提纯项目	安徽合肥	玻璃	5	投运中
33	捕集	清华大学盐城千吨级相变捕集技术示范项目	江苏盐城	火电	0.1	投运中
34	捕集	中电投长兴岛电厂10万吨级燃煤燃机CCUS项目	上海	火电	10	建设中
35	捕集、封存	国家能源集团鄂尔多斯 CO_2 咸水层封存项目	内蒙古鄂尔多斯	煤化工	10	停运
36	捕集、利用	国家能源集团国电电力大同电厂 CO_2 化学矿化捕集利用示范项目	山西大同	电力	0.1	建设中
37	捕集、利用	浙能兰溪 CO_2 捕集与矿化利用集成示范项目	浙江兰溪	电力	1.5	建设中
38	捕集、利用	中国科学院上海高等研究院 CO_2 长治工业废气大规模重整转化制合成气关键技术与示范	山西长治	煤化工	2	投运中
39	利用	包瀜环保包头碳化法钢铁渣综合利用项目	内蒙古包头	—	0.3	投运中
40	利用	赐百年盐城微藻固碳项目	江苏盐城	—	0.5	投运中
41	利用	河南开祥化工电石渣矿化利用 CO_2 弛放气项目	河南义马	煤化工	0.05	建设中
42	利用	河南开祥化工5万吨/年化工合成气分离 CO_2 制干冰项目	河南濮阳	煤化工	5	建设中
43	利用	河南强耐新材 CO_2 固废利用项目	河南焦作	—	3	投运中

续　表

序号	项目分类	项目名称	所在省市	捕集工业行业分类	项目规模/(万吨/年)	状态
44	利用	中科金龙泰州 CO_2 固化利用制备聚碳酸亚丙酯项目	江苏泰兴	—	2	投运中
45	利用	金恒新材料吕梁钢渣及除尘灰间接矿化利用项目	山西吕梁	石灰	1.5	建设中
46	利用	四川大学西昌 CO_2 矿化脱硫渣关键技术与万吨级工业试验	四川西昌	电力	1.53	间歇运行
47	利用	天津大学鄂尔多斯 CO_2 电解制合成气项目	内蒙古鄂尔多斯	—	—	间歇运行
48	利用	海融电力烟台蓬莱电厂微藻固碳项目	山东烟台	电力	0.1	投运中
49	利用	新区石化集团兰州液态太阳燃料合成示范项目	甘肃兰州	—	0.2	停运
50	利用	中煤鄂尔多斯能源化工液态阳光示范项目	内蒙古鄂尔多斯	—	15	规划中
51	利用	中国科学院长春应用化学研究所吉林 CO_2 基生物降解塑料项目	吉林吉林	—	2	间歇运行
52	利用	中国科学院长春应用化学研究所瑞安 CO_2 制多元醇项目	浙江瑞安	—	0.2	间歇运行
53	利用	中国科学院上海高等研究院鄂尔多斯 CO_2 微藻生物肥项目	内蒙古鄂尔多斯	—	1	投运中
54	利用	中国科学院上海高等研究院东方千吨级 CO_2 加氢制甲醇工业试验装置	海南东方	—	0.52（甲醇）	停运
55	利用	中联煤层气沁水 CO_2 驱煤层气项目	山西晋城	—	0.1	停运
56	利用	中澳合作柳林煤层气注气增产项目	山西吕梁	—	0.1	停运
57	利用	中石油辽河油田盘锦 CCUS 项目	辽宁盘锦	油气	20	建设中

续 表

序号	项目分类	项 目 名 称	所在省市	捕集工业行业分类	项目规模/(万吨/年)	状态
58	利用	京博控股集团万吨级烟气直接矿化示范线	山东滨州	石化	1	投运中
59	利用	中国科学院大连化学物理研究所 1 000 吨/年 CO_2 加氢制汽油项目	山东邹城	—	0.1	投运中
60	利用、封存	中国地质调查局水环中心阜康 CCUS 全流程项目	新疆阜康	—	0.1	停运
61	封存	腾讯湛江玄武岩 CO_2 矿化封存示范项目	广东湛江	—	0.1～1	规划中
62	全流程	包钢集团包头 200 万吨(一期 50 万吨)CCUS 示范项目	内蒙古包头	钢铁	200 (一期：50)	规划中
63	全流程	华能正宁电厂 150 万吨/年 CO_2 捕集封存项目	甘肃庆阳	电力	150	建设中
64	全流程	中石油大庆油田三肇 CCUS 项目	黑龙江大庆	油气	20	投运中
65	全流程	通源石油库车百万吨 CCUS 一体化示范项目选商方案	新疆库车	电力	100	规划中
66	全流程	中石化塔河炼化制氢弛放气 CCUS 全流程项目	新疆库车	制氢	9.1	投运中
67	全流程	中石油塔里木 CCUS 项目	新疆库尔勒	石油化工	7	建设中
68	全流程	中石油吐哈 CCUS 示范项目	新疆吐鲁番-哈密	煤化工	10	建设中
69	全流程	中石油南方油田澄迈 CCUS 项目	海南澄迈	油气	10	停运
70	全流程	中海油恩平 15－1 油田群 CO_2 封存项目	广东深圳	油气	30	投运中
71	全流程	齐鲁石化-胜利油田 CO_2 捕集利用与封存全流程项目	山东淄博-滨州-东营	石油化工	100	投运中
72	全流程	中石化中原油田濮阳 CO_2－EOR 示范工程	河南濮阳	化工	50	投运中

续　表

序号	项目分类	项 目 名 称	所在省市	捕集工业行业分类	项目规模/(万吨/年)	状态
73	全流程	中石化华东油气田 CCUS 项目-南化合成氨尾气回收辅助装置(一期)	江苏南京	石油化工	5	投运中
74	全流程	中石化华东油气田 CCUS 项目-南化合成氨尾气回收辅助装置(二期)	江苏南京	石油化工	5	投运中
75	全流程	中石化华东油气-南化 CO_2 捕集项目(三期)	江苏南京	石油化工	5	投运中
76	全流程	中石化华东油气-南化 CO_2 捕集项目(四期)	江苏南京	石油化工	20	建设中
77	全流程	中石化金陵石化-江苏油田 CO_2 捕集项目	江苏南京	煤化工	10	建设中
78	全流程	中石油长庆油田姬塬 CCUS 先导试验项目	陕西榆林	煤化工	10	投运中
79	全流程	中石油长庆油田宁夏 CCUS 项目	宁夏吴忠	煤化工	30	建设中
80	全流程	中石油大庆油田大庆石化合作 CCUS 项目	黑龙江大庆	石油化工	140	建设中
81	全流程	中石油大庆油田呼伦贝尔 CCUS 项目	内蒙古呼伦贝尔	油气	20	停运
82	全流程	中石油吉林油田吉林石化合作 CCUS 项目	吉林松原-吉林	石油化工	100	规划中
83	全流程	中石油吉林大情字井油田 CCUS 项目	吉林松原	油气	40	投运中
84	全流程	中石油冀东油田 CCUS 项目	河北唐山	钢铁	10	建设中
85	全流程	中石油华北油田沧州 CCUS 项目	河北沧州	石油化工	40	建设中
86	全流程	中石油新疆油田 CCUS 工业化项目	新疆克拉玛依	石油化工	30	建设中

续 表

序号	项目分类	项目名称	所在省市	捕集工业行业分类	项目规模/(万吨/年)	状态
87	全流程	中石油南方油田临高 CCUS 项目	海南临高	油气	10	建设中
88	全流程	徐钢集团徐州万吨级 CO_2 提纯-钢渣矿化综合利用工业试验项目	江苏徐州	钢铁	1	规划中
89	全流程	华润电力 3 号机组 100 万吨/年烟气 CO_2 捕集工程	广东深圳	火电	100	规划中
90	全流程	华润集团肇庆 10 万吨/年烟气 CO_2 捕集与矿化项目	广东肇庆	水泥	10	规划中
91	全流程	宁波钢铁 2 万吨/年石灰窑尾气 CO_2 捕集与矿化项目	浙江宁波	钢铁	2	规划中
92	全流程	中石油新疆油田 CCUS 先导项目	新疆克拉玛依	石油化工	10	投运中
93	全流程	延长石油榆林煤化 30 万吨/年 CO_2 捕集装置项目	陕西榆林	煤化工	30	投运中
94	—	清华大学成都煤化学链燃烧全流程示范系统	四川成都	—	10	建设中
95	—	华润集团深圳微藻固碳项目	广东深圳	火电	—	投运中
96	—	广东省能源集团湛江生物质电厂烟气微藻固碳工程示范	广东湛江	生物质电厂	—	投运中

注：数据最后更新时间是 2022 年年底。

2. 中国 CCUS 示范项目的部署重点向大规模、全流程转变

近年来，中国新建的 CCUS 示范项目规模取得了显著突破。在中国已投运的 CCUS 示范项目中，大多数的规模为 10 万吨级及以下，国家能源集团泰州电厂 CCUS 项目、心连心 CCUS 全流程项目和中石化中原油田濮阳 CO_2 - EOR 示范工程等三个示范项目的规模为 50 万吨级，百万吨级示范项目仅有齐鲁石化-胜利油田 CO_2 捕集利用与封存全流程项目（表 2 - 1）。然而，规划中但尚未投运的示范项目规模明显增大，部署重点逐渐转向大规模、全流程环节示范项目。在 2022 年及

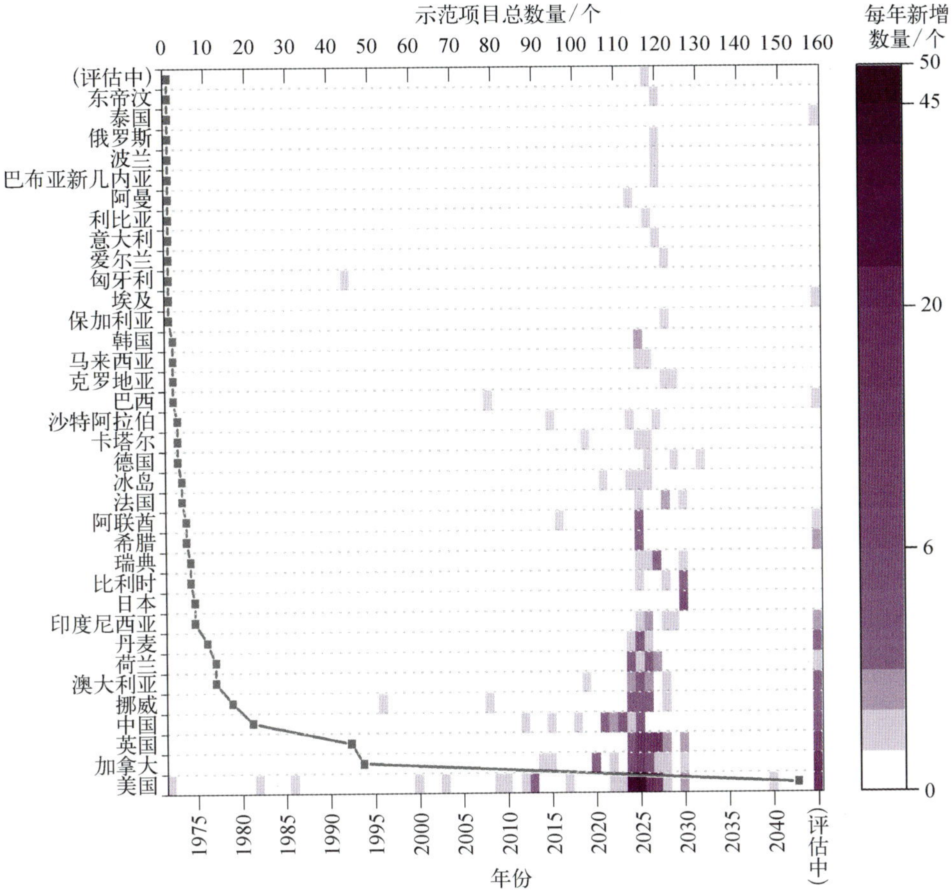

图 2-3　全球各国家 CCUS 项目进展

［数据来源：GCCSI(2023)］

以后投运的示范项目中，全流程环节示范项目共计 21 个，占全流程类项目的三分之一以上。百万吨级示范项目主要集中在全流程环节进行示范，8 个百万吨级示范项目中有 6 个超百万规模示范项目为全流程类项目，且均在 2022 年及以后投运。

3. 中国 CCUS 示范项目的覆盖行业越来越广泛

在保持电力、煤化工等行业的示范项目数量增速的情况下，中国 CCUS 示范项目的覆盖行业明显扩大(表 2-1)。在 2022 年前，中国 CCUS 示范项目主要集中于电力、煤化工和油气行业，61 个示范项目中电力行业示范项目数量高达 14 个，其次有 6 个煤化工行业示范项目，其余行业的示范项目数量均为 5 个及以下。2022

年及以后的新增示范项目的覆盖行业持续扩大，并继续加大示范力度。2022 年及以后投运的 45 个示范项目覆盖了玻璃、电力、钢铁等 12 个行业，其中玻璃、印染、石灰、石化和生物质电厂等行业的首个示范项目均于 2022 年投运。电力、煤化工等优势行业的新增示范项目数量仍处于领先地位，石油化工和钢铁行业示范项目数量分别增至 7 个和 6 个。

4. 中国正在积极部署以 CCUS 技术为基础的负排放前沿技术研发示范

中国在 CCUS 领域较早开始示范项目投运，并在 BECCS 和 DACCS 等负排放技术领域积极开展探索。但目前中国 BECCS 技术和 DACCS 技术仍处于研发阶段，负排放技术的示范项目数量较少。华能集团曾提出预计于 2024 年建成我国第一套 DAC 工业示范装置，以填补我国在 DAC 工程示范领域的空白；内蒙古毛乌素生物质热电厂则利用种植的沙柳作为燃料，然后收集、利用烟道中的 CO_2 来养殖藻类，以实现 CO_2 的循环利用。全球范围内以 BECCS 和 DACCS 为代表的负排放技术发展相对迅速，其示范项目数量和规模均有显著提升。截至 2023 年，全球 BECCS 与 DACCS 项目已累计宣布 23 个。其中，英国的 Drax - BECCS 项目的初始捕集能力估计为 17 Mt CO_2/a，预计于 2027 年成为世界上第一个负碳发电站，支持英国最碳密集地区的工业脱碳（IEA，2021）；冰岛的 ORCA 项目是世界上第一个商业化大规模直接空气捕集和储存设施，已于 2021 年 9 月 8 日投入使用。

2.4　中国 CCUS 政策体系

CCUS 技术的成功应用既需要构建健全的法律监管框架，也需要有系统性的政策支持。本节首先总结梳理中国 CCUS 政策，重点分析中国 CCUS 政策体系在政策种类和数量上的显著进展；其次，概述中国 CCUS 政策体系中主要的政策类型，并探索“十四五”期间发布的政策的内在规律；最后，针对 CCUS 领域的前沿技术，探讨中国在负排放技术方面做出的政策努力，并与国际先进水平进行对比，分析其中的不足之处。

1. 中国 CCUS 政策的种类和数量均迈上新台阶

在积极参与全球气候治理的进程中，中国对 CCUS 技术的重视程度不断提升，陆续颁布涉及规划、纲要、路线图等多维度的政策文件，以支持 CCUS 技术的研发、试验与示范工作。

从种类上看，中国已发布的 CCUS 政策涵盖技术研发、未来规划、平台建设、标准制定、国际合作、融资渠道、技术定位等多个方面。近年来，各部委陆续发布针对性政策文件，逐渐丰富了 CCUS 政策体系。在针对 CCUS 技术的专项规划方面，原环境保护部办公厅于 2013 年印发了《关于加强碳捕集、利用和封存试验示范项目环境保护工作的通知》，以指导碳捕集、利用与封存项目环境风险管理，随后于 2016 年发布了《二氧化碳捕集、利用与封存环境风险评估技术指南（试行）》，进一步完善了环境风险管理。技术标准相关的政策于 2016 年首次发布，"十三五"期间，《烟气二氧化碳捕集纯化工程设计标准》为 CCUS 技术提供了标准化引导，并在"十四五"期间不断丰富。融资渠道相关的政策于 2020 年首次发布，《关于促进应对气候变化投融资的指导意见》体现了政府对 CCUS 技术多方面的关注和支持。在人才培养相关的政策中，教育部于 2021 年印发的《高等学校碳中和科技创新行动计划》为该类型政策的首次发布，随后于 2022 年发布的《加强碳达峰碳中和高等教育人才培养体系建设工作方案》旨在加快碳捕集、利用与封存相关人才培养。

从数量上看，截至 2023 年年底，中国已发布 80 个与 CCUS 相关的政策文件，其中关于技术研发的高达 30 个，关于未来规划的高达 28 个（表 2－2）。在"十四五"期间，CCUS 技术受重视程度进一步提升。2021—2022 年，与 CCUS 相关的政策文件数量呈爆发式增长，但重点仍放在促进技术研发和未来规划指导上，其间技术研发类新增 10 个，未来规划类新增 12 个。

2. 中国 CCUS 政策以顶层设计类型为主

2005 年，国务院发布的《国家中长期科学和技术发展规划纲要（2006—2020 年）》首次提出"开发高效、清洁和二氧化碳近零排放的化石能源开发利用技术"。随后，国家和地方政府纷纷出台相应的激励措施，鼓励科研机构和企业投入资源，开展 CCUS 技术的研究与开发。2007 年，国务院发布的《中国应对气候变化国家方案》在煤的清洁高效开发和利用技术部分明确提出"大力开发……二氧化碳捕获及利用、封存技术等"，这是 CCUS 技术首次被正式纳入国家规划。此后，CCUS 政策逐步强化，尤其在顶层设计和制度建设方面，为 CCUS 技术的发展提供了技术定位、未来规划等系统性指导，推动了 CCUS 技术在中国的发展与应用。

从技术定位的角度看，CCUS 技术的国家战略定位不断深化。2017 年，国家发展改革委发布的《战略性新兴产业重点产品和服务指导目录（2016 版）》将 CCUS 技术列为战略性新兴产业重点发展的低碳技术。2020 年，《绿色技术推广目录（2020 年）》进一步纳入了 CO_2 捕集、运输、驱油、埋藏工程技术，且特别指出，针对

表2-2 中国CCUS政策

序号	文件名称	发布单位	时间	文号	CCUS相关内容	分类
1	国家中长期科学和技术发展规划纲要(2006—2020年)	国务院	2005年12月26日	国发〔2005〕44号	重点研究开发主要行业二氧化碳、甲烷等温室气体的排放控制与处置利用技术。 开发高效、清洁和二氧化碳近零排放的化石能源开发利用技术	未来规划
2	中国应对气候变化国家方案	国务院	2007年6月3日	国发〔2007〕17号	大力开发二氧化碳捕集及利用、封存技术等	技术研发
3	中国应对气候变化科技专项行动	科学技术部等十四部门	2007年6月13日	国科发社字〔2007〕407号	二氧化碳捕集、利用与封存技术。研发二氧化碳捕集、利用与封存关键技术和措施；制订二氧化碳捕集、利用与封存技术路线图，开展二氧化碳捕集、利用与封存能力建设、工程技术示范	未来规划
4	中国应对气候变化的政策与行动	国务院新闻办公室	2008年10月29日	—	中国还将进一步研究二氧化碳捕集与封存技术。 中国已确定将重点研究的减缓温室气体排放技术包括主要行业二氧化碳和甲烷等温室气体的排放控制与处置利用技术，二氧化碳捕集、利用与封存技术等	技术研发
5	中国碳捕集、利用与封存(CCUS)技术发展路线图研究	科学技术部社会发展科技司、中国21世纪议程管理中心	2011年5月	—	—	其他
6	国土资源"十二五"规划纲要	国土资源部	2011年5月31日	国土资发〔2011〕70号	加大钍、锂、碲资源合理利用和保护力度，发展碳捕集和碳减排用矿产。 加强全球大气变化、二氧化碳捕集与封存合作研究	未来规划

续 表

序号	文件名称	发布单位	时间	文号	CCUS相关内容	分类
7	国家"十二五"科学和技术发展规划	科学技术部	2011年7月13日	国科发计〔2011〕270号	发展二氧化碳捕集利用与封存等技术。 重点探索面向二氧化碳捕集、利用与封存等方向的前沿技术	未来规划
8	国土资源"十二五"科学和技术发展规划	国土资源部	2011年9月13日	国土资发〔2011〕137号	开展二氧化碳地质储存技术研究，提高应对全球气候变化的能力。 开展地质碳储方法、捕集和封存(CCS)工艺及监测技术攻关，探索人工固碳增汇技术和途径。以盆地(平原)为单元，以深部咸水含水层、含石油盆地、含天然气盆地和含煤层气盆地为重点，编制全国地质碳储潜力评价图。筛选战略远景区，实施地质碳储工程科技示范工程	技术研发
9	"十二五"控制温室气体排放工作方案	国务院	2011年12月1日	国发〔2011〕41号	在火电、煤化工、水泥和钢铁行业中开展碳捕集试验项目，建设二氧化碳捕集、驱油、封存一体化示范工程。 研究具有自主知识产权的碳捕集、利用和封存等新技术	技术研发
10	国家能源科技"十二五"规划(2011—2015)	国家能源局	2011年12月5日	国能科技〔2011〕395号	掌握燃煤电厂CO_2捕集技术以及资源化利用技术，研发新型的CO_2捕集技术，降低系统能耗和CO_2减排成本	技术研发
11	煤炭工业发展"十二五"规划	国家发展改革委	2012年3月18日	发改能源〔2012〕640号	支持开展二氧化碳捕集、利用和封存技术研究和示范	未来规划

续 表

序号	文件名称	发布单位	时间	文号	CCUS 相关内容	分类
12	“十二五”国家应对气候变化科技发展专项规划	科学技术部等十六部门	2012 年 5 月 4 日	国科发计〔2012〕700 号	着力解决碳捕集、利用和封存等关键技术的成本降低和市场化应用问题。 开展二氧化碳捕集、利用与封存技术研究和示范。 开展二氧化碳捕集、利用与封存技术路线图及相关法律法规研究，围绕发电、钢铁、水泥、化工等重点行业开展二氧化碳捕集、利用与封存技术的综合集成与示范。 深化和拓展与主要发达国家及国际组织在碳捕集、利用与封存领域的合作	未来规划
13	工业领域应对气候变化行动方案（2012—2020 年）	工业和信息化部等四部门	2012 年 12 月 31 日	工信部联节〔2012〕621 号	（四）工业碳捕集、利用与封存示范工程 在化工、水泥、钢铁等行业中实施碳捕集、利用与封存一体化示范工程，加快推进拥有自主知识产权的碳捕集与封存技术的示范应用，研发二氧化碳资源化利用的技术和方法，探索适合中国国情的碳捕集、利用与封存技术路线图，不断加强工业碳捕集、利用与封存能力建设	未来规划
14	“十二五”国家自主创新能力建设规划	国务院	2013 年 1 月 15 日	国发〔2013〕4 号	实施低碳技术创新及产业化示范工程，加强碳捕集、利用和封存等技术研发和应用能力	未来规划
15	“十二五”国家碳捕集利用与封存科技发展专项规划	科技部	2013 年 2 月 16 日	国科发社〔2013〕142 号	统筹协调、全面推进中国二氧化碳捕集、利用与封存技术的研发与示范	未来规划
16	国家重大科技基础设施建设中长期规划（2012—2030 年）	国务院	2013 年 2 月 23 日	国发〔2013〕8 号	探索预研二氧化碳捕集、利用和封存研究设施建设，为应对全球气候变化提供技术支撑	未来规划

续 表

序号	文件名称	发布单位	时间	文号	CCUS相关内容	分类
17	国家发展改革委关于推动碳捕集、利用和封存试验示范的通知	国家发展改革委	2013年4月27日	发改气候〔2013〕849号	推动碳捕集、利用和封存试验示范是“十二五”控制温室气体排放工作的一项重点任务	未来规划
18	关于加强碳捕集、利用和封存试验示范项目环境保护工作的通知	环境保护部办公厅	2013年10月28日	环办〔2013〕101号	加强对碳捕集、利用和封存的试验示范的支持和引导，切实推动碳捕集、利用和封存的健康有序发展	标准制定
19	国家重点推广的低碳技术目录（第一批）	国家发展改革委	2014年8月25日	2014年第13号	二氧化碳的捕集驱油及封存技术（石化、电力行业） 二氧化碳捕集生产小苏打技术（化工行业）	技术研发
20	国家应对气候变化规划（2014—2020年）	国家发展改革委	2014年9月19日	发改气候〔2014〕2347号	碳捕集、利用和封存示范工程。在火电、化工、油气开采、水泥、钢铁等行业中实施碳捕集试验示范项目，在地质条件适合的地区，开展封存试验项目，实施二氧化碳捕集、驱油、封存一体化示范工程。积极探索二氧化碳资源化利用的途径、技术和方法。 研发二氧化碳捕集、利用和封存等技术	未来规划
21	中美气候变化联合声明	新华社	2014年11月12日	—	推进碳捕集、利用和封存重大示范：经由中美两国主导的公私联营体在中国建立一个重大碳捕集新项目，以深入研究和监测利用工业排放二氧化碳进行碳封存，并就向深盐水层注入二氧化碳以获得淡水的提高采水率新试验项目进行合作	国际合作

续 表

序号	文件名称	发布单位	时间	文号	CCUS 相关内容	分类
22	国家能源局 环境保护部 工业和信息化部关于促进煤炭安全绿色开发和清洁高效利用的意见	国家能源局、环境保护部、工业和信息化部	2014 年 12 月 26 日	国能煤炭〔2014〕571 号	积极开展二氧化碳捕集、利用与封存技术研究和示范	技术研发
23	煤炭清洁高效利用行动计划（2015—2020 年）	国家能源局	2015 年 4 月 27 日	国能煤炭〔2015〕141 号	积极开展二氧化碳捕集、利用与封存技术研究和示范；鼓励现代煤化工企业与石油企业及相关行业合作，开展驱油、微藻吸收、地质封存等示范，为其他行业实施更大范围的碳减排积累经验	技术研发
24	国家重点推广的低碳技术目录（第二批）	国家发展改革委	2015 年 12 月 6 日	2015 年第 31 号	碳捕集、利用与封存类技术 碳低盐无氨氮分离提纯稀土化合物新技术 半碳法制糖工艺技术	技术研发
25	能源技术革命创新行动计划（2016—2030 年）	国家发展改革委、国家能源局	2016 年 4 月 7 日	发改能源〔2016〕513 号	二氧化碳捕集、利用与封存技术创新。研究 CO_2 低能耗、大规模捕集技术等，建设百万吨级 CO_2 捕集利用和封存系统示范工程，全流量的 CCUS 系统在电力、煤炭、化工、矿物加工等系统获得覆盖性、常规性应用，实现 CO_2 的可靠性封存、监测及长距离安全运输	技术研发
26	二氧化碳捕集、利用与封存环境风险评估技术指南（试行）	环境保护部办公厅	2016 年 6 月 20 日	环办科技〔2016〕64 号	本指南以当前技术发展和应用状况为依据，规定了一般性的原则、内容以及框架性程序、方法和要求，可作为二氧化碳捕集、利用和封存环境风险评估工作的参考技术资料	标准制定

续　表

序号	文件名称	发布单位	时间	文号	CCUS 相关内容	分类
27	工业绿色发展规划（2016—2020 年）	工业和信息化部	2016 年 6 月 30 日	工信部规〔2016〕225 号	鼓励建材、化工等行业实施碳捕集、利用与封存试点示范，促进二氧化碳资源化利用。 在化工、水泥、钢铁等行业实施碳捕集、利用与封存示范，加强二氧化碳在石油开采、塑料制品、食品加工等领域的应用	技术研发
28	“十三五”国家科技创新规划	国务院	2016 年 7 月 28 日	国发〔2016〕43 号	加快煤炭绿色开发、煤炭高效发电、煤炭清洁转化、煤炭污染控制、碳捕集利用与封存等核心关键技术研发，示范推广一批先进适用技术。 重点加强煤炭高效发电、煤炭清洁转化、燃煤二氧化碳捕集利用封存等技术研发及应用。 开展燃烧后二氧化碳捕集实现百万吨/年的规模化示范	技术研发
29	“十三五”控制温室气体排放工作方案	国务院	2016 年 10 月 27 日	国发〔2016〕61 号	在煤基行业和油气开采行业开展碳捕集、利用和封存的规模化产业示范，控制煤化工等行业碳排放。 推进工业领域碳捕集、利用和封存试点示范，并做好环境风险评价。 研究制定重点行业、重点产品温室气体排放核算标准、建筑低碳运行标准、碳捕集利用与封存标准等	技术研发
30	煤炭工业发展“十三五”规划	国家发展改革委、国家能源局	2016 年 12 月 22 日	发改能源〔2016〕2714 号	关键技术装备攻关 燃煤二氧化碳捕集利用封存等关键技术	技术研发
31	能源生产和消费革命战略（2016—2030）	国家发展改革委、国家能源局	2016 年 12 月 29 日	发改基础〔2016〕2795 号	深入研究经济性全收集全处理的碳捕集、利用与封存技术。 开展碳捕集利用封存试点。推动建设全国统一的碳排放权交易市场，实行重点单位碳排放报告、核查、核证和配额管理制度	技术研发

续 表

序号	文件名称	发布单位	时间	文号	CCUS 相关内容	分类
32	战略性新兴产业重点产品和服务指导目录(2016 版)	国家发展改革委	2017 年 1 月 25 日	2017 年第 1 号	碳减排及碳转化利用技术装备、碳捕捉及碳封存技术及利用系统、非能源领域的温室气体排放控制技术装备	技术研发
33	“十三五”应对气候变化科技创新专项规划	科技部、环境保护部、气象局	2017 年 4 月 27 日	国科发社〔2017〕120 号	发展了一系列减缓和适应气候变化技术,形成了百万吨碳捕集利用与封存技术示范能力。 突破 5～10 项重点行业温室气体减排技术、生态系统固碳增汇技术和大规模低成本碳捕集、利用与封存(CCUS)关键技术。 继续推进大规模低成本碳捕集、利用与封存(CCUS)技术与低碳减排技术研发与应用示范	技术研发
34	烟气二氧化碳捕集纯化工程设计标准	住房城乡建设部	2018 年 9 月 11 日	2018 年第 208 号	—	其他
35	中国碳捕集利用与封存技术发展路线图(2019 版)	科学技术部社会发展科技司、中国 21 世纪议程管理中心	2019 年 5 月 17 日	—	—	其他
36	产业结构调整指导目录(2019 年本)	国家发展改革委	2019 年 10 月 30 日	国家发展改革委令第 29 号	十二、建材 烟气二氧化碳捕集纯化技术的研发与应用 四十三、环境保护与资源节约综合利用 碳捕集、利用与封存技术装备	技术研发
37	关于促进应对气候变化投融资的指导意见	生态环境部等五部门	2020 年 10 月 20 日	环气候〔2020〕57 号	气候投融资支持范围包括减缓和适应两个方面。 1. 减缓气候变化。包括开展碳捕集、利用与封存试点示范等	融资渠道

续 表

序号	文件名称	发布单位	时间	文号	CCUS相关内容	分类
38	绿色技术推广目录(2020年)	国家发展改革委办公厅等四部门	2020年12月31日	发改办环资〔2020〕990号	CO_2 捕集、运输、驱油、埋藏工程技术：针对工业生产过程中不同浓度 CO_2 排放源，分别采用有针对性的捕集方法，尤其针对低浓度 CO_2 捕集	技术研发
39	关于统筹和加强应对气候变化与生态环境保护相关工作的指导意见	生态环境部	2021年1月9日	环综合〔2021〕4号	有序推动规模化、全链条二氧化碳捕集、利用和封存示范工程建设	未来规划
40	国务院关于加快建立健全绿色低碳循环发展经济体系的指导意见	国务院	2021年2月2日	国发〔2021〕4号	(十五)推动能源体系绿色低碳转型。开展二氧化碳捕集、利用和封存试验示范	未来规划
41	中华人民共和国国民经济和社会发展第十四个五年规划和2035年远景目标纲要	新华社	2021年3月12日	—	实施重大节能低碳技术产业化示范工程，开展近零能耗建筑、近零碳排放、碳捕集利用与封存(CCUS)等重大项目示范	未来规划
42	绿色债券支持项目目录(2021年版)	中国人民银行、发展改革委、证监会	2021年4月2日	银发〔2021〕96号	二氧化碳捕集、利用与封存工程建设和运营：对化石能源燃烧和工业过程排放二氧化碳进行捕集、利用或封存的减排项目建设和运营	融资渠道
43	中美应对气候危机联合声明	新华社	2021年4月18日	—	工业和电力领域脱碳的政策、措施与技术，包括通过循环经济、储能和电网可靠性、碳捕集利用和封存、绿色氢能	国际合作

续 表

序号	文件名称	发布单位	时间	文号	CCUS相关内容	分类
44	关于加强高耗能、高排放建设项目生态环境源头防控的指导意见	生态环境部	2021年5月30日	环环评〔2021〕45号	（七）将碳排放影响评价纳入环境影响评价体系。鼓励有条件的地区、企业探索实施减污降碳协同治理和碳捕集、封存、综合利用工程试点、示范	立法与标准
45	关于请报送二氧化碳捕集利用与封存（CCUS）项目有关情况的通知	国家发展改革委办公厅	2021年6月17日	发改办环资〔2021〕496号	做好碳达峰、碳中和相关工作，科学评估二氧化碳捕集利用与封存（CCUS）技术和项目现状，有力有序组织后续重大工程	未来规划
46	高等学校碳中和科技创新行动计划	教育部	2021年7月12日	教科信函〔2021〕30号	围绕零碳能源、零碳原料/燃料与工艺替代、二氧化碳捕集/利用/封存、集成耦合与优化技术等关键技术创新需求，开展碳减排、碳零排、碳负排新技术原理研究。加强减污降碳协同、协同治理与生态循环、二氧化碳捕集/运输/封存以及非二氧化碳温室气体减排等末端减排关键技术开发	技术定位
47	中共中央 国务院关于完整准确全面贯彻新发展理念做好碳达峰碳中和工作的意见	中共中央、国务院	2021年9月22日	中发〔2021〕36号	（二十一）加快先进适用技术研发和推广。推进规模化碳捕集利用与封存技术研发、示范和产业化应用。 （三十）完善投资政策。充分发挥政府投资引导作用，构建与碳达峰、碳中和相适应的投融资体系，加大对节能环保、新能源、低碳交通运输装备和组织方式、碳捕集利用与封存等项目的支持力度	未来规划
48	国家标准化发展纲要	中共中央、国务院	2021年10月10日	2021年第30号	（十一）建立健全碳达峰、碳中和标准。完善可再生能源标准，研究制定生态碳汇、碳捕集利用与封存标准。实施碳达峰、碳中和标准化提升工程	标准制定

续　表

序号	文件名称	发布单位	时间	文号	CCUS 相关内容	分类
49	2030 年前碳达峰行动方案	国务院	2021 年 10 月 24 日	国发〔2021〕23 号	推动钢铁行业碳达峰。探索开展氢冶金、二氧化碳捕集利用一体化等试点示范。 强化应用基础研究。聚焦二氧化碳捕集利用与封存等重点,深化应用基础研究。 加快先进适用技术研发和推广应用。集中力量开展低成本二氧化碳捕集利用与封存等技术创新。建设全流程、集成化、规模化二氧化碳捕集利用与封存示范项目。 加大绿色技术合作力度,推动开展二氧化碳捕集利用与封存等领域科研合作和技术交流	未来规划
50	中国应对气候变化的政策与行动	国务院新闻办公室	2021 年 10 月 27 日	—	成立二氧化碳捕集、利用与封存(以下简称 CCUS)创业技术创新战略联盟、CCUS 专委会等专门机构,持续推动 CCUS 领域技术进步、成果转化	平台建设
51	全国煤电机组改造升级实施方案	国家发展改革委、国家能源局	2021 年 10 月 29 日	发改运行〔2021〕1519 号	稳步推进燃煤电厂大规模二氧化碳捕集利用与封存技术等节能减排突出技术的集中攻关和试点示范,条件成熟的适时推广应用	技术研发
52	中美关于在 21 世纪 20 年代强化气候行动的格拉斯哥联合宣言	新华社	2021 年 11 月 10 日	—	双方计划在以下方面开展合作 (五)部署和应用技术,如碳捕集、利用、封存和直接空气捕集	未来规划

续 表

序号	文件名称	发布单位	时间	文号	CCUS 相关内容	分类
53	“十四五”工业绿色发展规划	工业和信息化部	2021 年 11 月 15 日	工信部规〔2021〕178 号	探索低成本二氧化碳捕集、资源化转化利用、封存等主动降碳路径。 在主要碳排放行业和碳捕集利用与封存等领域，实施一批降碳效果突出、带动性强的重大工程。 集中优势资源开展碳捕集利用与封存技术等关键核心技术攻关，形成一批原创性科技成果。 加大对碳捕集利用与封存等的投融资支持力度	未来规划
54	关于推进中央企业高质量发展做好碳达峰碳中和工作的指导意见	国资委	2021 年 11 月 27 日	国资发科创〔2021〕93 号	深入开展二氧化碳捕集利用与封存等关键技术攻关。推动建设低成本、全流程、集成化、规模化的二氧化碳捕集利用与封存示范项目	技术研发
55	“十四五”能源领域科技创新规划	国家能源局、科学技术部	2021 年 11 月 29 日	国能发科技〔2021〕58 号	研发新一代高效、低能耗的 CO_2 捕集技术和装置，提高碳捕集系统的经济性；开展 CO_2 驱油驱气、CO_2 合成碳酸酯、聚碳等资源化、能源化利用技术研究；突破 CO_2 封存监测、泄漏预警等核心技术；研发碳捕集转化利用系统与各种新型发电系统耦合集成技术。开展百万吨级燃烧后 CO_2 捕集、利用与封存全流程示范	技术研发
56	气候投融资试点工作方案	生态环境部办公厅等九部门	2021 年 12 月 21 日	环办气候〔2021〕27 号	开展碳捕集、利用与封存试点示范	融资渠道

续 表

序号	文件名称	发布单位	时间	文号	CCUS相关内容	分类
57	“十四五”现代能源体系规划	国家发展改革委、国家能源局	2022年1月29日	发改能源〔2022〕210号	实施科技创新示范工程。瞄准二氧化碳捕集利用与封存、天然气水合物等前沿领域，实施一批具有前瞻性、战略性的国家重大科技示范项目。 支持新模式新业态发展。培育发展二氧化碳捕集利用与封存新模式。 强化政策协同保障。构建绿色金融体系，加大对二氧化碳捕集利用与封存等的金融支持力度，完善绿色金融激励机制。 加强科技创新合作。加强与有关国家在先进能源技术和解决方案等方面的务实合作，重点在二氧化碳捕集利用与封存等先进技术领域开展合作	技术定位
58	国家发展改革委 国家能源局关于完善能源绿色低碳转型体制机制和政策措施的意见	国家发展改革委、国家能源局	2022年1月30日	发改能源〔2022〕206号	（二十三）完善煤电清洁高效转型政策。完善火电领域二氧化碳捕集利用与封存技术研发和试验示范项目支持政策。 （二十四）完善油气清洁高效利用机制。加强二氧化碳捕集利用与封存技术推广示范，扩大二氧化碳驱油技术应用，探索利用油气开采形成地下空间封存二氧化碳	技术研发
59	高耗能行业重点领域节能降碳改造升级实施指南（2022年版）	国家发展改革委等四部门	2022年2月3日	发改产业〔2022〕200号	现代煤化工行业：依托项目周边二氧化碳利用和封存条件，因地制宜开展变换等重点工艺环节高浓度二氧化碳捕集、利用及封存试点。 水泥行业：加快研发水泥窑炉烟气二氧化碳捕集与纯化催化转化利用关键技术等重大关键性节能低碳技术。 平板玻璃行业：加快研发玻璃窑炉烟气二氧化碳捕集提纯技术等	技术研发

续 表

序号	文件名称	发布单位	时间	文号	CCUS相关内容	分类
60	国家发展改革委等部门关于推进共建“一带一路”绿色发展的意见	国家发展改革委等四部门	2022年3月16日	发改开放〔2022〕408号	（五）加强绿色能源合作。深化能源技术装备领域合作，重点围绕二氧化碳捕集利用与封存等开展联合研究及交流培训。 （十四）促进煤电等项目绿色低碳发展。推动建成境外煤电项目绿色低碳发展，鼓励相关企业加强煤炭清洁高效利用，采用高效脱硫、脱硝、除尘以及二氧化碳捕集利用与封存等先进技术，升级节能环保设施	未来规划
61	工业和信息化部 国家发展和改革委员会 科学技术部 生态环境部 应急管理部 国家能源局关于“十四五”推动石化化工行业高质量发展的指导意见	工业和信息化部等六部门	2022年3月28日	工信部联原〔2022〕34号	（一）完善创新机制，形成“三位一体”协同创新体系。优化整合行业相关研发平台，创建二氧化碳捕集利用等领域创新中心。 （十）发挥碳固定碳消纳优势，协同推进产业链碳减排。推进炼化、煤化工与“绿电”“绿氢”等产业耦合示范，利用炼化、煤化工装置所排二氧化碳纯度高、捕集成本低等特点，开展二氧化碳规模化捕集、封存、驱油和制化学品等示范	未来规划
62	加强碳达峰碳中和高等教育人才培养体系建设工作方案	教育部	2022年4月19日	教高函〔2022〕3号	加强重点产业人才需求预测，结合新时代人才成长规律、教育教学规律、科技创新规律，加快新能源、储能、氢能和碳捕集等紧缺人才培养。 推动高校组建碳中和领域关键核心技术集成攻关大平台。组建一批重点攻关团队，围绕碳减排关键技术、碳零排关键技术，以及二氧化碳捕集、利用、封存等碳负排关键技术攻关，加快先进适用技术研发和推广应用。 加快碳捕集、利用与封存相关人才培养。针对碳捕集、利用与封存技术未来产业发展需求，推动高校尽快开设相关学科专业，促进低碳、零碳、负碳技术的开发、应用和推广，为未来技术攻坚和产业提质扩能储备人才力量	人才培养

续　表

序号	文件名称	发布单位	时间	文号	CCUS 相关内容	分类
63	关于加快建立统一规范的碳排放统计核算体系实施方案	国家发展改革委、国家统计局、生态环境部	2022 年 4 月 22 日	发改环资〔2022〕622 号	（十）开展方法学研究。推动对非二氧化碳温室气体排放、碳捕集封存与利用、碳汇等领域的核算研究，进一步夯实方法学基础	标准制定
64	减污降碳协同增效实施方案	生态环境部等七部门	2022 年 6 月 10 日	环综合〔2022〕42 号	（二十一）加强协同技术研发应用。推动炼化系统能量优化、低温室效应制冷剂替代、碳捕集与利用等技术试点应用	技术研发
65	科技支撑碳达峰碳中和实施方案（2022—2030 年）	科技部等九部门	2022 年 6 月 24 日	国科发社〔2022〕157 号	CCUS 技术。研究 CCUS 与工业流程耦合技术及示范、应用于船舶等移动源的 CCUS 技术、新型碳捕集材料与新型低能耗低成本碳捕集技术、与生物质结合的负碳技术（BECCS），开展区域封存潜力评估及海洋咸水封存技术研究与示范	技术研发
66	贯彻实施《国家标准化发展纲要》行动计划	市场监管总局等十六部门	2022 年 7 月 6 日	国市监标技发〔2022〕64 号	研究制定生态碳汇、碳捕集利用与封存标准	标准制定
67	工业领域碳达峰实施方案	工业和信息化部、发展改革委、生态环境部	2022 年 7 月 7 日	工信部联节〔2022〕88 号	突破推广碳捕集利用封存等关键核心技术。 钢铁：到 2030 年，碳捕集利用封存等技术取得突破应用。 建材：到 2030 年，实现窑炉碳捕集利用封存技术产业化示范。 石化化工：到 2025 年，加快部署大规模碳捕集利用封存产业化示范项目	技术研发

续 表

序号	文件名称	发布单位	时间	文号	CCUS相关内容	分类
68	“十四五”生态环境领域科技创新专项规划	科技部等五部门	2022年9月19日	国科发社〔2022〕238号	应对气候变化方面，开展重点领域低碳零碳负碳技术研发，重点突破零碳工业流程再造、碳捕集利用与封存(CCUS)等技术示范。开展非二氧化碳温室气体减排与替代技术研发，加强碳中和前沿颠覆性技术探索，开展百万吨级CCUS全流程工程示范。 开展二代碳捕集、CO_2利用关键技术研发与示范，基于CCUS的负排放技术研发与示范、碳封存潜力评估及源汇匹配研究，海洋咸水层、陆地含油地层等封存技术示范，百万吨级大规模碳捕集与封存区域示范，以及工业行业CCUS全产业链集成示范，建成中国CCUS集群化评价应用示范平台	未来规划
69	能源碳达峰碳中和标准化提升行动计划	国家能源局	2022年9月20日	国能发科技〔2022〕86号	围绕能源领域二氧化碳捕集利用与封存(CCUS)有关技术研发和项目建设需求，加快推进相关标准管理体系和标准体系完善，推进二氧化碳捕集、输送、封存监测、泄漏预警、驱油等关键环节标准制修订	标准制定
70	建立健全碳达峰碳中和标准计量体系实施方案	市场监管总局等九部门	2022年10月18日	国市监计量发〔2022〕92号	到2025年，碳达峰碳中和标准计量体系基本建立。碳捕集利用与封存(CCUS)等关键技术标准与科技研发、示范推广协同推进。 到2030年，碳达峰碳中和标准计量体系更加健全。碳捕集利用与封存及生态碳汇标准逐步健全，标准约束和引领作用更加显著	未来规划

续 表

序号	文件名称	发布单位	时间	文号	CCUS相关内容	分类
71	绿色低碳发展国民教育体系建设实施方案	教育部	2022年10月26日	教发〔2022〕2号	(四)加强绿色低碳相关专业学科建设。支持具备条件和实力的高等学校加快储能、氢能、碳捕集利用与封存、碳排放权交易、碳汇、绿色金融等学科专业建设	其他
72	“十四五”城镇化与城市发展科技创新专项规划	科技部、住房城乡建设部	2022年11月18日	国科发社〔2022〕320号	市政基础设施低碳减排与提质增效。研究污水收集处理过程温室气体控制与碳捕集技术……	技术研发
73	国家重点推广的低碳技术目录(第四批)技术简介	生态环境部办公厅	2022年12月19日	环办气候函〔2022〕484号	碳捕集、利用与封存类技术 陆相油藏CO_2高效驱油与规模埋存一体化技术 新型高效低能耗二氧化碳捕集技术	技术研发
74	2023年国家标准立项指南	国家标准化管理委员会	2023年2月16日	国标委发〔2023〕5号	碳达峰碳中和领域：碳排放核算报告、化石能源清洁低碳利用、新能源与可再生能源、资源循环利用、工业农业交通节能低碳技术、公共机构节能低碳、碳捕集利用与封存、碳汇等标准	标准制定
75	碳达峰碳中和标准体系建设指南	国家标准委等十一部门	2023年4月1日	国标委联〔2023〕19号	2. 碳捕集利用与封存标准 重点制修订碳捕集利用与封存(CCUS)相关术语、评估等基础标准，燃烧碳排放捕集标准，完善二氧化碳管道输送等标准。推动制定二氧化碳驱油(EOR)、化工利用、生物利用、燃料利用等碳利用标准，以及陆上封存、海上封存等碳封存标准	标准制定

续 表

序号	文件名称	发布单位	时间	文号	CCUS 相关内容	分类
76	国家发展改革委等部门关于推动现代煤化工产业健康发展的通知	国家发展改革委等六部门	2023 年 6 月 14 日	发改产业〔2023〕773 号	在资源禀赋和产业基础较好的地区，推动现代煤化工与可再生能源、绿氢、二氧化碳捕集利用与封存(CCUS)等耦合创新发展	未来规划
77	绿色低碳先进技术示范工程实施方案	国家发展改革委等十部门	2023 年 8 月 4 日	发改环资〔2023〕1093 号	针对“(三) 末端固碳类”，提出“全流程规模化 CCUS 示范项目”“二氧化碳先进高效捕集示范项目”“二氧化碳资源化利用及固碳示范项目”3 个重点方向	技术研发
78	国家发展改革委等部门关于促进炼油行业绿色创新高质量发展的指导意见	国家发展改革委等四部门	2023 年 10 月 10 日	发改能源〔2023〕1364 号	绿氢炼化、二氧化碳捕集利用与封存(CCUS)等技术完成工业化、规模化示范验证，建设一批可借鉴、可复制的绿色低碳标杆企业，支撑 2030 年前全国碳排放达峰。 推进二氧化碳回收利用。支持炼油企业加快 CCUS 示范应用，有效降低碳排放	未来规划
79	国家碳达峰试点建设方案	国家发展改革委	2023 年 10 月 20 日	发改环资〔2023〕1409 号	推动企业开展清洁能源替代、电气化改造、工业流程再造、二氧化碳捕集利用等节能降碳改造	未来规划
80	工业和信息化部等八部门关于加快传统制造业转型升级的指导意见	工业和信息化部等八部门	2023 年 12 月 28 日	工信部联规〔2023〕258 号	建立健全碳排放核算体系，加快建立产品碳足迹管理体系，开展减污降碳协同创新和碳捕集、封存、综合利用工程试点示范	未来规划

注：时间一般指制印日期，无制印日期时为发布日期。

低浓度 CO_2 捕集，采用有针对性的捕集方法。

从未来规划的角度看，中国出台了一系列重大政策文件，如《“十二五”控制温室气体排放工作方案》《国家应对气候变化规划（2014—2020 年）》《“十三五”应对气候变化科技创新专项规划》，重在推进 CCUS 技术研发与应用示范。特别地，科技部出台的 CCUS 专项规划《“十二五”国家碳捕集利用与封存科技发展专项规划》，是首次将 CCUS 写入国家五年规划；《能源技术革命创新行动计划（2016—2030 年）》将 CCUS 技术创新列为重点任务，旨在研究 CO_2 低能耗、大规模捕集技术以及驱油、驱水、驱煤层气与封存技术，同时研究 CO_2 安全可靠封存、监测及运输技术。据不完全统计，截至 2023 年年底，中国 CCUS 政策体系包含了 7 项“十二五”规划政策、3 项“十三五”规划政策、2 项 2020 年规划政策、2 项 2030 年中长期规划政策和 6 项“十四五”规划政策，它们构成了中国 CCUS 政策体系的核心部分。

3. 中国碳达峰碳中和“1＋N”政策体系为 CCUS 政策发展奠定了基础

“十四五”期间，中国 CCUS 政策数量大幅增长，并在碳达峰碳中和“1＋N”政策体系的指引下，向更具可操作性和系统性发展。2021 年，中共中央、国务院发布的《中共中央 国务院关于完整准确全面贯彻新发展理念做好碳达峰碳中和工作的意见》明确提出：“推进规模化碳捕集利用与封存技术研发、示范和产业化应用。”“加大对……碳捕集利用与封存等项目的支持力度。”2022 年，科技部等九部门发布的《科技支撑碳达峰碳中和实施方案（2022—2030 年）》强调二氧化碳捕集利用等相关基础研究的重要性，并提出“力争到 2025 年实现单位二氧化碳捕集能耗比 2020 年下降 20％，到 2030 年下降 30％”的目标。在碳达峰碳中和顶层设计文件的指导下，各部委立足自身领域，制定并出台了覆盖能源、工业、城乡建设、交通运输、减污降碳等重点领域，以及有色金属、建材等重点行业的碳达峰实施方案，推出了财政支持、统计核算、科技、教育、标准等支撑保障方案，共同构建了碳达峰碳中和“1＋N”政策体系。其中，技术研发和标准制定类型政策在“十四五”期间均不断得到进一步的丰富。

从技术研发的角度看，中国高度重视 CCUS 技术攻关。2022 年，国家发展改革委等四部门发布的《高耗能行业重点领域节能降碳改造升级实施指南（2022 年版）》强调现代煤化工、水泥、平板玻璃等高耗能行业开展二氧化碳捕集、利用及封存试点和二氧化碳捕集技术攻关等工作的重要性。同年，工业和信息化部等部门联合发布了《工业领域碳达峰实施方案》，详细规划了到 2030 年前工业领域各行业需要突破或推广的关键/核心技术，钢铁行业“到 2030 年……碳捕集利用封存等技术取得突破应用”，建材行业“到 2030 年……在水泥、玻璃、陶瓷等行业……实现窑炉碳捕集利用封存技术产业化示范”，石化化工行业“到 2025 年……加快部署大规模碳捕集利用封存产业化示范项目”。

从标准制定的角度看，中国也采取了一系列重要举措。2021 年，中共中央、国务院发布的《国家标准化发展纲要》明确提出，要“研究制定生态碳汇、碳捕集利用与封存标准”。2022 年，市场监管总局等部门联合发布了《建立健全碳达峰碳中和标准计量体系实施方案》，详细规划了“到 2025 年，碳达峰碳中和标准计量体系基本建立……碳捕集利用与封存(CCUS)等关键技术标准与科技研发、示范推广协同推进”“到 2030 年，碳达峰碳中和标准计量体系更加健全……碳捕集利用与封存及生态碳汇标准逐步健全，标准约束和引领作用更加显著”。2023 年，国家标准委等部门联合发布了《碳达峰碳中和标准体系建设指南》，提出：“重点制修订碳捕集利用与封存(CCUS)相关术语、评估等基础标准，燃烧碳排放捕集标准，完善二氧化碳管道输送等标准。推动制定二氧化碳驱油(EOR)、化工利用、生物利用、燃料利用等碳利用标准，以及陆上封存、海上封存等碳封存标准。”

4. 中国 CCUS 政策体系中对负排放技术的关注逐渐增强

中国正在积极推进以 BECCS 和 DACCS 等负排放技术为代表的 CCUS 前沿技术，并采取一系列措施来支持负排放技术的研发与应用。自 2021 年以来，碳达峰碳中和“1＋N”政策体系中多次提到要推动负排放技术发展，包括《中共中央 国务院关于完整准确全面贯彻新发展理念做好碳达峰碳中和工作的意见》《2030 年前碳达峰行动方案》《“十四五”工业绿色发展规划》《“十四五”生态环境领域科技创新专项规划》等近 10 个政策文件。此外，2021 年，中国和美国联合签署的《中美关于在 21 世纪 20 年代强化气候行动的格拉斯哥联合宣言》提出在直接空气捕集方面开展合作；2022 年，科技部等九部门发布的《科技支撑碳达峰碳中和实施方案(2022—2030 年)》特别提到了“与生物质结合的负碳技术(BECCS)”。然而，尽管中国为 CCUS 技术提供了宏观政策支持，但针对负排放技术的专项财政激励措施仍然较少。2021 年，中国人民银行等部门出台了激励政策《绿色债券支持项目目录(2021 年版)》，明确了“对化石能源燃烧和工业过程排放二氧化碳进行捕集、利用或封存的减排项目建设和运营”提供利率优惠或财政优惠支持。

总体而言，中国 CCUS 政策体系中对负排放技术的关注正逐步增强，并通过多个政策文件和国际合作框架推动其发展。然而，未来仍需进一步明确和加强针对负排放技术的财政激励，以加速其示范与应用。

第 3 章

中国 CCUS 地质封存与利用潜力

大规模部署 CCUS 技术对实现碳中和目标和缓解气候危机至关重要。而要实现大规模部署 CCUS 技术，首先需要精确量化中国地下空间的地质封存容量和注入能力，并明确 CCUS 技术的 CO_2 减排潜力。因此，本章将详细阐述中国地质封存潜力和注入能力的总体情况，以及县域 CO_2 封存潜力和注入能力的空间分布，统计各个县级行政区内主要工业碳排放源（煤电行业、钢铁行业、水泥行业、煤化工行业）的 CO_2 捕集潜力，并在此基础上进一步探索中国现存主要工业碳排放源的原位封存潜力，以识别出该技术的早期部署机会。

3.1 中国县域 CO_2 封存潜力和注入能力

本节参考了美国能源部（DOE）的容积法（Goodman et al.，2011）、IEA 针对油田 EOR 潜力的计算方法（Li et al.，2009）及达西定律（Baik et al.，2018），在 5 km×5 km 的高精度网格尺度下，系统分析了中国 17 个陆上盆地的 53 个咸水层、7 个海上盆地的 16 个咸水层和主要现存油田，详细测算了其 CO_2 封存潜力及相应的 CO_2 注入能力，并进一步进行了分级解析。首先，将数据汇总为盆地级数据，以展示中国主要 CO_2 封存地的地理分布和潜力概况。其次，计算了县域 CO_2 封存潜力和注入能力。县域 CO_2 封存潜力是指县级行政区内所有陆地封存网格的 CO_2 封存潜力之和，县域 CO_2 注入能力是指县级行政区内所有陆地封存网格的 CO_2 注入能力的最大值。鉴于海上封存单元在行政管理上的特殊性，难以直接纳入陆地县域体系，本节的县域分析聚焦于陆上封存单元。具体的计算方法见附录 A-1。

对于咸水层封存，参考了已有文献及工程实际（Li et al.，2009；Goodman

et al.,2011;Gao et al.,2015;Fan et al.,2021;IPCC, 2019),选取了面积大于200 km^2,勘探程度较高,孔隙度、渗透率和厚度等数据资料丰富,储层深度为800～3 500 m的主要沉积盆地。根据中国地质调查局水文地质环境地质调查中心的主要沉积盆地CO_2地质储存潜力评价图集(Guo et al.,2012)和Li等(2002)的研究,收集了咸水层盆地储层的厚度、面积、渗透率、孔隙度和深度等详细信息(Huo et al.,2014)。其中,储层内部的厚度是基于地形实际,由厚度等值线图转化得来的。

与咸水层处理不同,油田封存潜力是基于现有油田开发数据得出的。具体收集了2020年陆海1 181个原始油田场地数据,这些数据主要包括各个油田的原地石油资源量(OOIP)、位置坐标、深度信息等,详细数据来自中国石油天然气集团有限公司和IHS数据库。

1. 中国陆海CO_2封存潜力达万亿吨级,封存地注入能力差异巨大

表3－1展示了中国各个盆地咸水层和油田封存单元的CO_2封存潜力和注入能力统计结果。由该表可知,陆上和海上咸水层封存潜力分别为1 000 Gt CO_2和894 Gt CO_2,陆上和海上油田封存潜力分别为5.1 Gt CO_2和3.6 Gt CO_2,总封存潜力接近2 000 Gt CO_2。在各个盆地中,海上的东海盆地和陆上的塔里木盆地的总封存潜力位居前二,分别为356 Gt CO_2和281 Gt CO_2,其最大注入能力分别为61.65 Mt CO_2/a和32.50 Mt CO_2/a。咸水层封存潜力排名前5的盆地分别是东海盆地、塔里木盆地、松辽盆地、珠江口盆地和渤海湾盆地(海),占总咸水层封存潜力的58.7%。油田封存潜力排名前5的盆地分别是渤海湾盆地(海)、松辽盆地、渤海湾盆地(陆)、鄂尔多斯盆地和珠江口盆地,占总油田封存潜力的83.6%。渤海湾盆地(海)在咸水层封存潜力和油田封存潜力方面都具备显著优势。

表3－1 中国陆海CO_2封存潜力和注入能力

盆地类型	盆地名称	咸水层封存潜力/Mt CO_2	油田封存潜力/Mt CO_2	总封存潜力/Mt CO_2	咸水层注入能力范围/(Mt CO_2/a)	油田注入能力范围/(Mt CO_2/a)
陆上	松辽盆地	166 925	1 726	168 651	0.06～1.90	0.03～55.77
	吐哈盆地	44 360	137	44 497	1.33～29.19	6.74～27.58
	苏北盆地	78 061	69	78 130	0.95～40.93	4.55～134.77
	渤海湾盆地(陆)	66 138	1 324	67 462	3.13～122.77	5.43～152.46
	柴达木盆地	41 736	140	41 876	5.85～17.56	4.40～20.62

续　表

盆地类型	盆 地 名 称	咸水层封存潜力/Mt CO_2	油田封存潜力/Mt CO_2	总封存潜力/Mt CO_2	咸水层注入能力范围/(Mt CO_2/a)	油田注入能力范围/(Mt CO_2/a)
陆上	南襄盆地	16 564	41	16 605	0.07～124.67	42.11～52.40
	三江盆地	16 700	—	16 700	2.37～94.65	—
	海拉尔盆地	74	99	173	0.01～0.08	0.88～1.65
	江汉盆地	5 119	32	5 151	0.01～0.34	0.006～69.89
	塔里木盆地	280 703	11	280 714	0.10～32.50	9.41
	鄂尔多斯盆地	13 734	857	14 591	0.003～0.79	0.01～8.32
	银根-额济纳旗盆地	26 574	1	26 575	0.03～0.12	0.04～0.05
	河淮盆地	112 723	0	112 723	0.01～59.65	5.63～14.64
	沁水盆地	12 475	—	12 475	0.00～0.18	—
	二连盆地	44 511	67	44 578	0.98～16.02	5.96～12.72
	准噶尔盆地	36 130	534	36 664	0.10～2.66	0.09～18.49
	四川盆地	37 208	49	37 257	0.002～0.04	0.01～2.76
海上	渤海湾盆地(海)	148 136	2 488	150 624	1.57～38.70	6.78～307.97
	北黄海盆地	21 679	—	21 679	0.85～97.73	—
	南黄海盆地	22 046	—	22 046	0.02～0.61	—
	东海盆地	356 040	25	356 065	0.01～61.65	2.76～46.30
	珠江口盆地	159 648	836	160 484	0.01～2.22	0.13～2.39
	北部湾盆地	76 781	217	76 998	1.43～111.91	0.61～138.32
	琼东南盆地	110 124	1	110 125	7.99～147.24	38.30
合计		1 894 189	8 654	1 902 843		

在注入能力方面，由于各个盆地的地质地理条件不同，盆地内部的最大注入能力

与最小注入能力相差数倍到数万倍，例如松辽盆地的咸水层注入能力范围为 0.06～1.90 Mt CO_2/a，而南襄盆地的咸水层注入能力范围则为 0.07～124.67 Mt CO_2/a。同时，各个盆地的注入能力也显著不同，以油田为例，南襄盆地的油田最小注入能力是银根-额济纳旗盆地的油田最大注入能力的 800 余倍。

2. 中国超 1/5 县域具备 CO_2 封存潜力，新疆且末县等地具备显著优势

根据县域 CO_2 封存潜力和注入能力的统计数据，2022 年全国共有 22.8%(649/2 843)的县级行政区具备地质封存潜力。其中，有 17 个县级行政区的地质封存潜力超过 10 Gt CO_2，占总封存潜力的 36.9%，这些县级行政区中有 11 个隶属新疆维吾尔自治区。总封存潜力排名前 3 的县级行政区是位于塔里木盆地的新疆且末县(74 Gt CO_2)、沙雅县(59 Gt CO_2)和尉犁县(37 Gt CO_2)，这主要是由于它们具有优越的地质条件和广阔的县域范围。在 649 个县级行政区中，共有 591 个县级行政区具备咸水层封存潜力，其中大部分县级行政区的咸水层具备极大的 CO_2 封存潜力，几乎决定了当地的总封存潜力，咸水层封存潜力排名前 52 的县级行政区与总封存潜力排名前 52 的县级行政区一致。此外，共有 210 个县级行政区拥有油田封存单元，其中山东河口区等 58 个县级行政区只拥有油田封存单元。图 3-1 展示了中国咸水层和油田封存潜力排名前 20 的县级行政区。在咸水层封存潜力方面，排名前 20 的县级行政区的咸水层封存潜力总和达到 397 Gt CO_2，占总咸水层封存潜力的 39.7%；在油田封存潜力方面，这些县级行政区的油田封存潜力总和为 3.3 Gt CO_2，占总油田封存潜力的 64.9%。

3. 中国各个县级行政区的 CO_2 注入能力差异显著，范围为数千吨/年到数亿吨/年

根据统计数据，各个县级行政区的 CO_2 注入能力存在显著差异(图 3-2)。在具备咸水层封存潜力的 591 个县级行政区中，有 256 个县级行政区(43.3%)的咸水层注入能力小于 1 Mt CO_2/a，内蒙古海南区、宁夏平罗县、河南罗山县等 39 个县级行政区的咸水层注入能力仅为数千吨 CO_2/年；在具备油田封存潜力的 210 个县级行政区中，有 81 个县级行政区(38.6%)的油田注入能力小于 1 Mt CO_2/a，39 个县级行政区的油田注入能力小于 0.01 Mt CO_2/a。而在咸水层注入能力排名前 20 的县级行政区中，有 12 个县级行政区的咸水层注入能力超过 110 Mt CO_2/a；在油田注入能力排名前 20 的县级行政区中，有 8 个县级行政区的油田注入能力超过 130 Mt CO_2/a(图 3-3)。

总体而言，结合县域 CO_2 封存潜力和注入能力的排名结果，各个县级行政区

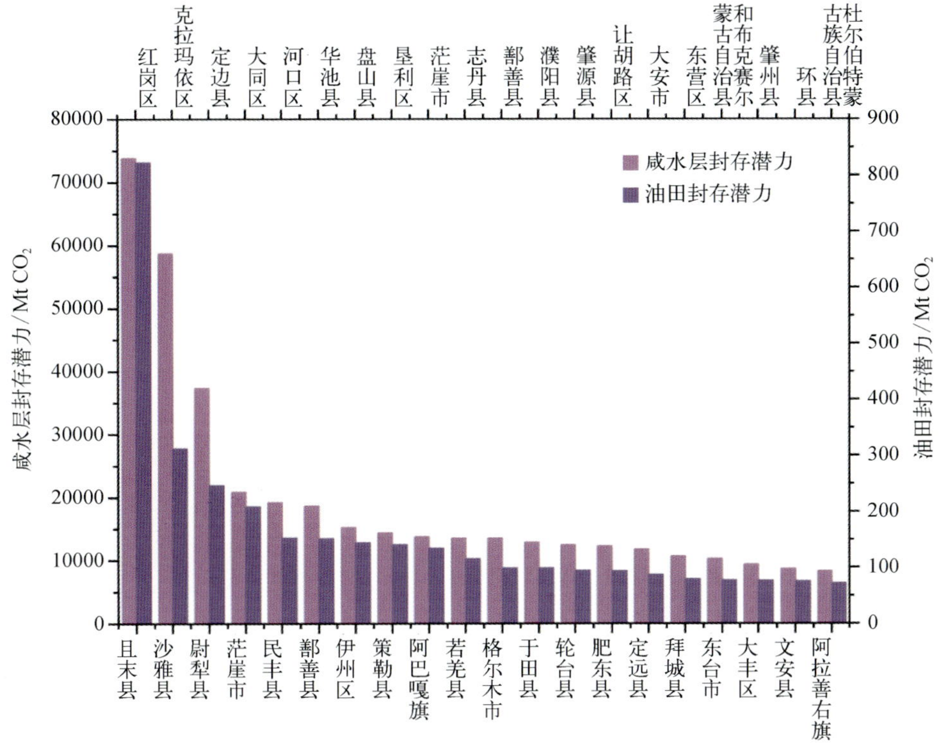

图 3-1　中国咸水层和油田封存潜力排名前 20 的县级行政区

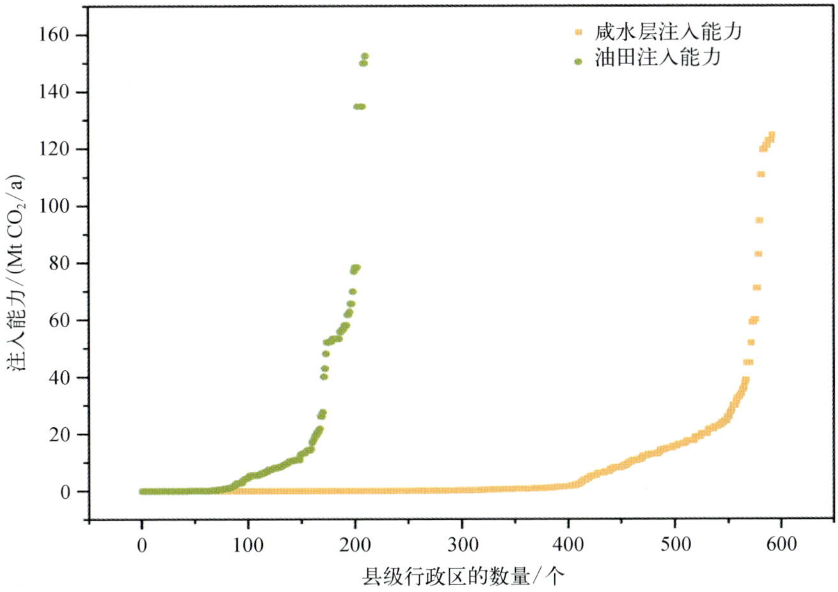

图 3-2　中国咸水层和油田的注入能力分布

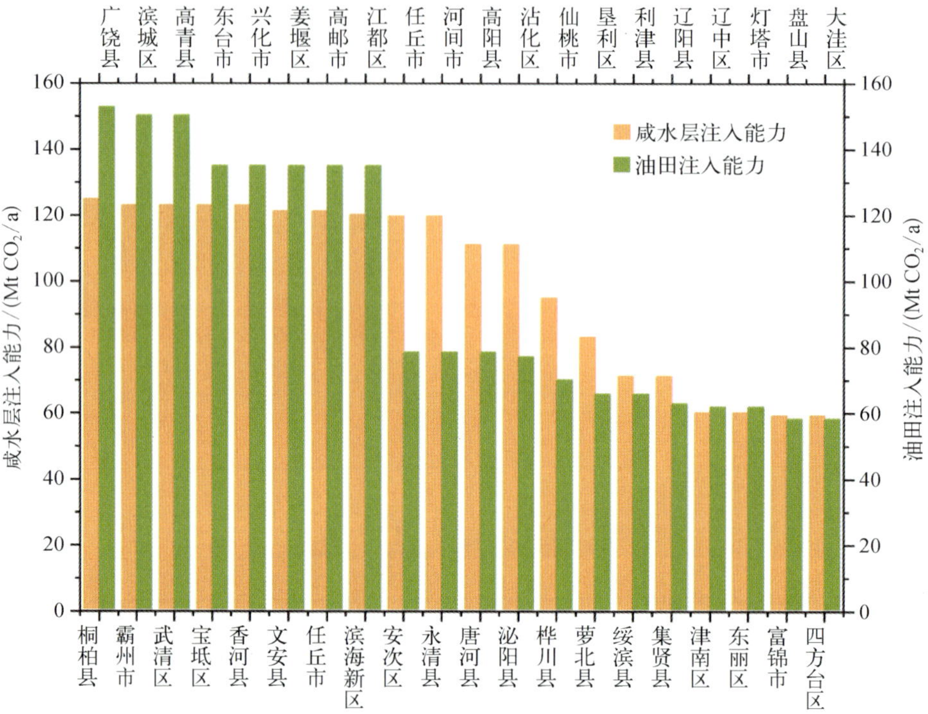

图 3-3　中国咸水层和油田注入能力排名前 20 的县级行政区

的 CO_2 封存潜力和注入能力排名有较大差异。在所有的县级行政区中，仅有文安县的咸水层封存潜力和注入能力，以及垦利区、盘山县的油田封存潜力和注入能力同时位于前 20 名，这些地方应作为优先关注县域。除民丰县、肥东县、定远县和阿拉善右旗以外，其他咸水层封存潜力排名前 20 的县级行政区都具备超过 10 Mt CO_2/a 的咸水层注入能力，完全满足单个大型碳排放源的封存需求。而具备较大封存潜力但注入能力较小的县级行政区，需要进一步提升实际注入能力以实现更好的封存效果，例如改进注入技术、增加注入设施等。

3.2 中国现存主要工业碳排放源的县域 CO_2 捕集潜力

目前，中国煤电、钢铁、水泥、煤化工四个工业行业的年 CO_2 排放量约占全国年总量的 70%，是 CCUS 技术的应用主体。本节重点将我国已投产的燃煤电厂、钢铁厂、水泥厂、煤化工厂作为碳排放源，共涵盖 639 个燃煤电厂、144 个钢铁厂、919 个水泥厂(拥有 1 147 条生产线)、254 个煤化工厂。本节首先根据各行业的工业特点、产能规模等，分别计算了每个工厂的年 CO_2 排放量；然后假设 CO_2 捕集率均为 90%，计算了各厂的年 CO_2 捕集量；最后根据地理位置，将数据汇总并统计为县域 CO_2 捕集潜力。详细的计算方法见附录 A－2。

1. 中国现存主要工业碳排放源的年 CO_2 捕集潜力达数十亿吨/年，在不同县域间存在显著差异

从 CO_2 捕集潜力数据来看，中国煤电、钢铁、水泥、煤化工四个主要工业行业的年捕集潜力为 6.7 Gt CO_2/a。县域整体的碳排放分布较为平均，共有 756 个县级行政区内存在碳排放源，其中神木市、榆阳区、伊吾县、灵武市和张家港市 5 个县级行政区的年 CO_2 排放量均达到数亿吨/年，占年总量的 33%。表 3－2 展示了中国现存主要工业碳排放源年捕集潜力前 41 名的县级行政区，其年捕集潜力均超过 30 Mt CO_2/a，占年总捕集潜力的 36%。这些县级行政区主要集中在北部地区和西北地区，其中内蒙古有 12 个，新疆有 8 个。

表 3－2　中国现存主要工业碳排放源年捕集潜力超 30 Mt CO_2/a 的县级行政区

排名	县级行政区	年捕集潜力/(Mt CO_2/a)	排名	县级行政区	年捕集潜力/(Mt CO_2/a)
1	神木市	195.79	12	东港区	62.98
2	榆阳区	168.63	13	鄂托克前旗	62.17
3	伊吾县	152.64	14	孝义市	56.60
4	灵武市	105.57	15	东乌珠穆沁旗	50.00
5	张家港市	102.05	16	九原区	49.48
6	准格尔旗	98.60	17	武安市	49.46
7	和布克赛尔蒙古自治县	80.37	18	石河子市	49.40
8	昌吉市	72.05	19	曹妃甸区	48.45
9	吉木萨尔县	70.49	20	立山区	47.77
10	乌兰浩特市	65.41	21	伊宁县	47.12
11	托克托县	64.71	22	奇台县	43.55

续 表

排名	县级行政区	年捕集潜力/(Mt CO_2/a)	排名	县级行政区	年捕集潜力/(Mt CO_2/a)
23	伊州区	42.93	33	云冈区	37.40
24	襄垣县	42.21	34	土默特右旗	36.80
25	伊金霍洛旗	41.79	35	托克逊县	36.67
26	七星关区	41.16	36	乌审旗	36.16
27	潘集区	40.59	37	平山县	33.60
28	巴里坤哈萨克自治县	40.00	38	长城区	33.38
29	邹平市	39.14	39	溪湖区	32.05
30	青山区[a]	38.57	40	宝山区	31.92
31	岚山区	37.77	41	柳北区	30.43
32	雨山区	37.74			

a 此处的青山区隶属内蒙古包头市。

2. 中国煤电行业的年 CO_2 捕集潜力接近 28 亿吨/年，所分布的县级行政区超过 500 个

在我国现存主要工业碳排放源的 756 个县级行政区中，有 510 个县级行政区内存在燃煤电厂碳排放，年总捕集潜力约为 2.8 Gt CO_2/a。由于我国的能源结构以火力发电为主，四个工业行业中煤电行业的 CO_2 捕集潜力最大。煤电行业年捕集潜力排名前 3 的县级行政区分别是新疆吉木萨尔县(50 Mt CO_2/a)、宁夏灵武市(40 Mt CO_2/a)和新疆石河子市(37 Mt CO_2/a)，其主要原因可能是它们具有优越的煤炭资源和广阔的县域范围。总体来看，县域内燃煤电厂碳排放量在空间布局上呈现出集中分布的态势，其中有 63 个县级行政区的年捕集潜力超过 10 Mt CO_2/a，占年总捕集潜力的 35%(表 3-3)。这些县级行政区在省间的分布差异并不明显，其中江苏有 9 个，山西有 8 个，内蒙古有 8 个，山东有 6 个，浙江有 5 个，新疆有 4 个。

表 3-3 中国煤电行业年捕集潜力超 10 Mt CO_2/a 的县级行政区

排名	县级行政区	年捕集潜力/(Mt CO_2/a)	排名	县级行政区	年捕集潜力/(Mt CO_2/a)
1	吉木萨尔县	50.12	24	盘州市	14.27
2	灵武市	40.00	25	太仓市	14.19
3	石河子市	36.94	26	鄂托克旗	13.86
4	邹平市	33.51	27	达拉特旗	13.61
5	云冈区	30.36	28	浦东新区	13.57
6	伊州区	29.93	29	分宜县	13.51
7	潘集区	29.26	30	钦南区	13.47
8	霍林郭勒市	28.07	31	惠民县	13.40
9	托克托县	25.67	32	准格尔旗	13.35
10	台山市	20.31	33	宁海县	13.33
11	茌平区	18.14	34	莱芜区	13.07
12	神木市	18.10	35	高港区	13.02
13	滨海新区	17.52	36	玉环市	12.12
14	铜山区	17.38	37	阳城县	12.07
15	常熟市	17.15	38	潮阳区	12.02
16	鄂温克族自治旗	17.11	39	华容区	11.98
17	五家渠市	16.56	40	烈山区	11.76
18	正蓝旗	15.92	40	济源市	11.76
19	邹城市	15.37	42	黄骅市	11.70
20	平湖市	15.33	43	无棣县	11.47
21	乐清市	15.27	44	平城区	11.44
22	北仑区	15.15	45	古交市	11.41
23	江阴市	15.10	45	青铜峡市	11.41

续 表

排名	县级行政区	年捕集潜力/(Mt CO_2/a)	排名	县级行政区	年捕集潜力/(Mt CO_2/a)
47	河曲县	11.40	56	张家港市	10.77
48	绥中县	11.33	57	秀屿区	10.41
49	崇川区	11.30	58	凉城县	10.32
50	栖霞区	11.06	59	横山区	10.26
51	凤台县	10.99	60	邗江区	10.23
52	柳林县	10.97	61	长城区	10.15
52	霍州市	10.97	62	长乐区	10.12
52	宣化区	10.97	63	朔城区	10.08
55	府谷县	10.78			

3. 中国钢铁行业的年 CO_2 捕集潜力超10亿吨/年，年 CO_2 捕集潜力超千万吨/年的县级行政区主要集中在华北地区和中部地区

我国钢铁行业的年捕集潜力约为1.5 Gt CO_2/a，分布在116个县级行政区。钢铁行业年捕集潜力排名前3的县级行政区分别是江苏张家港市(92 Mt CO_2/a)、山东东港区(56 Mt CO_2/a)和辽宁立山区(48 Mt CO_2/a)，这些县级行政区的大的 CO_2 捕集潜力主要源于沿海发达的交通运输业和高新技术产业园区为钢铁行业的发展提供了基础。另外，不同县级行政区的钢铁行业年捕集潜力存在明显差异，有45个县级行政区的钢铁行业年捕集潜力超过10 Mt CO_2/a，这些县级行政区主要集中在华北地区和中部地区，其中张家港市和东港区等10个县级行政区的钢铁行业年捕集潜力均超过30 Mt CO_2/a，可作为重要的碳捕集源(表3-4)。

表3-4 中国钢铁行业年捕集潜力超10 Mt CO_2/a的县级行政区

排名	县级行政区	年捕集潜力/(Mt CO_2/a)	排名	县级行政区	年捕集潜力/(Mt CO_2/a)
1	张家港市	91.63	3	立山区	47.77
2	东港区	56.01	4	武安市	46.41

续 表

排名	县级行政区	年捕集潜力/(Mt CO_2/a)	排名	县级行政区	年捕集潜力/(Mt CO_2/a)
5	曹妃甸区	44.18	26	赤坎区	16.07
6	雨山区	37.74	27	长城区	15.76
7	青山区[a]	36.45	28	青白江区	15.58
8	岚山区	35.54	29	安源区	14.74
9	溪湖区	31.24	30	曲江区	14.40
10	柳北区	30.43	31	老边区	14.00
11	宝山区	28.17	32	静安区	13.68
12	九原区	28.10	33	安宁市	12.82
13	平山县	25.05	34	长寿区	12.81
14	六合区	23.01	35	宜君县	12.78
15	武进区	22.97	36	沙县区	12.77
16	西乡塘区	21.09	37	江阴市	12.36
17	丰南区	20.31	38	藁城区	12.22
18	路北区	19.83	39	围场满族蒙古族自治县	11.88
19	滦州市	19.59	40	头屯河区	11.25
20	文峰区	19.44	41	莒南县	10.80
21	尖草坪区	19.24	41	锦江区	10.80
22	岳塘区	18.57	43	凌源市	10.53
23	东区	18.33	44	河西区	10.36
24	渝水区	17.79	45	黄骅市	10.26
25	涟源市	17.59			

a 此处的青山区隶属内蒙古包头市。

4. 中国水泥行业的年 CO_2 捕集潜力近20亿吨/年，年 CO_2 捕集潜力仅为1百万～5百万吨/年的县级行政区超过100个

我国水泥行业的年捕集潜力约为1.9 Gt CO_2/a，虽分布在649个县级行政区，但 CO_2 捕集潜力均处于较低水平。其中，有6个县级行政区的水泥行业年捕集潜力超过15 Mt CO_2/a，分别是江苏溧阳市（25 Mt CO_2/a）、广东英德市（25 Mt CO_2/a）、福建新罗区（21 Mt CO_2/a）、广东蕉岭县（20 Mt CO_2/a）、四川峨眉山市（17 Mt CO_2/a）和广东龙门县（16 Mt CO_2/a），占年总捕集潜力的6%，而有576个县级行政区的水泥行业年捕集潜力低于5 Mt CO_2/a。

5. 中国煤化工行业的年 CO_2 捕集潜力为5亿吨/年，年 CO_2 捕集潜力超百万吨/年的县级行政区聚集在沿海地区、陕甘宁和金三角地区

从县域内煤化工行业的碳排放量来看，我国煤化工行业的年捕集潜力为0.50 Gt CO_2/a，分布在56个县级行政区，县级行政区数量和 CO_2 捕集潜力在四个工业行业中均最低，这与我国煤化工行业的发展现状一致。具体而言，有14个县级行政区的煤化工行业年捕集潜力超过10 Mt CO_2/a，排名前20的县级行政区的煤化工行业年捕集潜力总和为0.38 Gt CO_2/a，占年总捕集潜力的76%（表3-5）。所处县域的空间布局是聚集在沿海地区、陕甘宁和金三角地区，可能的原因在于这三个地区拥有良好的国内和国际运输能力。到2025—2030年，随着180个新建煤化工厂投产，煤化工行业的碳排放量将大幅提升。

表3-5 中国具备煤化工行业 CO_2 捕集潜力的县级行政区

排名	县级行政区	年捕集潜力/(Mt CO_2/a)	排名	县级行政区	年捕集潜力/(Mt CO_2/a)
1	萨尔图区	75.00	8	迎江区	13.77
2	东乌珠穆沁旗	50.00	8	凤台县	13.77
3	托克托县	39.04	8	江陵县	13.77
4	灵武市	31.73	8	左云县	13.77
5	格尔木市	16.83	8	吉木萨尔县	13.77
6	东营区	15.34	13	满洲里市	11.88
7	新城区	14.72	14	珲春市	10.00

续 表

排名	县级行政区	年捕集潜力/(Mt CO_2/a)	排名	县级行政区	年捕集潜力/(Mt CO_2/a)
15	庐江县	7.92	35	德令哈市	3.96
15	滨海县	7.92	35	交城县	3.96
17	枝江市	7.78	38	德城区	3.63
18	阳城县	6.86	39	相山区	3.00
19	新北区	6.67	40	大安市	2.64
19	滕州市	6.67	40	牙克石市	2.64
21	兴山区	6.31	40	寿阳县	2.64
21	尖山区	6.31	40	安泽县	2.64
21	城中区	6.31	40	永城市	2.64
21	云冈区	6.31	45	郯城县	2.00
21	洪洞县	6.31	45	邹城市	2.00
26	玄武区	6.00	47	肥东县	1.98
27	海州区	5.53	47	兴安区	1.98
28	邳州市	5.33	49	濮阳县	1.33
29	多伦县	4.83	50	获嘉县	1.32
30	大同区	4.62	50	新乡县	1.32
31	义马市	4.32	50	海拉尔区	1.32
32	昌邑区	4.00	50	科尔沁区	1.32
32	金坛区	4.00	54	锡林浩特市	0.66
32	东昌府区	4.00	55	四方台区	0.25
35	扎鲁特旗	3.96	56	闵行区	0.06

3.3 中国现存主要工业碳排放源的 CCUS 县域原位封存潜力

CO_2 原位封存技术是指将 CO_2 直接封存在源头附近的地层中，从而最大限度地减少运输成本（科学技术部社会发展科技司等，2019）。这项技术被认为是 CCUS 技术的重要组成部分，具备较大的 CO_2 减排潜力，为降低碳排放提供了可行的技术途径，为全球碳减排目标的实现贡献了解决方法（Baik et al.，2018）。本节在前两节研究的基础上，对县域内主要工业点源的 CO_2 捕集量和封存潜力进行了评估与对比，获得了每个县级行政区的原位封存潜力①，以识别出中国境内哪些县级行政区具备条件，从而优先引入并实施 CCUS 技术早期部署战略。详细的评估方法见附录 A－2。

1. 2060 年前，中国现存主要工业碳排放源在县域内的原位封存总潜力累计可达百亿吨级

县域 2024—2060 年累计原位封存潜力数据显示，我国四种主要工业碳排放源在县域内的原位封存总潜力上限达 30.8 Gt CO_2。有 174 个县级行政区具备原位封存潜力，其中有 6 个县级行政区（有 4 个隶属新疆维吾尔自治区）的原位封存潜力超过 1 Gt CO_2，占全国县域原位封存总潜力的 36%。在原位封存潜力排名前 3 的县级行政区中，新疆和布克赛尔蒙古自治县的原位封存潜力最大，达 2.9 Gt CO_2，其次是内蒙古鄂托克前旗（2.2 Gt CO_2）和东乌珠穆沁旗（1.8 Gt CO_2），这三个县级行政区内工业碳排放和地质封存潜力展现出良好的适配性。表 3－6 展示了 2024—2060 年累计原位封存潜力超 160 Mt CO_2 的县级行政区（基于篇幅原因，选取原位封存潜力排名前 40 的县级行政区），这些县级行政区的原位封存潜力总和达 22.6 Gt CO_2，占全国县域原位封存总潜力的 73%。

① 原位封存潜力：以县级行政区为最小单位，结合主要工业碳排放源（本书中为煤电、钢铁、水泥、煤化工四个工业行业），评估每个县级行政区内可实际封存 CO_2 的潜力。

表3-6　2024—2060年累计原位封存潜力超160 Mt CO_2 的县级行政区(前40名)

排名	县级行政区	原位封存潜力/Gt CO_2	排名	县级行政区	原位封存潜力/Gt CO_2
1	和布克赛尔蒙古自治县	2.893	20	金塔县	0.265
2	鄂托克前旗	2.237	22	大丰区	0.263
3	东乌珠穆沁旗	1.800	23	綦江区	0.259
4	昌吉市	1.716	24	利辛县	0.258
5	伊州区	1.545	25	枝江市	0.256
6	托克逊县	1.319	26	富县	0.253
7	库尔勒市	0.951	27	汉川市	0.242
8	黄骅市	0.782	28	长寿区	0.241
9	滨海新区	0.630	29	阜康市	0.229
10	格尔木市	0.605	30	米东区	0.222
11	藁城区	0.524	31	通川区	0.217
12	滨海县	0.519	32	襄垣县	0.204
13	鄂托克旗	0.499	32	双辽市	0.204
14	邗江区	0.365	34	万州区	0.200
15	五家渠市	0.334	35	合川区	0.192
16	定州市	0.323	36	定远县	0.185
17	清江浦区	0.312	37	吉木萨尔县	0.179
18	辛集市	0.309	38	卧龙区	0.176
19	平桥区	0.270	39	榆次区	0.173
20	江津区	0.265	40	桃城区	0.169

2. 中国县域年原位封存总潜力可达十亿吨 CO_2/年，但年原位封存潜力超亿吨 CO_2/年的陕西榆阳区等地不具备长期封存潜力

我国县域年原位封存总潜力达到1.6 Gt CO_2/a，其中有36个县级行政区的年

原位封存潜力超过 10 Mt CO_2/a，占全国县域年原位封存总潜力的 69%，主要分布在陕西省和新疆维吾尔自治区(有 14 个县级行政区)。陕西榆阳区和神木市的年原位封存潜力分别位居全国第一和第二，分别为 0.11 Gt CO_2/a 和 0.10 Gt CO_2/a，占全国县域年原位封存总潜力的 13%。

根据 2060 年碳中和目标，各个县级行政区的封存潜力需满足 36 年的长时间跨度需求。从各个县级行政区的可封存年限数据来看(表 3-7)，年原位封存潜力前 2 名的榆阳区和神木市的可封存年限仅为 1 年。在年原位封存潜力超 8 Mt CO_2/a 的县级行政区中，有 26 个县级行政区的可封存年限无法达到 2060 年。总体而言，以榆阳区为代表的县级行政区虽年原位封存潜力超亿吨 CO_2/年，但难以满足长时间跨度的封存需求。

表 3-7 年原位封存潜力超 8 Mt CO_2/a 的县级行政区及其可封存年限

排名	县级行政区	可封存年限/年	排名	县级行政区	可封存年限/年
1	榆阳区	1	15	伊金霍洛旗	1
2	神木市	1	16	凤台县	6
3	和布克赛尔蒙古自治县	100	17	杭锦旗	1
4	昌吉市	24	18	黄骅市	99
5	吉木萨尔县	3	19	东营区	4
6	鄂托克前旗	37	20	江陵县	6
7	东乌珠穆沁旗	96	21	滨海新区	162
8	伊州区	357	22	格尔木市	807
9	襄垣县	5	23	五家渠市	20
10	石河子市	1	24	青白江区	5
11	托克逊县	72	25	藁城区	56
12	乌审旗	4	26	滨海县	49
13	六合区	4	27	鄂托克旗	139
14	库尔勒市	138	28	长寿区	19

续　表

排名	县级行政区	可封存年限/年	排名	县级行政区	可封存年限/年
29	横山区	5	35	准格尔旗	1
30	柳林县	4	36	邗江区	46
31	江阳区	8	37	汉川市	25
32	平桥区	23	38	府谷县	1
33	旬邑县	1	39	定州市	56
34	富县	24	40	曹妃甸区	1

3. 以新疆且末县为代表的县级行政区的理论封存潜力超千万吨CO_2，但因县域内主要工业碳排放源不足而限制了CCUS技术早期部署机会

图3-4展示了我国六大地区内排名前5的县域理论封存潜力和原位封存潜力。其中，西北地区的县域理论封存潜力最大，其次为华北地区和华东地区。然而，理论封存潜力较大的新疆且末县、沙雅县和尉犁县等县级行政区并不具备原位封存潜力，这是因为这些县级行政区内四种主要工业碳排放源的碳排放量较低或没有主要工业碳排放源，影响了该地的CCUS技术早期部署机会。

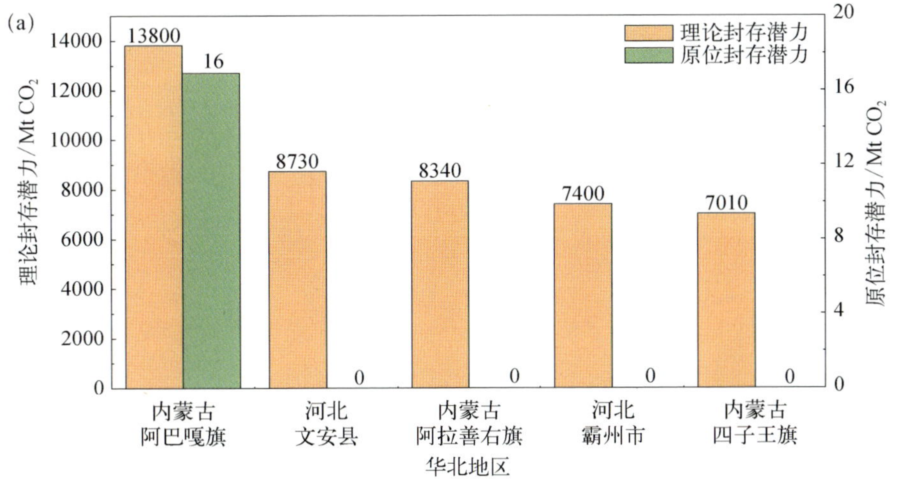

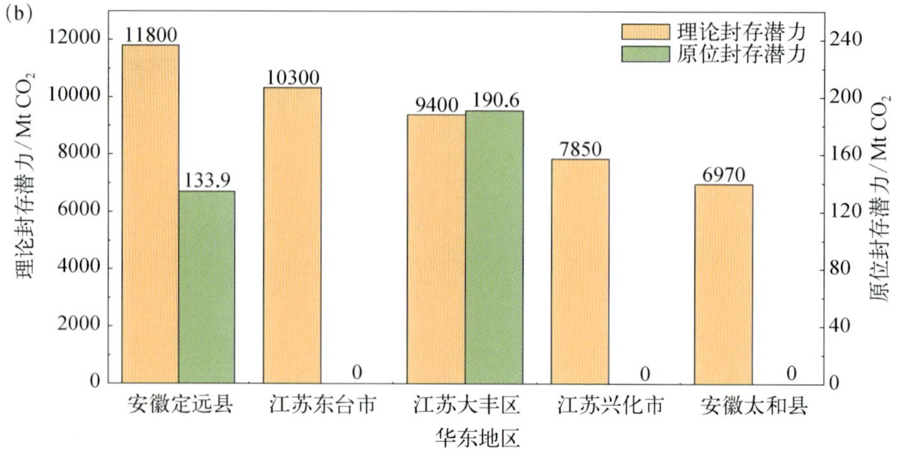
(b)
理论封存潜力
原位封存潜力
理论封存潜力/Mt CO_2
原位封存潜力/Mt CO_2
11800
133.9
10300
0
9400
190.6
7850
0
6970
0
安徽定远县
江苏东台市
江苏大丰区
江苏兴化市
安徽太和县
华东地区

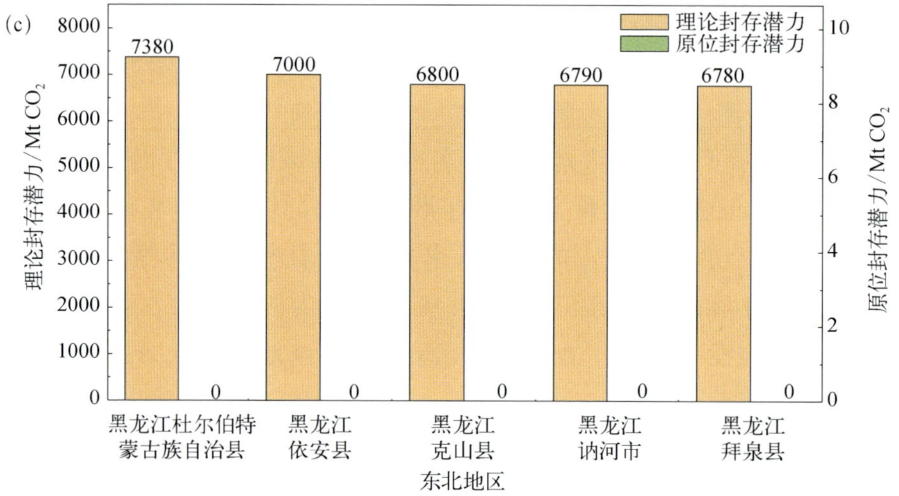
(c)
理论封存潜力
原位封存潜力
理论封存潜力/Mt CO_2
原位封存潜力/Mt CO_2
7380
0
7000
0
6800
0
6790
0
6780
0
黑龙江杜尔伯特蒙古族自治县
黑龙江依安县
黑龙江克山县
黑龙江讷河市
黑龙江拜泉县
东北地区

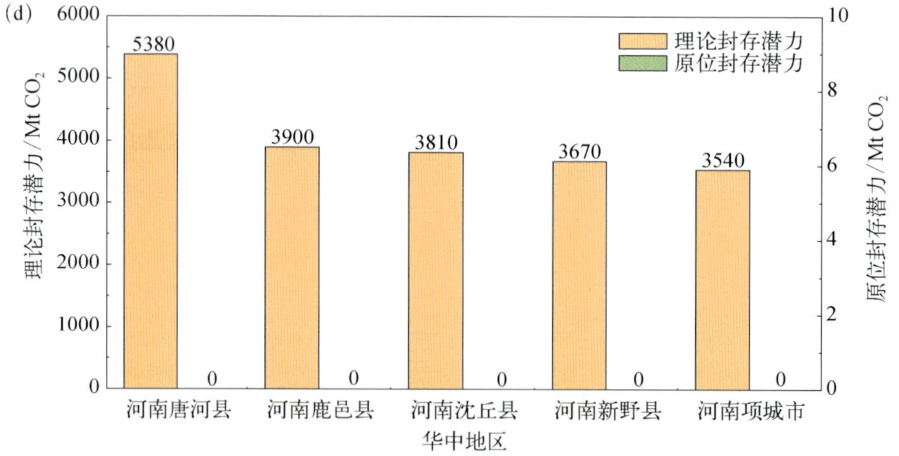
(d)
理论封存潜力
原位封存潜力
理论封存潜力/Mt CO_2
原位封存潜力/Mt CO_2
5380
0
3900
0
3810
0
3670
0
3540
0
河南唐河县
河南鹿邑县
河南沈丘县
河南新野县
河南项城市
华中地区

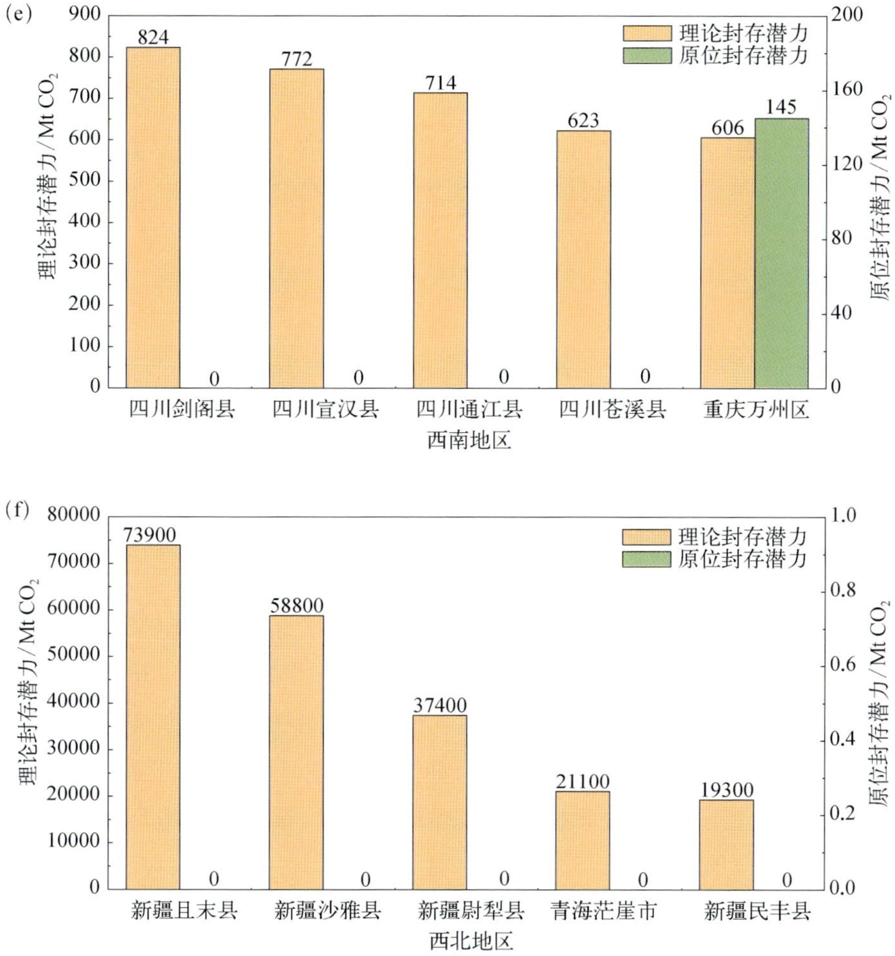

图 3-4 中国各地区内排名前 5 的县域理论封存潜力(2060 年)和原位封存潜力(2024—2060 年)

通过对比各地区内的县域理论封存潜力和原位封存潜力,发现仅有 4 个县级行政区可进行 CO_2 原位封存。以内蒙古阿巴嘎旗和安徽定远县为例,到 2060 年,其理论封存潜力分别为 13.8 Gt CO_2 和 11.8 Gt CO_2,2024—2060 年的原位封存潜力分别为 16 Mt CO_2 和 133.9 Mt CO_2,均未达到理论封存潜力的 10%。对于此类县级行政区,应积极寻找邻近区域进行碳封存地合作。此外,我国华南地区没有理论封存潜力和原位封存潜力,主要原因可能是该地区内县域经济发达,缺少主要工业碳排放源,且没有合适的封存 CO_2 的地质条件。

第 4 章

中国煤电行业 CCUS 减排潜力及投资效益评价

中国以煤炭为主要能源的电力行业深度脱碳，对实现 2060 年碳中和目标至关重要。现阶段，面对我国日益增长的电力需求，短期内快速推进相对年轻的燃煤电厂大规模退役尚不现实，容易引起电力系统的灵活性降低并导致大量资产搁浅。CCUS 技术是现存煤电设施实现近零排放的唯一技术选择，它能够通过提供低碳、稳定电源来参与电力系统深度调峰。本章将针对中国煤电行业，开展 CCUS 减排潜力、成本效益和投资决策研究，构建 CCUS 源汇匹配优化模型，实现燃煤电厂与陆海封存地的最优匹配，评估中国煤电行业 CCUS 减排潜力；基于最优源汇匹配关系，考虑碳市场、美国 45Q 税收抵免等多种政策激励，核算燃煤电厂的平准化度电成本(LCOE)，评估煤电行业厂级 CCUS 成本效益；基于实物期权投资决策方法，考虑未来碳价的不确定性，评估 CCUS 投资价值要素、最佳投资时机及临界碳价，提供煤电行业厂级 CCUS 投资决策方案。

4.1 中国煤电行业 CCUS 减排潜力①

评估煤电行业 CCUS 减排潜力对优化中国电力系统未来减排路径至关重要。现阶段，基于自下而上源汇匹配优化模型的 CCUS 减排潜力评估正在逐步兴起。这种评估方法通过数学建模并结合空间地理信息处理将排放源与封存地进行优化

---

① 本节的主要内容已发表，详见：Fan J L, Li Z Z, Li K, et al. Modelling plant-level abatement costs and effects of incentive policies for coal-fired power generation retrofitted with CCUS [J]. Energy Policy, 2022, 165: 112959.

匹配，实现对 CCUS 技术的减排潜力、空间布局及成本效益的综合评估（Zhang et al.，2022）。总体来看，已有煤电行业 CCUS 减排潜力的评估结果具有较大的不确定性，主要原因包括以下几方面：(1) 早期研究难以精确覆盖完整的行业尺度排放源数据，多选取区域层面的典型排放源（或在国家层面进行排放源聚类）作为代表来参与匹配。近年来，一些研究开始将较为完整的行业尺度排放源纳入匹配。例如，Fan 等（2020）、Wei 等（2021）和 Tang 等（2021）分别利用中国煤电行业厂级数据库构建了国家尺度 CCUS 源汇匹配优化模型，显著提升了行业层面 CCUS 减排潜力评估的精确性。(2) 针对 CCUS 技术全流程的源汇匹配刻画不足。例如，Baik 等（2018）和 Fan 等（2020）以县域尺度为基本匹配单元，由于缺少对 CO_2 运输环节的细致刻画，一些跨区域减排潜力难以被有效甄别。(3) 难以精确覆盖完整的网格尺度封存地数据，多选取盆地尺度或更小的封存单元（如次盆地、城市、县域等）作为代表来参与匹配（Wei et al.，2021；Tang et al.，2021）。同时，一些研究尚未细致考虑不同储层的注入能力差异，导致评估 CCUS 减排潜力时存在较大误差（Hasan et al.，2014；Middleton et al.，2020；Wang et al.，2020）。(4) 未能统筹考虑陆地封存和近海封存。少部分欧洲源汇匹配建模研究初步考虑了海上封存的可能性，但所覆盖的离岸封存地仅为个别已开发的油田，将海上咸水层巨大的封存潜力纳入源汇匹配研究仍然有待深入探索（d'Amore et al.，2017；d'Amore et al.，2018；Kim et al.，2018）。

参考 Fan 等（2022）提出的 CCUS 源汇匹配建模框架，本节建立了基于陆海封存的中国煤电行业 CCUS 源汇匹配优化模型，以量化评估中国煤电行业 CCUS 减排潜力（附录 B-1）。该模型致力于同时实现 CO_2 总减排量最大化和总运输距离当量最小化；该模型选取中国现役 607 个燃煤电厂（820 GW）作为排放源，将全国内陆 17 个沉积盆地的油田和咸水层作为封存地。由于当前海上封存技术不够成熟，是否考虑海上封存成为影响全局 CCUS 技术部署的重要因素，因此设置了考虑海上封存（东海盆地、珠江口盆地、北部湾盆地、琼东南盆地）和未考虑海上封存两种情景，并分析了不同情景下煤电行业 CCUS 减排潜力及可行部署方案。同时，做出了以下假设：

(1) 当前的碳捕集方式主要分为燃烧前捕集、富氧燃烧和燃烧后捕集三大类，假设研究采用基于胺类吸收剂的燃烧后捕集，碳捕集率为 90%。

(2) 假设到 2025 年中国现役燃煤电厂开始大规模进行 CCUS 改造，其中机组容量大于 300 MW 且剩余寿命在 15 年以上的燃煤电厂被筛选为候选排放源，且假设其运行状态和能耗模式在剩余寿命期内保持不变。

(3) 由于中国尚未颁布关于 CO_2 地质封存的法律法规，考虑到 CO_2 在地下空间的扩散速率及封存区块的封存潜力，因此将每个封存区块划分为 400 km^2 (20 km×20 km)。

(4) 由于 EOR 可为 CCUS 项目带来经济效益，因此在进行源汇匹配时，针对油田和咸水层进行两轮匹配，第一轮为油田匹配，第二轮为咸水层匹配。

(5) 如 CO_2 注入速率过大，将会导致地层被破坏，诱发碳泄漏或地震等灾害，因此每个封存区块中仅设置一口注入井。

(6) 由于海上封存技术尚不成熟，海上运输及封存成本显著高于陆上运输及封存成本，因此进行源汇匹配时优先匹配陆上封存地。

(7) 对 CO_2 排放量较大的燃煤电厂优先进行匹配，同时采用单向匹配规则，即一个源只能匹配到一个汇，一个汇可根据其封存潜力和注入能力匹配到多个源，以优化 CO_2 运输网络。

(8) CO_2 运输距离越长，运输成本将会越高，考虑到当前运输技术及其经济性，因此将 800 km 作为从燃煤电厂到封存地的匹配距离上限。

此外，本节所选择的燃煤电厂的总装机容量为 820 GW，来源于中国电力企业联合会 2018 年的公开数据。经过对机组容量和剩余寿命的筛选，得到位于中国 27 个省级行政区共计 551 个燃煤电厂，总装机容量为 640 GW，对应 CO_2 排放量为 2.1 Gt/a。

1. 现役燃煤电厂 CCUS 陆海源汇匹配减排潜力近 20 亿吨 CO_2/年

在陆海封存视角下，考虑到 CO_2 直线运输距离上限为 800 km，我国共有 546 个燃煤电厂(635 GW)能够匹配到合适的封存地。如果这 546 个燃煤电厂全部进行 CCUS 改造，预计可实现减排 18.8 亿吨 CO_2/年；同时，在燃煤电厂的剩余寿命期内，累计减排量可达 417.5 亿吨 CO_2。从地区层面来看，可改造燃煤电厂主要分布在东部、中部、东北、西北和南部沿海等地区；从省域层面来看，可改造燃煤电厂主要位于江苏、安徽、河北、河南、山东等地。当考虑海上封存时，东南沿海地区的大部分燃煤电厂能够在 800 km 以内匹配到东海盆地、南海盆地北部和北部湾盆地等近海封存地。因此，海上封存为缺乏近距离陆上封存地的东南沿海地区排放源提供了开展 CCUS 技术大规模部署的可行方案。此外，煤电行业 CCUS 减排潜力受到 CO_2 直线运输距离上限的直接影响。当匹配距离上限缩短为 100 km 时，有 101 个燃煤电厂(121 GW)能够匹配到合适的封存地，对应实现减排 3.6 亿吨 CO_2/年；当匹配距离上限缩短为 300 km 时，有 305 个燃煤电厂(352 GW)能够匹配到合适的封存地，对应实现减排 10.0 亿吨 CO_2/年。两者相较于 18.8 亿吨 CO_2/年的减排潜力分别降低了 81%和 47%。

2. 咸水层封存的平均运输距离相对较短，油田封存的驱油增采经济效益可观

在陆海封存视角下，我国 546 个燃煤电厂各自匹配到四种不同的封存地类型。其中，有 44 个、7 个、434 个和 61 个燃煤电厂分别匹配到陆上油田、海上油田、陆上咸水层和海上咸水层。匹配到陆上油田和海上油田的燃煤电厂共有 51 个，通过油田封存可实现减排 1.0 亿吨 CO_2/年，约占总减排潜力的 5.3%；可进行陆上或海上油田封存的燃煤电厂主要分布在新疆维吾尔自治区、山东省、东北地区和东南沿海地区。选取 EOR 驱替比为 4∶1，核算得到每年增采约 0.25 亿吨原油，并在 CCUS 项目生命周期内实现累计增采 6.1 亿吨原油，由此获得可观的经济效益将有力推动 CCUS 技术早期规模化部署。此外，匹配到陆上咸水层和海上咸水层的燃煤电厂共有 495 个，通过咸水层封存可实现减排 17.8 亿吨 CO_2/年，约占总减排潜力的 94.7%。由此可见，考虑到陆上油田和海上油田的封存潜力均较为有限，超过 94%的煤电行业 CCUS 减排潜力只能通过封存潜力更大的陆上咸水层和海上咸水层来实现。

从各类封存地的实际匹配距离来看，陆上油田、海上油田、陆上咸水层和海上咸水层的平均匹配距离分别为 461 km、512 km、275 km 和 446 km。从陆海匹配差异来看，海上封存地距离陆地排放源普遍有一定间隔，匹配陆上油田和陆上咸水层的平均距离比匹配海上油田和海上咸水层的平均距离分别少 51 km 和 171 km，因此有更多燃煤电厂可以在相对较短的距离内匹配到陆上封存地。从储层性质来看，油田封存比咸水层封存所需要的平均匹配距离更长，匹配陆上咸水层和海上咸水层的平均距离比匹配陆上油田和海上油田的平均距离分别少 186 km 和 66 km，这主要是因为分布较为广泛的咸水层能为更多排放源提供更优的匹配条件。

3. 近海封存显著提高煤电行业 CCUS 减排潜力，为东南沿海地区提供可行部署方案

仅在陆地封存视角下，考虑到 800 km 的 CO_2 直线运输距离上限，我国共有 480 个燃煤电厂（542 GW）能够匹配到合适的封存地。如全部允许进行 CCUS 改造，预计可实现减排 16.3 亿吨 CO_2/年；同时，剩余寿命期内累计减排量可达 362.3 亿吨 CO_2。陆地封存下煤电行业 CCUS 源汇匹配展示出与陆海封存下不同的空间分布特征。从地区层面来看，可改造燃煤电厂主要分布在东部、中部、东北、西北等地区，东南沿海地区的燃煤电厂难以匹配到合适的陆上封存地；从省域层面

来看，可改造燃煤电厂主要位于江苏、安徽、河北、河南、山东等地。相较于陆地封存，考虑陆海封存能够将煤电行业 CCUS 减排潜力提高约 2.5 亿吨 CO_2/年(15.3%)，剩余寿命期内累计多减排 55.2 亿吨 CO_2。

4.2 中国煤电行业 CCUS 成本效益①

基于最优源汇匹配关系，在考虑碳市场、美国 45Q 税收抵免等多种政策激励的情况下，本节核算了燃煤电厂的 LCOE(附录 B-2)，并评估了煤电行业厂级 CCUS 成本效益。考虑到现阶段 CCUS 改造成本仍然普遍较高，仅 EOR 能带来一定收益，本节进一步对比了不同政策激励模式对降低 LCOE 的促进作用，主要包括碳市场收益、环保电价补贴、额外发电小时数补贴和参考美国 45Q 税收抵免法案进行补贴，情景设置如表 4-1 所示。

表 4-1 CCUS 成本效益评估情景设置

	情景定义	EOR	碳市场+环保电价	20%额外发电小时数	美国 45Q 税收抵免
S1	基准	√			
S2	市场政策	√	√		
S3	额外发电激励	√	√	√	
S4	45Q 政策	√	√		√

1. 现役燃煤电厂加装 CCUS 后 LCOE 集中在 400～600 元/(MW·h)，部分通过获取 EOR 驱油收益可实现负成本发电

基于前述源汇匹配空间分布，评估得到燃煤电厂加装 CCUS 后全流程 LCOE 与燃煤电厂数量、减排潜力之间的关系，以及相应的 LCOE 分布区间(图 4-1)。在基准情景下，即当不考虑任何额外政策激励时，发现燃煤电厂加装 CCUS 后 LCOE 的变化范围为－105～1 174 元/(MW·h)，中位数和平均数分别为 509 元/(MW·h)

① 本节的核心内容已发表，详见：Fan J L, Li Z Z, Li K, et al. Modelling plant-level abatement costs and effects of incentive policies for coal-fired power generation retrofitted with CCUS [J]. Energy Policy, 2022, 165: 112959.

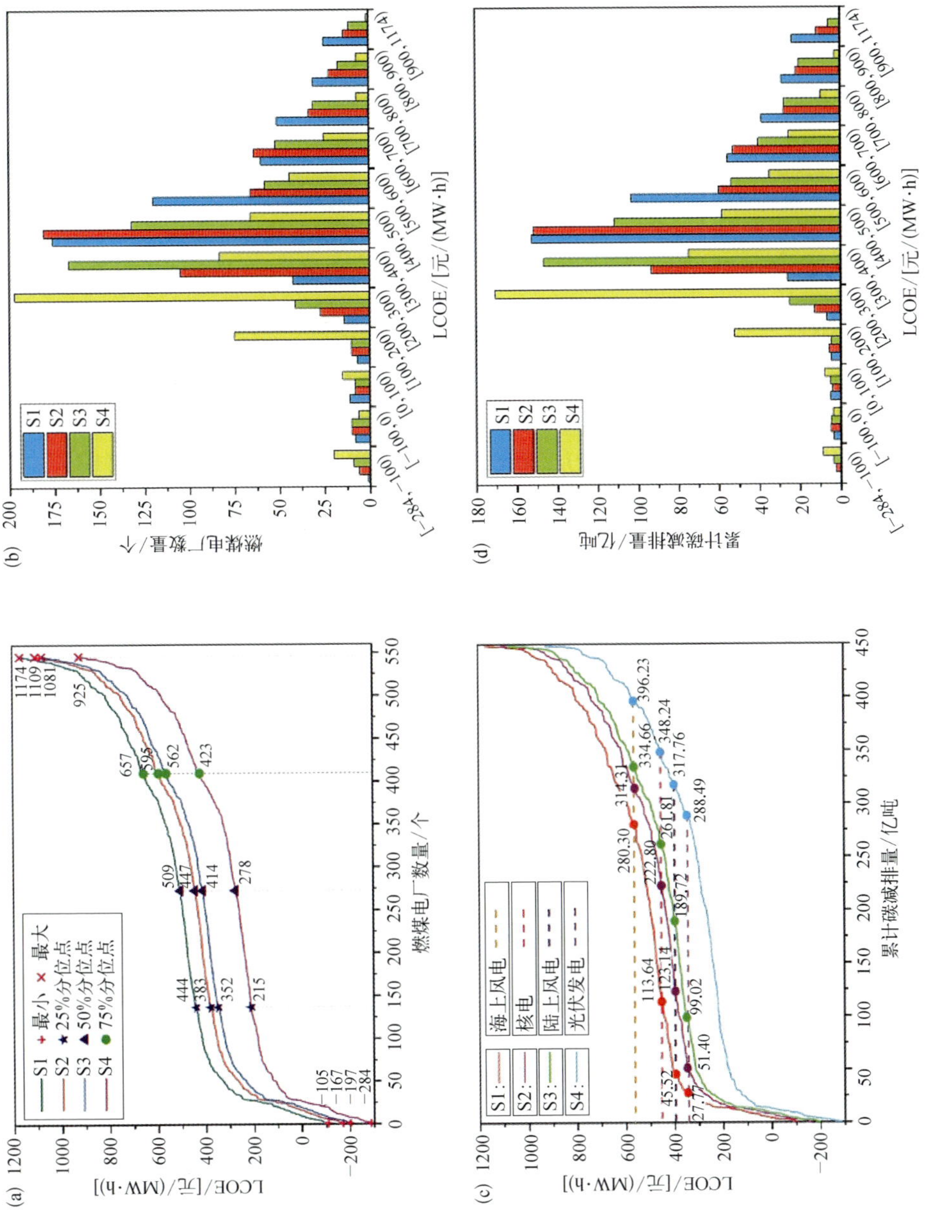

图 4-1　燃煤电厂进行 CCUS 改造后 LCOE 曲线及分布区间

(S1 情景—基准情景；S2 情景—市场政策情景；S3 情景—额外发电激励情景；S4 情景—45Q 政策情景)

和539元/(MW·h),超过一半(54%)的燃煤电厂的LCOE处于400～600元/(MW·h)内。此外,通过LCOE曲线能够精确识别CCUS改造后发电成本相对较低甚至负发电成本的燃煤电厂及其减排潜力。例如,相比于当前上网电价[约380元/(MW·h)],有61个(11%)燃煤电厂加装CCUS后具备成本效益;还有8个燃煤电厂能够通过匹配到油田来获取EOR驱油收益,以抵消总发电成本,甚至实现负成本发电。

2. 在无额外政策激励下,现役燃煤电厂加装CCUS相较于清洁能源电力欠缺成本竞争力

在当前技术条件下,我国光伏发电、陆上风电、核电和海上风电的LCOE分别约为352元/(MW·h)、400元/(MW·h)、456元/(MW·h)和566元/(MW·h)。在不考虑可再生电力间歇性的前提下,将它们与基准情景下煤电行业CCUS改造后LCOE进行对比。结果显示,我国分别有57个、83个、155个和351个燃煤电厂的LCOE低于这四种清洁能源电力,剩余寿命结束前分别累计减排28亿吨CO_2、46亿吨CO_2、113亿吨CO_2和280亿吨CO_2[图4-1(a)(c)]。总体而言,在没有额外政策激励的情况下,当前煤电行业开展CCUS技术大规模部署相较于清洁能源电力,尤其是光伏发电、陆上风电和核电,尚不具备显著的成本优势。然而,在引入碳市场及其他政策后,更多燃煤电厂的LCOE能够低于当前清洁能源电力。此外,由于可再生电力呈现出间歇性和波动性,未来需要配备大规模储能设备设施以提高其供电稳定性,相应的LCOE将出现不同程度的增加。相较而言,考虑额外政策激励时的煤电行业CCUS改造将呈现更强的成本竞争力。

3. 政策激励驱动现役燃煤电厂加装CCUS后LCOE出现不同程度的降低,美国45Q税收抵免的激励效果尤为显著

在S2情景中,引入碳市场和环保电价,煤电行业CCUS改造后LCOE的中位数和平均数分别为448元/(MW·h)和477元/(MW·h),相较于基准情景S1分别下降了61元/(MW·h)和62元/(MW·h)。基于S2情景,S3情景引入20%额外发电小时数,即给予每个可改造燃煤电厂20%额外发电小时数作为激励,煤电行业CCUS改造后LCOE的中位数和平均数分别为414元/(MW·h)和445元/(MW·h),相较于基准情景S1分别下降了95元/(MW·h)和94元/(MW·h)。进一步地,基于S2情景,S4情景引入美国45Q税收抵免,即按照同等激励额度对可改造燃煤电厂进行补贴,将会显著减少煤电行业CCUS改造后LCOE,其中位数和平均数分别为279元/(MW·h)和310元/(MW·h),相较于基准情景S1分别下降了 230 元/(MW・h)和 229 元/(MW・h)。综上,当不考虑任何额外政策激励时,仅 61 个(11%)燃煤电厂的 LCOE 低于当前上网电价;而引入碳市场、环保电价和 20%额外发电小时数等政策所起到的激励效果相对有限,只有引入美国 45Q 税收抵免这种高强度政策,相比于当前上网电价,才能使多达 374 个(68%)燃煤电厂加装 CCUS 后具备成本效益,大幅推动煤电行业 CCUS 技术大规模、低成本部署。

4. 现役燃煤电厂加装 CCUS 后 LCOE 的空间异质性显著,东北地区、西北地区、华北地区存在较多的低成本减排机会

由于不同地区的资源禀赋、产业发展及地质条件等方面有差异,我国煤电行业 CCUS 改造后 LCOE 呈现出显著的空间异质性。在基准情景 S1 下,煤电行业 CCUS 改造后 LCOE 较低的区域主要是东北地区、西北地区和华北地区,原因在于这些地区的煤炭及其他碳封存资源较为丰富,燃煤电厂可以获得成本较低的燃料且在较短的运输距离内实现 CO_2 封存,此外,通过匹配到油田来获取 EOR 驱油收益可进一步抵消部分 CCUS 改造成本。由于缺乏有效的政策激励,南部地区及西南地区的燃煤电厂的 LCOE 普遍高于当前四种清洁能源电力。相比之下,在引入不同政策后,全国不同地区的燃煤电厂加装 CCUS 后 LCOE 能够实现不同程度的降低。例如,在 S2 情景和 S3 情景下,华北地区的燃煤电厂加装 CCUS 相较于清洁能源电力将会具有显著的成本竞争力。而在 S4 情景下,除了西南地区和东南部分地区的燃煤电厂受到煤炭价格和长陆上或海上 CO_2 运输距离的限制,全国其他大部分地区的燃煤电厂可以在较低的 LCOE 下进行 CCUS 改造。因此,未来全国燃煤电厂应根据在不同地区进行 CCUS 改造后 LCOE 的空间异质性,具体识别低成本的早期部署机会。

4.3　中国煤电行业 CCUS 投资决策①

在现实的投资决策过程中,CCUS 项目投资不确定性高、不可逆且风险大,净现值法等传统的成本计算方法未能充分考虑这些 CCUS 项目投资特征,因此难以

① 本节的核心内容已发表,详见:Fan J L, Li Z Z, Ding Z X, et al. Investment decisions on carbon capture utilization and storage retrofit of Chinese coal-fired power plants based on real option and source-sink matching models [J]. Energy Economics, 2023, 126: 106972.

正确评估 CCUS 投资价值及最佳投资时机。在众多的投资决策方法中，利用实物期权理论，可以在投资的不确定性、不可逆性和投资时机可选择性的相互作用中，发现这些不确定性因素并将其转化为项目投资的价值；同时，期权的引入也能提高投资决策的柔性。

现阶段，实物期权理论已初步应用于 CCUS 投资决策领域，多数学者将碳价、电价、能源价格的不确定性视为 CCUS 项目期权价值的来源。例如，Zhang 等(2014)建立了基于碳价变动的三叉树实物期权模型，并针对煤电行业厂级案例开展了研究，发现当未来碳价达到 350 元/t 时，可立即进行 CCUS 改造；Yao 等(2020)提出了结合实物期权法的非线性动态规划模型，利用了内生学习效应、技术先进性和适用性，探索了 CCUS 投资决策新思路；Fan 等(2019)基于实物期权理论，评估了美国 45Q 税收抵免政策对煤电行业厂级案例的 CCUS 投资决策影响；Yang 等(2019)基于实物期权理论，进一步评估了电价补贴、投资补贴及 CO_2 利用补贴等多种政策激励对煤电行业厂级案例的 CCUS 投资决策影响。总体来看，过去的研究多集中在案例尺度，较少针对中国煤电行业开展不同政策激励下厂级 CCUS 投资决策研究。

本节基于前述源汇匹配空间分布，建立了基于碳价变动的三叉树实物期权模型，并评估了煤电行业厂级 CCUS 投资价值要素、最佳投资时机及临界碳价①(附录 B-3)。详细的投资决策规则如表 4-2 所示。

表 4-2　实物期权下 CCUS 投资决策规则

净现值	实物期权下项目投资的价值	投资决策
NPV>0	TIV>NPV	执行期权，延迟投资
NPV>0	TIV=NPV	放弃期权，立即投资
NPV≤0	TIV>0	执行期权，延迟投资
NPV<0	TIV=0	放弃投资

参考前述不同政策激励模式，调整情景设置，如表 4-3 所示。

① CCUS 项目可以进行立即投资时应当满足以下条件：一是 NPV>0；二是 TIV=NPV。为了量化这些条件，将 CCUS 项目满足立即投资条件时的碳价称为临界碳价。当碳价达到这一临界值时，CCUS 项目即可进行立即投资。

表 4-3　CCUS 投资决策评估情景设置

	情景定义	碳市场	20%额外发电小时数＋环保电价	美国 45Q 税收抵免
S1	基准	√		
S2	额外发电＋环保电价	√	√	
S3	45Q 政策	√		√
S4	混合激励	√	√	√

1. 当前碳价下现役燃煤电厂尚不具备大规模 CCUS 立即投资机会

当仅考虑碳价激励时，匹配到陆上油田和海上油田的燃煤电厂在未来期权下的 CCUS 投资价值范围分别为 0.3 亿～128.1 亿元和 0.3 亿～2.8 亿元，匹配到陆上咸水层和海上咸水层的燃煤电厂在未来期权下的 CCUS 投资价值范围分别为 0.04 亿～3.3 亿元和 0.02 亿～1.4 亿元(图 4-2)。根据实物期权下 CCUS 投资决策规则，有 27 个(5%)燃煤电厂应当放弃期权，立即投资，这些燃煤电厂均由于匹配到油田从而获得可观的 EOR 收益；此外，有 519 个(94%)燃煤电厂应当执行期权，延迟投资。总体来看，在当前碳市场条件下，我国多数现役燃煤电厂尚不具备 CCUS 立即投资机会，需要执行期权，等待投资时机。

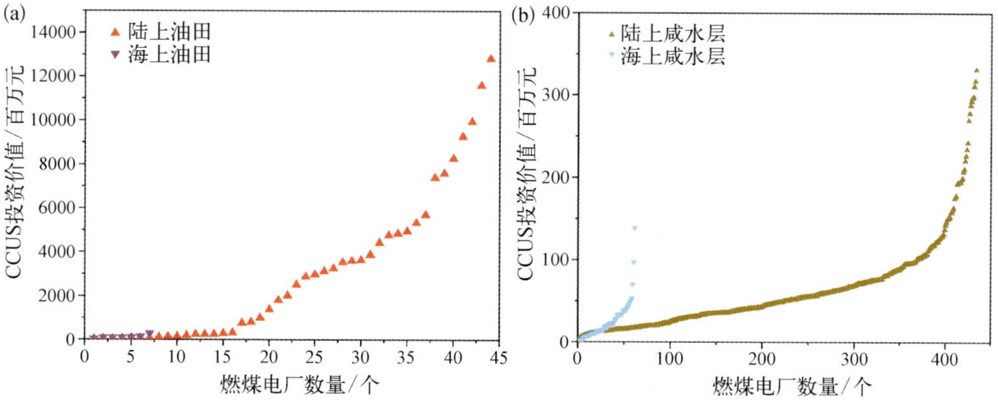

图 4-2　实物期权下燃煤电厂的 CCUS 投资价值

2. 现役燃煤电厂 CCUS 立即投资所需的临界碳价集中在 300～500 元/t，未来碳价提高将推动更多 CCUS 立即投资

为了精确识别燃煤电厂开展 CCUS 立即投资的适宜时机，当仅考虑碳价激励时，

评估得到煤电行业厂级 CCUS 立即投资所需的临界碳价范围为 50～1 220 元/t，中值和平均值分别为 470 元/t 和 516 元/t。临界碳价与累计装机容量的关系表明，有60％燃煤电厂的临界碳价处于 300～500 元/t 内，有 70％燃煤电厂的临界碳价低于欧盟当前碳价（600 元/t），只有约 4％燃煤电厂的临界碳价处于 50～200 元/t 内[图 4－3(a)]。此外，当燃煤电厂与陆上油田、海上油田、陆上咸水层和海上咸水层相匹配时，对应的临界碳价范围分别为 50～341 元/t、99～382 元/t、271～937 元/t 和 441～1 221 元/t，平均值分别为 88 元/t、231 元/t、515 元/t 和 864 元/t。

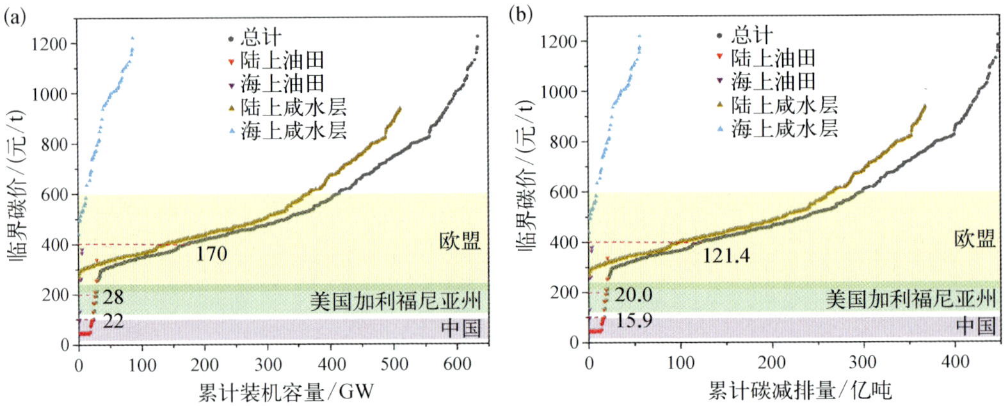

图 4－3 基准情景下燃煤电厂 CCUS 立即投资所需的临界碳价

随着我国碳价不断提高，未来适宜开展 CCUS 立即投资的燃煤电厂将显著增多[图 4－3(b)]。例如，当临界碳价达到中国八大碳市场当前碳价高值(约 100 元/t)时，分别有 33 个与陆上油田匹配的和 1 个与海上油田匹配的燃煤电厂(22 GW)可开展立即投资，并在其剩余寿命中累计减排 16 亿吨 CO_2；当临界碳价达到美国加利福尼亚州 2022 年的碳价中值(约 200 元/t)时，分别有 40 个与陆上油田匹配的和 3 个与海上油田匹配的燃煤电厂(28 GW)可开展立即投资，并在其剩余寿命中累计减排 20 亿吨 CO_2；当临界碳价达到欧盟 2021 年的碳价中值(约 400 元/t)时，分别有 44 个与陆上油田匹配的、7 个与海上油田匹配的和 112 个与陆上咸水层匹配的燃煤电厂(170 GW)可开展立即投资，占总装机容量的比例接近 30％，并在其剩余寿命中累计减排 121 亿吨 CO_2。此外，只有当临界碳价超过 440 元/t 时，匹配到海上咸水层的燃煤电厂才能够开展立即投资。由此可见，EOR 收益能够有效降低燃煤电厂 CCUS 立即投资所需的临界碳价，而当前相对高昂的离岸 CO_2 运输和封存成本导致陆海匹配下的临界碳价普遍偏高。

3. 现役燃煤电厂CCUS立即投资所需的临界碳价的空间异质性显著，东南沿海地区大规模燃煤电厂应执行期权，等待未来近海封存时机

由于存在资源禀赋、区域经济发展和环境政策的差异，我国现役燃煤电厂CCUS立即投资所需的临界碳价表现出显著的空间异质性。例如，临界碳价相对较低的地区主要是西北地区、东北地区和华北地区，如新疆、黑龙江、天津、河北等地（普遍低于400元/t）；临界碳价相对较高的地区主要是东南地区、西南地区和中部地区，如贵州、云南、四川、福建等地（普遍超过800元/t）。此外，与地质封存条件较差的内陆省级行政区（如位于西南地区的各省级行政区）相比，通过匹配到东南近海封存地，海南、广西和广东等地的部分燃煤电厂CCUS立即投资所需的临界碳价更低，这表明虽然当前海上的CO_2运输和封存成本相对于陆上的较高，但是沿海地区相对于地质封存条件较差的陆上地区仍具备投资决策优势。因此，东南沿海地区的大规模燃煤电厂应执行期权，等待未来合适的投资时机。

4. 政策激励驱动现役燃煤电厂CCUS立即投资所需的临界碳价出现不同程度的降低，多种政策激励下平均值低至300元/t以下

不同政策激励在不同程度上降低了燃煤电厂CCUS立即投资所需的临界碳价，并且随着激励力度的增加，临界碳价的降低幅度逐渐增大（图4-4）。例如，相比于基准情景S1下的临界碳价范围50～1 220元/t，在S2情景下，当考虑额外发电小时数补贴和环保电价补贴时，评估得到燃煤电厂CCUS立即投资所需的临界碳价范围为50～1 152元/t，中值和平均值分别为392元/t和444元/t，相较于基准情景S1分别降低了78元/t和72元/t；在S3情景下，当考虑美国45Q税收抵免时，评估得到燃煤电厂CCUS立即投资所需的临界碳价范围为50～1 037元/t，中值和平均值分别为291元/t和351元/t，相较于基准情景S1分别降低了179元/t和165元/t，其平均临界碳价已经低于欧盟2021年的碳价中值。

在S4情景下，当综合考虑上述所有政策激励时，评估得到燃煤电厂CCUS立即投资所需的临界碳价范围为50～968元/t，中值和平均值分别为213元/t和281元/t，相较于基准情景S1分别降低了257元/t和235元/t，其中值已接近于美国加利福尼亚州2022年的碳价中值。相较于单一的政策补贴，综合考虑额外发电小时数补贴、环保电价补贴、美国45Q税收抵免等混合激励时的成效显著（图4-4）。其中，当临界碳价达到中国八大碳市场当前碳价高值，即100元/t时，有167 GW燃煤电厂可开展立即投资，并在其剩余寿命中累计减排118亿吨CO_2；当临界碳价

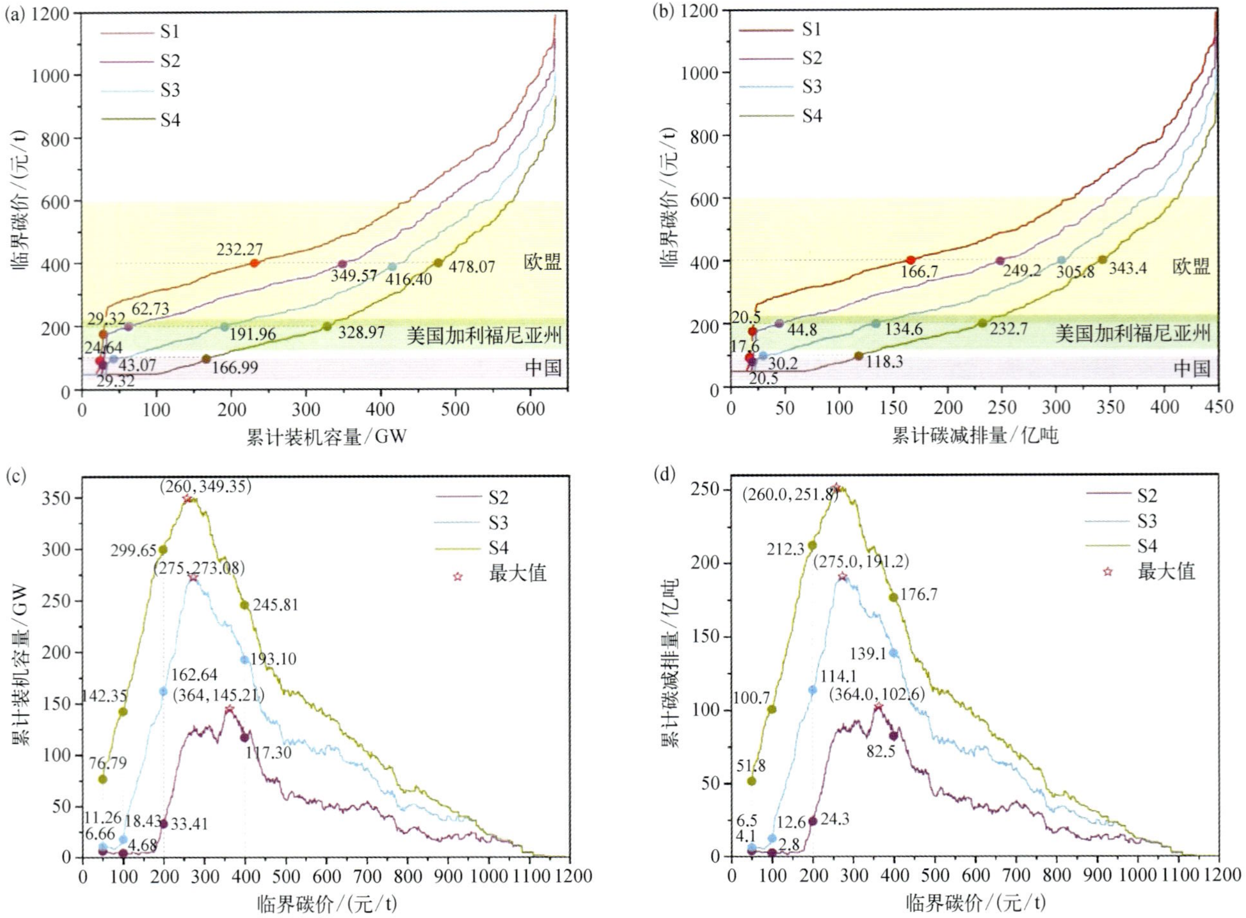

图 4-4　政策激励对燃煤电厂 CCUS 立即投资所需临界碳价的影响

（S1 情景—基准情景；S2 情景—额外发电＋环保电价情景；S3 情景—45Q 政策情景；S4 情景—混合激励情景）

达到美国加利福尼亚州2022年的碳价中值，即200元/t时，有329 GW燃煤电厂可开展立即投资，并在其剩余寿命中累计减排233亿吨CO_2；当临界碳价达到欧盟2021年的碳价中值，即400元/t时，有478 GW燃煤电厂可开展立即投资，并在其剩余寿命中累计减排343亿吨CO_2。

第 5 章

中国钢铁行业 CCUS 减排潜力及投资效益评价

钢铁行业是中国典型的高碳排放部门之一，短期内粗钢需求将保持稳定，减少该行业的碳排放对中国实现"双碳"目标至关重要。目前，该行业正处于传统技术[如高炉-转炉法(BF－BOF 技术)]逐步被淘汰和新技术[如电弧炉法(EAF 技术)、COREX 技术和 NG－DRI 技术]逐渐得到应用的转型期。淘汰落后技术并采用新技术是有效减少碳排放的关键措施。然而，对于难以快速淘汰的高容积 BF－BOF 设施，部署 CCUS 技术将有助于加速钢铁行业脱碳进程。因此，本章将对中国钢铁行业部署 CCUS 技术的减排潜力、投资决策，以及主要转型技术耦合 CCUS 技术后的碳足迹与减排成本进行研究。具体包括：通过 CCUS 源汇匹配优化模型分析钢铁行业的 CCUS 减排潜力和管网布局；运用三叉树实物期权模型评估不同情景下的 CCUS 立即投资机会，量化钢铁厂 CCUS 立即投资所需的临界碳价；基于全生命周期评价(LCA)方法，评估主要转型技术耦合 CCUS 技术后的碳足迹和平准化粗钢成本(LCOS)。

5.1 中国钢铁行业 CCUS 减排潜力①

本节通过构建中国钢铁行业 CCUS 源汇匹配优化模型(附录 C－1)，分析了钢铁厂与陆海封存地匹配的最优管网布局，评估了钢铁行业的 CCUS 减排潜力。本节中钢铁厂的碳排放计算方法见附录 C－2，相关参数及其来源见表 5－1，同时基

---

① 本节的主要内容已发表，详见：Gu C W，Li K，Gao S K，et al. CO_2 abatement feasibility for blast furnace CCUS retrofits in BF-BOF steel plants in China [J]. Energy，2024，294：130756.

于以下假设：

（1）捕集到的 CO_2 采用管道进行大规模运输，依托现有陆上管道和海上管道，以 20 km 为管道运输距离上限来筛选排放源和封存地。

（2）将中国境内陆上和海上的油田与咸水层作为封存地，并将每个封存地划分为 40 km×40 km 的封存区块。依据工程实际情况，每个封存区块内的注入井数量为 0～50 口。

（3）根据目前 CCUS 技术的发展水平，假设钢铁厂高炉烟气 CO_2 捕集率为 90%。

（4）假设咸水层封存成本是油田封存成本的 1.2 倍，海上深部咸水层（DSA）封存成本是陆上 DSA 封存成本的 3.6 倍（科学技术部社会发展科技司等，2019）。

表 5-1　CO_2 捕集数据

成本/(美元/t CO_2)	电耗/(kW·h/t CO_2)	M_{MEA}/t	P_{MEA}/(美元/t)	M_{steam}/t	P_{steam}/(美元/t)	δ/%
85.82	133.3 (113.89～152.78)	1.0×10^3	3 623.4	1.41 (1.18～1.63)	28.99	3.5 (2～5)

数据来源：Biermann 等(2019)；Chisalita 等(2019)；Kuramochi 等(2012)；国家能源局(2019)；Yang 等(2021)；Tsupari 等(2013)。

在高炉炼铁过程中，碳元素主要来自焦炭和煤炭（本节仅考虑喷吹煤），焦炭和煤炭中的 C 大部分转化为 CO 和 CO_2，小部分进入铁水和炉渣。通常，铁水中的碳含量约为 4%，而炉渣中的碳含量较低，几乎可以忽略不计（Tian et al.，2022）。以往的研究表明，高炉烟气中 CO 和 CO_2 的体积分数基本相当，其中 CO 的体积分数为 21%～26%，CO_2 的体积分数为 20%～25%（Flores - Granobles et al.，2020；He et al.，2017；Khallaghi et al.，2022；Jin et al.，2015；Kim et al.，2016；Olabi et al.，2022；Perpiñán et al.，2023；Sundqvist et al.，2018）。因此，为了简化计算，本节假设高炉烟气中 CO 和 CO_2 的体积分数相等。

1. 现役钢铁厂的总排放量超 5 亿吨 CO_2/年，减排潜力约为 4 亿吨 CO_2/年

结合《钢铁行业产能置换实施办法》，在剔除 400 m^3 及以下的高炉后，共筛选出适合进行 CCUS 改造的 135 个长流程钢铁厂，其粗钢总产量约为 829.4 Mt/a，占 2020 年全国粗钢产量的 78%（生态环境部环境工程评估中心，2021）。对这 135 个现役钢铁厂高炉烟气 CO_2 排放量的评估表明，这些钢铁厂在 2020 年的总排放量为 546.3 Mt CO_2。此外，CO_2 排放的空间分布格局与粗钢生产的分布格局基

本一致。排放量排名前 5 的省级行政区分别是河北(115.5 Mt CO_2/a)、江苏(72.9 Mt CO_2/a)、辽宁(47.5 Mt CO_2/a)、山东(45.1 Mt CO_2/a)和山西(32.5 Mt CO_2/a)。

根据对 CCUS 源汇匹配优化模型的假设,从钢铁厂到候选运输管道的距离被限制在 20 km 以内,故筛选出符合条件的钢铁厂有 111 个,其粗钢总产量为 708.6 Mt/a。这些钢铁厂的排放量为 466.7 Mt CO_2/a,减排潜力达 420.1 Mt CO_2/a。各省级行政区钢铁厂的高炉烟气 CO_2 排放量和 CCUS 减排潜力(高炉烟气 CO_2 捕集量)如图 5-1 所示。其中,减排潜力排名前 5 的省级行政区分别是江苏(61.6 Mt CO_2/a)、河北(57.2 Mt CO_2/a)、辽宁(42.8 Mt CO_2/a)、山东(40.5 Mt CO_2/a)和山西(29.2 Mt CO_2/a)。符合 CCUS 改造条件的钢铁厂数量位于前 5 名的省级行政区分别是河北(17 个)、山西(13 个)、江苏(12 个)、辽宁(10 个)和山东(8 个),其粗钢产量分别占 111 个钢铁厂粗钢总产量的 15.3%、11.7%、10.8%、9.0%和 7.2%。

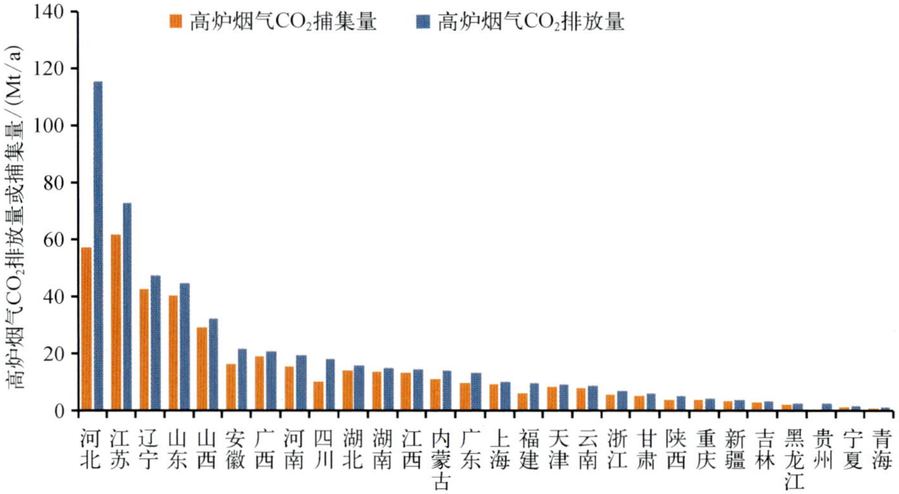

图 5-1 各省级行政区钢铁厂的高炉烟气 CO_2 排放量和 CCUS 减排潜力

2. 钢铁行业 CCUS 以陆海咸水层封存为主;如不考虑其他行业,实现钢铁厂 CCUS 源汇匹配需近 3 万千米长的管道

符合 CCUS 改造条件的钢铁厂主要分布在华东地区(276.3 Mt CO_2/a)和华北地区(261.0 Mt CO_2/a)。考虑到封存地的资源禀赋和候选管网的空间格局,分别有 54 个陆上咸水层封存点、82 个陆上油田封存点、4 个海上咸水层封存点和 15 个海上油田封存点与钢铁厂匹配,其封存潜力分别为 328.7 Mt CO_2、74.5 Mt CO_2、

16.8 Mt CO_2 和 18.5 Mt CO_2。总体来看，陆海咸水层共可封存 345.5 Mt CO_2，占总封存潜力的 78.8%；海上油田的封存潜力略高于海上咸水层的封存潜力。

基于 CCUS 源汇匹配优化模型，管道尺寸及建设长度如图 5－2 所示。其中，18 in(1 in＝2.54 cm)、10 in、14 in、22 in、6 in 和 4 in 的管道发挥主要作用，其总建设长度为 27 185.48 km，占整体管道总建设长度的 93.3%。18 in 的管道建设长度最大，为 6 398.13 km，占整体管道总建设长度的 22.0%；其后依次是 10 in(5 250.71 km，占比为 18.0%)、14 in(4 225.62 km，占比为 14.5%)、22 in(3 957.69 km，占比为 13.6%)、6 in(3 835.38 km，占比为 13.2%)和 4 in(3 517.95 km，占比为 12.1%)的管道等。整体管道总需建设 29 122.1 km，其中陆上管道和海上管道的总建设长度分别约为 27 348 km 和 1 774 km。

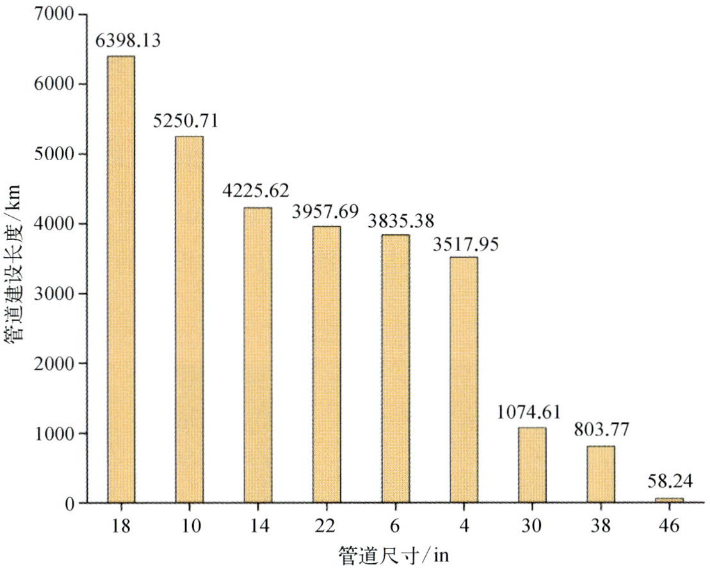

图 5－2　管道尺寸及建设长度

5.2　中国钢铁行业 CCUS 投资决策

本节依据三叉树实物期权模型(附录 B－3)量化了上节中通过 CCUS 源汇匹配优化模型得到的 111 个钢铁厂的净现值(NPV)和投资价值(TIV)，以评估钢铁厂 CCUS 全流程改造项目的投资机会，并探讨了四种不同情景下可立即投资

CCUS 钢铁厂项目的碳价，以讨论钢铁行业 CCUS 投资机会。四种情景如下：

(1) 无补贴(NP)情景，收益来源有 EOR 和碳市场。

(2) 资本成本补贴(CC)情景，即在 NP 情景的基础上，引入 CO_2 捕集、运输和封存的资本成本，政府完全补贴初始设备的投资成本。

(3) 运维成本补贴(OM)情景，即在 NP 情景的基础上，引入 CO_2 捕集、运输和封存的运行与维护成本，运行与维护成本的 50%由政府补贴。

(4) 技术进步(TA)情景，即在 NP 情景的基础上，考虑技术进步对成本的影响，将大规模部署 CCUS 技术的年份分别推迟到 2030 年、2035 年、2040 年、2045 年和 2050 年(相应的情景分别为 2030、2035、2040、2045 和 2050)。本节假设 2025 年进行 CCUS 改造的钢铁厂可持续运行至 2060 年(项目运行周期为 35 年，推迟改造年份后运行周期不变)。

1. 当前碳价下现役钢铁厂尚不具备大规模 CCUS 立即投资条件，政府补贴和技术进步能够在一定程度上刺激 CCUS 项目投资

图 5 - 3(a)和图 5 - 3(c)分别展示了不同情景下钢铁厂可立即投资、延迟投资和放弃投资的 CCUS 项目数量，及其对应的 CO_2 减排量。图 5 - 3(b)和图 5 - 3(d)分别展示了各省级行政区钢铁厂在不同情景下可立即投资的 CCUS 项目数量。

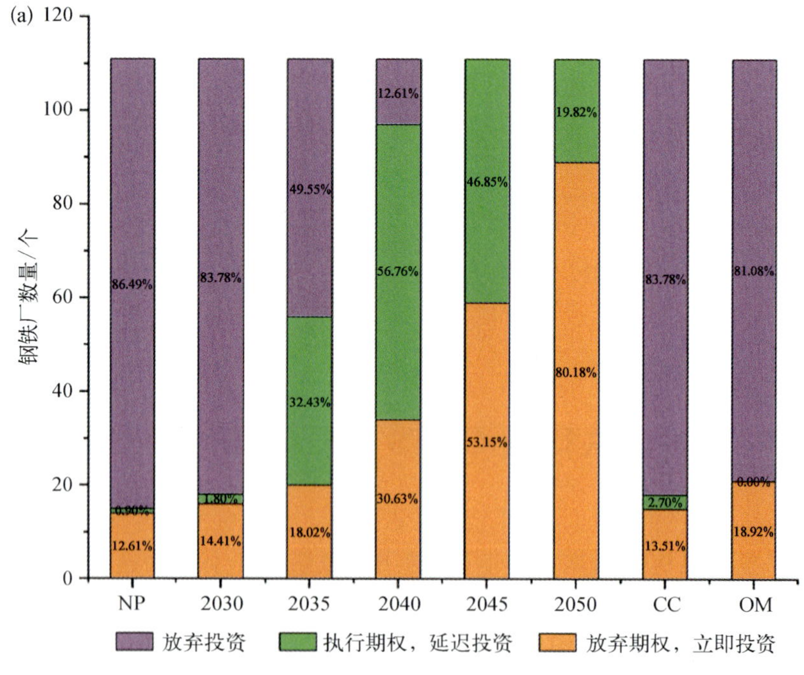

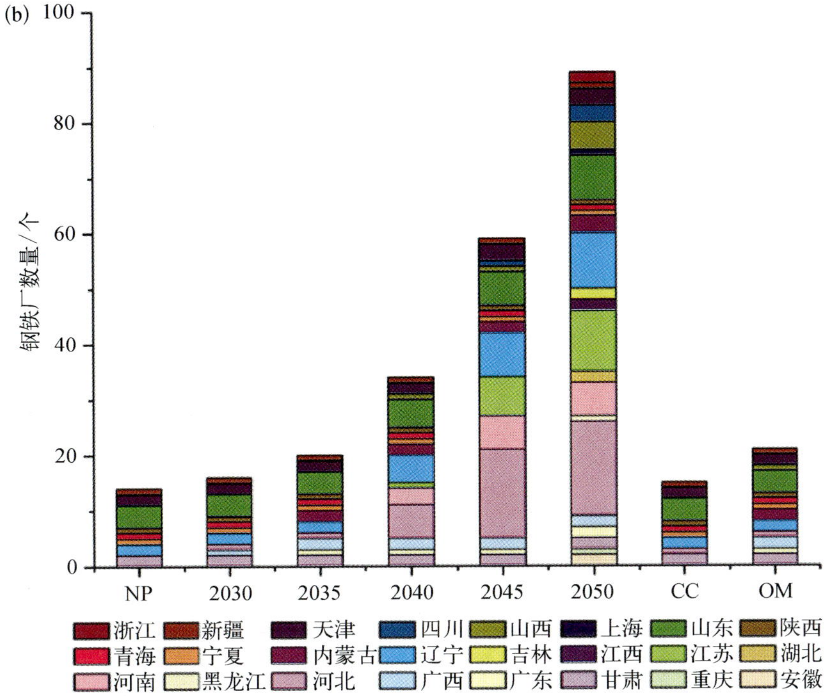
(b)
钢铁厂数量/个
0
20
40
60
80
100
NP
2030
2035
2040
2045
2050
CC
OM
浙江
新疆
天津
四川
山西
上海
山东
陕西
青海
宁夏
内蒙古
辽宁
吉林
江西
江苏
湖北
河南
黑龙江
河北
广西
广东
甘肃
重庆
安徽

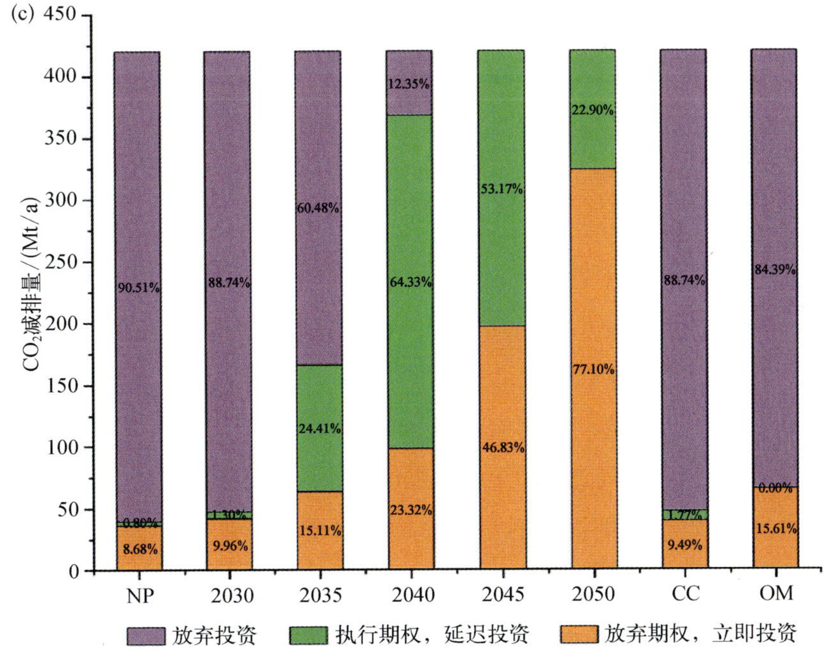
(c)
CO2减排量/(Mt/a)
0
50
100
150
200
250
300
350
400
450
90.51%
0.80%
8.68%
88.74%
1.30%
9.96%
60.48%
24.41%
15.11%
12.35%
64.33%
23.32%
53.17%
46.83%
22.90%
77.10%
88.74%
1.77%
9.49%
84.39%
0.00%
15.61%
NP
2030
2035
2040
2045
2050
CC
OM
放弃投资
执行期权，延迟投资
放弃期权，立即投资

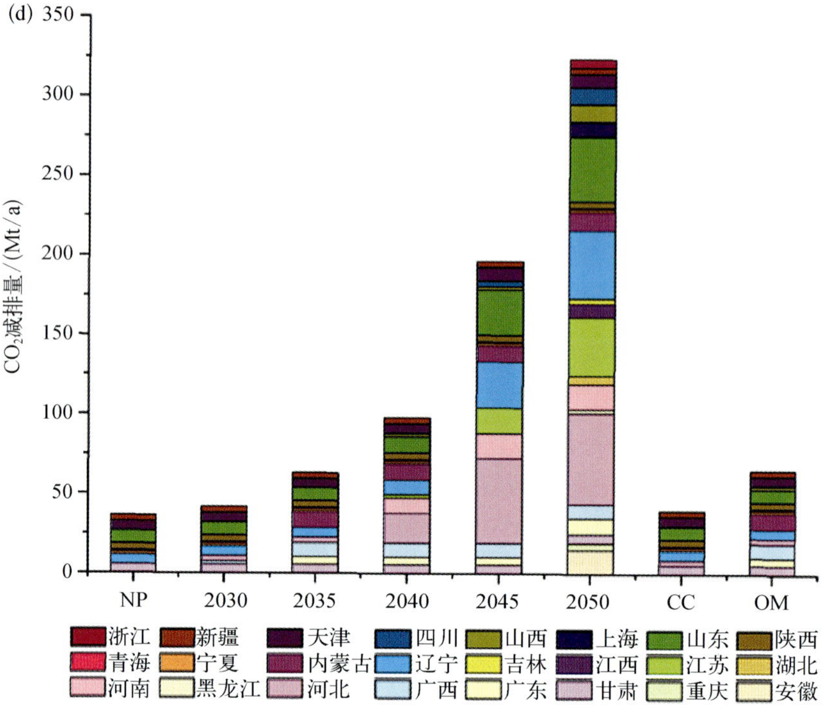

图 5-3 四种情景下的投资决策结果

在无补贴情景下，仅有 14 个 CCUS 项目符合立即投资条件，可以实现 36.4 Mt/a 的 CO_2 减排量，仅占总 CO_2 排放量的 8.68%。这些可立即投资的 CCUS 项目分别位于山东(4 个，减排 8.0 Mt CO_2/a)、天津(2 个，减排 6.1 Mt CO_2/a)、辽宁(2 个，减排 6.1 Mt CO_2/a)、甘肃(2 个，减排 5.6 Mt CO_2/a)、陕西(1 个，减排 4.2 Mt CO_2/a)、新疆(1 个，减排 3.7 Mt CO_2/a)、宁夏(1 个，减排 1.6 Mt CO_2/a)和青海(1 个，减排 1.1 Mt CO_2/a)等地。由此可见，在当前碳市场环境下，我国大多数现役钢铁厂尚不具备 CCUS 立即投资条件。

在资本成本补贴情景下，相较于无补贴情景，仅新增了 1 个可立即投资的 CCUS 项目，该项目位于河北省，CO_2 减排量为 3.4 Mt/a；在运维成本补贴情景下，相较于无补贴情景，可立即投资的 CCUS 项目数量增加了 7 个，分别位于内蒙古(2 个，减排 10.0 Mt CO_2/a)、广西(2 个，减排 8.9 Mt CO_2/a)、广东(1 个，减排 4.7 Mt CO_2/a)、河北(1 个，减排 3.4 Mt CO_2/a)和山西(1 个，减排 2.1 Mt CO_2/a)等地。

在技术进步情景下，当 CCUS 技术的大规模部署被分别推迟到 2030 年、2035 年、2040 年、2045 年和 2050 年时，可立即投资的 CCUS 项目数量分别增加至 16 个、20 个、34 个、59 个和 89 个，相应的 CO_2 减排量分别为 41.8 Mt/a、63.5 Mt/a、98.0 Mt/a、196.7 Mt/a 和 323.9 Mt/a。随着技术水平的提升，可立即投资的 CCUS 项目数量占总 CCUS 项目数量的比例从 14.41% 增加至 80.18%，而放弃投资的 CCUS 项目数量逐渐减少，到 2045 年已无放弃投资的 CCUS 项目。

以上分析表明，政府补贴和技术进步确实能够在一定程度上促进 CCUS 项目投资，但大部分 CCUS 项目仍无法进行立即投资。值得注意的是，钢铁厂 CCUS 项目的投资决策受政府激励措施的影响较为显著，相较于一次性的资本成本补贴，持久的运维成本补贴对 CCUS 项目投资的激励效果更显著，但同时也会给政府带来更大的财政压力。

2. 现役钢铁厂 CCUS 立即投资所需的临界碳价集中在 30～90 美元/t，政府激励措施可显著降低临界碳价

图 5－4 显示了不同情景下钢铁厂 CCUS 全流程改造项目符合立即投资条件

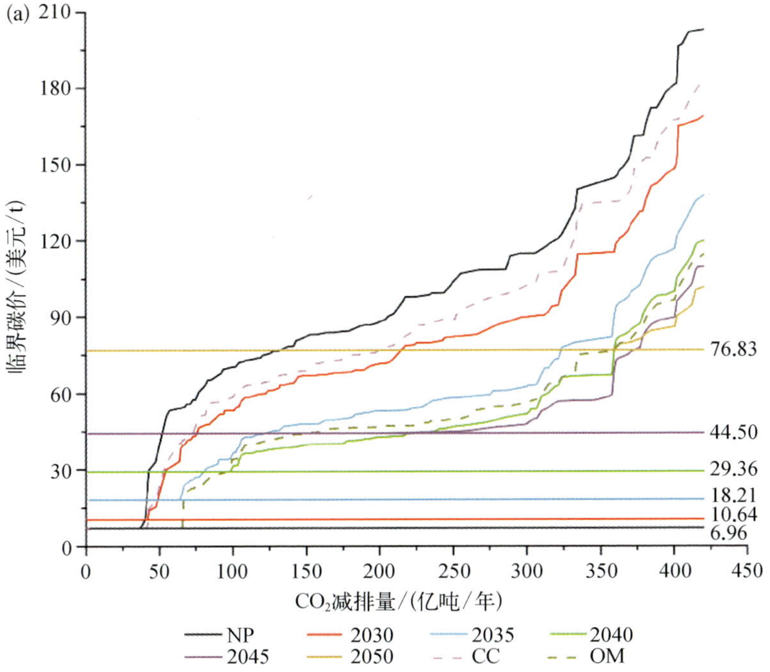

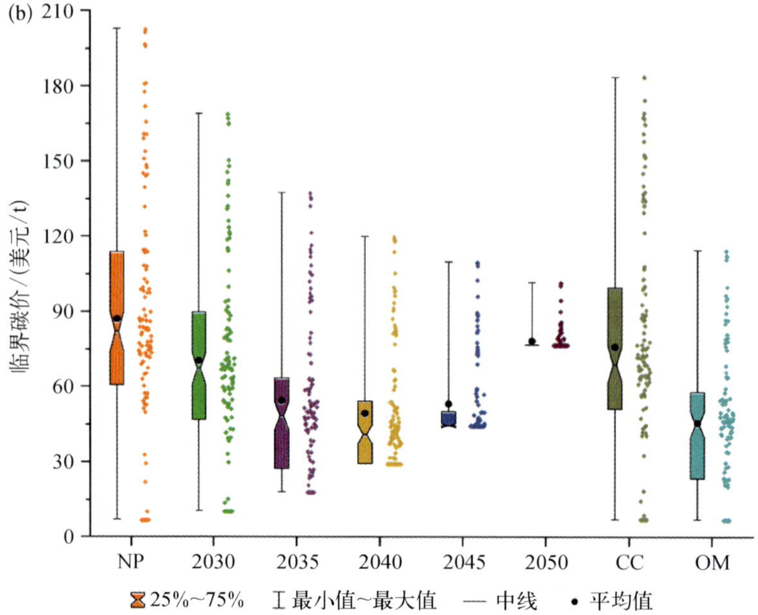

图 5－4 (a) 临界碳价与 CO_2 减排量的关系曲线(横线表示初始碳价);
(b) 各情景下的临界碳价分布

时的临界碳价。在无补贴情景下,临界碳价的范围为 7.0～203.0 美元/t,均值为 87.0 美元/t。其中,临界碳价处于 7.0～30.0 美元/t 内的 CCUS 项目有 17 个,共可实现 42.5 Mt/a 的 CO_2 减排量;临界碳价处于 30.0～90.0 美元/t 内的 CCUS 项目有 52 个,共可实现 161.4 Mt/a 的 CO_2 减排量。

在资本成本补贴情景下,临界碳价的范围为 7.0～183.6 美元/t,均值下降至 76.1 美元/t,相较于无补贴情景降低了 10.9 美元/t。在运维成本补贴情景下,临界碳价的范围为 7.0～114.5 美元/t,均值下降至 45.6 美元/t,相较于无补贴情景降低了 41.4 美元/t。由此可见,持久的运维成本补贴在降低临界碳价方面的效果较为显著。在技术进步情景下,当 CCUS 技术的大规模部署被分别推迟到 2030 年、2035 年、2040 年、2045 年和 2050 年时,临界碳价的范围分别缩小至 10.6～168.9 美元/t、18.2～137.6 美元/t、29.4～119.9 美元/t、44.5～109.8 美元/t 和 76.8～101.7 美元/t,均值相较于无补贴情景分别降低了 6.5 美元/t、32.6 美元/t、37.6 美元/t、33.8 美元/t 和 8.6 美元/t。

5.3　中国钢铁行业主要转型技术耦合 CCUS 技术后的碳足迹与减排成本

本节围绕多种钢铁行业转型技术，探讨了不同技术组合对应的碳足迹与减排成本。研究以钢铁行业的主要产品——粗钢为对象，定义 1 t 粗钢作为衡量碳足迹的基本单位，通过 LCA 详细分析了粗钢生产对环境的影响，并计算了钢铁行业主要转型技术耦合 CCUS 技术后的碳足迹和 LCOS，计算方法见附录 C－3、附录 C－4。

本节将系统边界定义为产品从原材料到交付的过程（Jiménez－González et al.，2004），该过程涉及的工艺包括：(1) COREX 技术（COREX－3000）（工业和信息化部，2021），完全以煤炭为能源，其尾气用于发电（Jain，2014）；(2) NG－DRI 技术（基于天然气的直接还原铁生产技术）；(3) EAF 技术，以 100%废钢为主要原料。同时，基于中国钢铁行业现状和政策，提出了三种技术组合情景：(1) 基础情景（S1 情景），只新建 BF－BOF 钢铁厂和三种转型钢铁厂，且不使用其他减排技术，其全生命周期范围内的电力完全依赖电网供给；(2) CCUS 技术扩张情景（S2 情景），针对新建的三种转型钢铁厂进行 CCUS 改造，并在化石燃料电厂部署 CCUS 技术；(3) CCUS 与可再生电力协同情景（S3 情景），在新建的三种转型钢铁厂及钢铁行业供应链上的页岩气加工环节安装 CCUS 装置，其全生命周期范围内的电力全部由可再生能源电网供应。

页岩气在 NG－DRI 钢铁厂中既是燃料又是还原剂，其运输距离是根据以四川盆地为起点的各省级行政区天然气管道长度来计算的（Gan et al.，2020）。关于运输过程中的页岩气损耗，参考 Qin 等(2017)。废钢是 EAF 钢铁厂的主要原料，但自中国限制废钢进口起（环境保护部等，2017），各省级行政区废钢供不应求（Chen et al.，2021）。根据已有研究（Ren et al.，2021），假设废钢的运输方式为省域内铁路运输，运输距离则以工信部公布的合规企业名单（中华人民共和国工业和信息化部，2012）中的企业及其地理位置（中国金属废料网，2022）为依据。在剔除废钢供应不足（废钢回收企业数量低于 10 家）的省级行政区后，将面积等于剩余省级行政区陆地面积的圆的半径作为各省级行政区废钢的运输距离。

煤炭是 BF－BOF 钢铁厂和 COREX 钢铁厂的主要能源。中国煤炭资源相对丰富，基本上能够满足国内需求。煤炭的运输方式包括铁路运输，以及铁路、水路和公路的联合运输，其中铁路、水路和公路的运量分别占总运量的60.2%、20.5%和19.3%（中国煤炭工业协会，2019；National Bureau of Statistics of China，2019）。水路运输被用于在秦皇岛市、天津市、黄骅市和京唐港装载来自山西省、陕西省和内蒙古自治区的煤炭，并随后送至上海市、宁波市和广州市的港口（中华人民共和国交通运输部，2021）。2020年，山西、内蒙古和陕西是我国主要的煤炭外输省级行政区，其煤炭产量分别约占全国煤炭总产量的27.7%、26.0%和17.7%（中华人民共和国交通运输部，2021）。山西省95%以上的煤炭被运往河北、山东、天津、河南、江苏、辽宁和湖南等地，内蒙古自治区97%以上的煤炭被运往河北、辽宁、吉林、黑龙江和天津等地，陕西省80%的煤炭被运往山东、河北、河南、湖北、湖南和重庆等地（Li et al.，2018）。考虑到铁路网络的复杂性和实际运输路径的不确定性，根据已有研究（王宜强等，2014；Li et al.，2018），将各省会视为煤炭运输中心，并将省会之间的距离作为铁路运输距离的参考。

当前电力系统的电力碳排放因子来自《2019年度减排项目中国区域电网基准线排放因子》（生态环境部，2020）；页岩气的运输距离为以四川盆地为起点的各省级行政区天然气管道长度，数据来源为Gan等（2020）；铁矿石的运输距离通过供需关系进行计算；煤炭的运输距离通过供需关系并结合Li等（2018）以及《2018煤炭行业发展年度报告》（中国煤炭工业协会，2019）和《中国能源统计年鉴2019》进行计算；铁矿石开采阶段的数据来源于Ren等（2021）、Gan等（2018）、Ferreira等（2015）；煤炭开采阶段的数据来源于Li等（2020）、Zhang等（2018）；石灰石开采数据来源于Chisalita等（2019）；页岩气开采数据来源于Ou等（2011）、Ou和Zhang（2013）、Ou等（2010）、Qin等（2017）；废钢加工和球团生产数据来源于Ren等（2021）、Lv等（2019）；运输阶段的能源消耗数据来源于Li等（2020）、Ou等（2011）；生产阶段的能源消耗数据来源于Chen等（2022）、Kirschen等（2011）、Fan等（2021）、Kuramochi等（2012）、Lerede等（2021）、Ma等（2018）、Tong等（2019）；风电、光伏的年发电量来自《中国电力统计年鉴2021》（中国电力企业联合会，2021）；风电、光伏的上网电价和输配电价来自《中国电力行业年度发展报告2021年》（中国电力企业联合会，2021）；当前电网的电度电价①和基本电价来自2021年

① 电度电价是指以电量（单位通常为千瓦时，写作kW·h）为基础的电价，是用户根据其实际使用的电量所支付的费用。

省级发展改革委公布的数据；2020 年各省级行政区港口铁矿市场价和废钢市场价是从 Mysteel 处收集整理的；煤炭市场价来自 2020 年中国电煤价格指数（国家发展和改革委员会，2021）；煤炭的运输成本来自 Li 和 Chen（2018）；钢铁厂和 CCUS 的建设与运维成本来自 Kuramochi 等（2012）、Lerede 等（2021）、Dahlmann 等（2015）、Lavelaine 等（2016）。

本节相关数据如表 5－2 至表 5－4 所示。

表 5－2　废钢和页岩气的运输距离

废钢供应省级行政区	废钢需求省级行政区	铁路运输距离/km	页岩气供应省级行政区	页岩气需求省级行政区	管道运输距离/km
天津	天津	106.3			
河北	河北	433.2			
山西	山西	395.3			
内蒙古	内蒙古	1 087.7			
山东	山东	392.2			
湖北	湖北	431.2	四川	湖北	810
湖南	湖南	460.2	四川	湖南	1 060
江西	江西	408.7	四川	江西	2 130
四川	四川	693.8	四川	四川	329
重庆	重庆	286.9	四川	重庆	350
上海	上海	79.4	四川	上海	2 060
江苏	江苏	320.3	四川	江苏	2 290
浙江	浙江	319.4	四川	浙江	942
安徽	安徽	373.8	四川	安徽	1 790
福建	福建	348.3			
陕西	陕西	453.4			
宁夏	宁夏	0.0			
青海	青海	0.0			

表5-3 COREX各部分和尾气蕴含能量

需电单元	耗电量/(吉焦/吨粗钢)	尾气种类	尾气能量/(吉焦/吨粗钢)	参考文献
球团生产	0.08			Kuramochi 等(2012);Lv 等(2019);Yang 等(2021)
空气分离	0.65～0.89			
COREX	0.265～0.269	COREX尾气	7.29～10.27	
转炉	0.074～0.083	转炉尾气	0.58～0.61	

表5-4 可再生能源的年发电量及各类电网销售电价

省级行政区	年发电量/(GW·h/a)		可再生能源销售电价/[元/(kW·h)]				当前销售电价/[元/(kW·h)]	
			上网电价		输配电价		电度电价	基本电价
	风电	光伏	风电	光伏	电容电价	电量电价		
北京	4	6	0.47	0.4	0.017 5	0.007 1	0.574 6	32.00
天津	12	19	0.47	0.4	0.012 9	0.007 1	0.585 5	17.00
河北	368	211	0.34	0.4	0.003 5	0.007 1	0.527 9	22.30
山西	266	159	0.47	0.4	0.001 1	0.007 1	0.428 0	24.00
内蒙古	726	188	0.29	0.375	0.004 1	0.008 7	0.417 0	0.00
山东	259	206	0.47	0.85	0.001 8	0.007 1	0.542 2	28.00
湖北	82	65	0.47	0.85	0.001 5	0.01	0.562 7	20.00
湖南	99	30	0.47	0.85	0.000 7	0.01	0.441 0	0.00
江西	71	62	0.47	0.85	0.000 6	0.01	0.579 3	26.00
河南	139	112	0.47	0.85	0.000 9	0.01	0.659 8	20.00
四川	86	27	0.47	0.4	0.000 4	0.01	0.475 2	22.00
重庆	14	4	0.47	0.85	0.001 9	0.01	0.538 0	24.00
上海	17	30	0.47	0.85	0.007 2	0.009 5	0.566 0	22.68

续 表

省级行政区	年发电量/(GW·h/a)		可再生能源销售电价/[元/(kW·h)]				当前销售电价/[元/(kW·h)]	
			上网电价		输配电价		电度电价	基本电价
	风电	光伏	风电	光伏	电容电价	电量电价		
江苏	184	167	0.47	0.85	0.003 4	0.009 5	0.531 8	30.00
浙江	33	131	0.47	0.85	0.004 6	0.009 5	0.573 0	30.00
安徽	47	130	0.47	0.85	0.003 9	0.009 5	0.524 6	30.00
福建	87	19	0.47	0.85	0.002 3	0.009 5	0.513 2	22.80
陕西	95	119	0.47	0.4	0.001 2	0.02	0.462 2	22.00
甘肃	246	133	0.36	0.4	0.002 9	0.02	0.584 3	0.00
宁夏	194	136	0.38	0.35	0.001 5	0.02	0.349 9	20.00
青海	82	167	0.47	0.375	0.001 7	0.02	0.328 2	19.00
新疆	434	157	0.335	0.375	0.000 9	0.02	0.508 1	26.00
辽宁	194	51	0.38	0.4	0.003 1	0.008 7	0.476 6	22.00
吉林	130	45	0.47	0.4	0.003 4	0.008 7	0.541 6	22.00
黑龙江	140	43	0.47	0.4	0.003 1	0.008 7	0.550 8	22.00
广东	103	74	0.47	0.85	0	0	0.622 5	23.00
广西	106	17	0.47	0.85	0	0	0.523 9	27.50
云南	250	50	0.34	0.4	0	0	0.419 5	27.00
贵州	97	45	0.47	0.85	0	0	0.482 6	23.00
海南	6	15	0.47	0.85	0	0	0.606 2	26.00

1. 现役钢铁厂部署CCUS技术能够显著降低碳足迹

图5-5展示了不同情景下各种转型技术对应的碳足迹和减排潜力，正值表示碳足迹，负值表示碳减排量。作为参考，BF-BOF技术对应的碳足迹为(2 017.5±281)千克二氧化碳/吨粗钢；EAF技术对应的碳足迹为(585.9±20)千克二氧化

碳/吨粗钢，其减排率(指各转型技术组合相对于 BF－BOF 技术的减排量与 BF－BOF 钢铁厂的排放量的比值)高达 67.4%～73.7%；COREX 技术对应的碳足迹为(1 749.8±87.5)千克二氧化碳/吨粗钢，通过外输电力可使每吨粗钢减少 512.9～773.5 kg CO_2 的碳足迹，若发生弃电，则有可能使 COREX 技术的减排潜力大幅降低；NG－DRI 技术对应的碳足迹介于 EAF 和 COREX 两种转型技术之间，为(1 499.3±295)千克二氧化碳/吨粗钢。

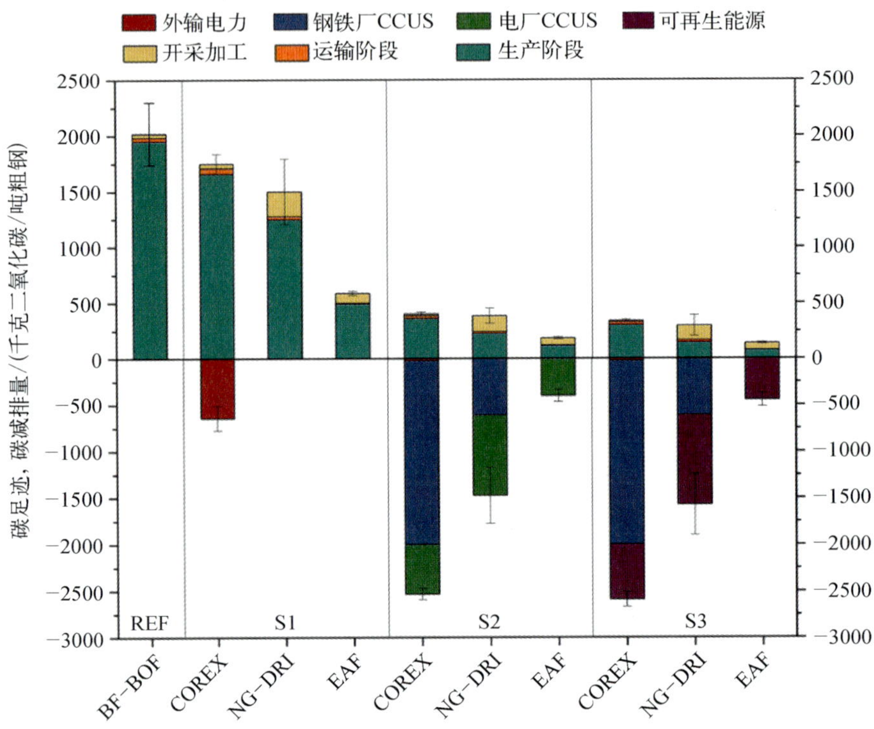

图 5－5 不同情景下各种转型技术对应的碳足迹和减排潜力

在 S2 情景下，COREX 钢铁厂和 NG－DRI 钢铁厂部署 CCUS 技术都能够显著降低碳足迹。COREX 技术和 NG－DRI 技术对应的碳足迹分别为(399±18)千克二氧化碳/吨粗钢和(383±69)千克二氧化碳/吨粗钢，而 EAF 技术对应的碳足迹较低，为(183.3±9.3)千克二氧化碳/吨粗钢。在此情景下，COREX、NG－DRI 和 EAF 三种转型技术的减排率均有显著提升，分别为 78.1%～81.9%、80.4%～81.9%和 90%～91.6%。各种转型技术之间的减排差异较大：对于 COREX，钢铁厂部署 CCUS 技术后的减排率高达 78%，而电厂部署 CCUS 技术的减排贡献为 21%；对于 NG－DRI，钢铁厂和电厂部署 CCUS 技术后的减排占比相当，而页岩气加工环节 CCUS 技术部署的减排贡献不足 1%；对于 EAF，其减排主要通过电厂部署 CCUS 技术来实现。综上所述，钢铁厂部署 CCUS 技术是 COREX 技术和 NG－DRI 技术实现近零排放目标的基础。同时，通过电厂部署 CCUS 技术，各种转型技术对应的碳足迹都显著降低，COREX 技术、NG－DRI 技术和 EAF 技术对应的碳足迹分别为(399±18)千克二氧化碳/吨粗钢、(383±69)千克二氧化碳/吨粗钢和(183.3±9.3)千克二氧化碳/吨粗钢。

相比于 S2 情景，S3 情景下的减排幅度提升有限。COREX 技术、NG－DRI 技术和 EAF 技术对应的碳足迹分别为(338±10.3)千克二氧化碳/吨粗钢、(295±92)千克二氧化碳/吨粗钢和(138±8)千克二氧化碳/吨粗钢。综上所述，在不考虑其他减排技术的情况下，相对于 COREX 技术和 NG－DRI 技术，EAF 技术的减排潜力较大。此外，如果同时在 NG－DRI 和 COREX 的钢铁厂及电厂部署 CCUS 技术，那么这样的技术组合有望实现近零排放目标。

2. 东北地区的碳足迹较高，受当地电力结构的影响较大

BF－BOF 技术是中国最主要的炼钢技术，但其相较于其他转型技术的单位粗钢的碳足迹最高。图 5－6 展示了 BF－BOF 技术与其他三种转型技术在不同情景下的省级碳足迹。对于 BF－BOF 钢铁厂，在地区层面，东北地区的碳足迹最高(2 078.6 千克二氧化碳/吨粗钢)，西南地区的碳足迹最低(1 998 千克二氧化碳/吨

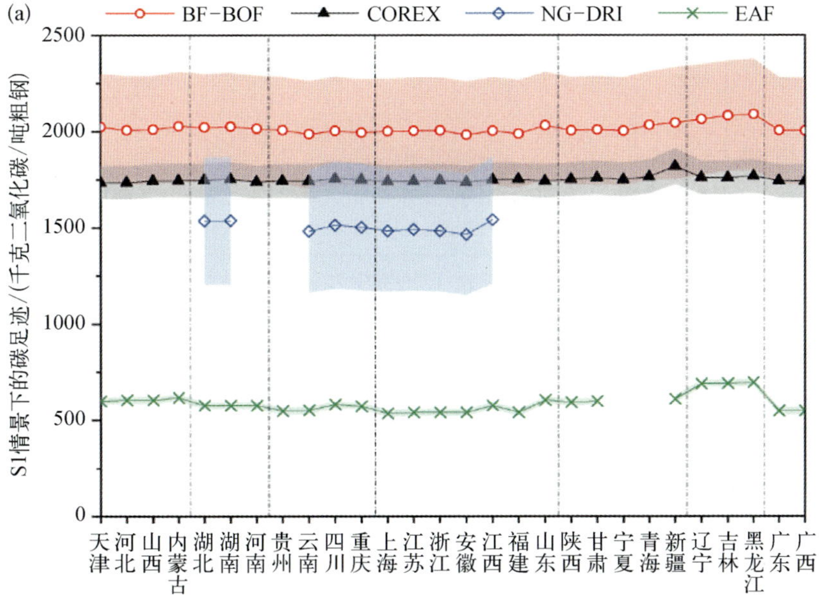

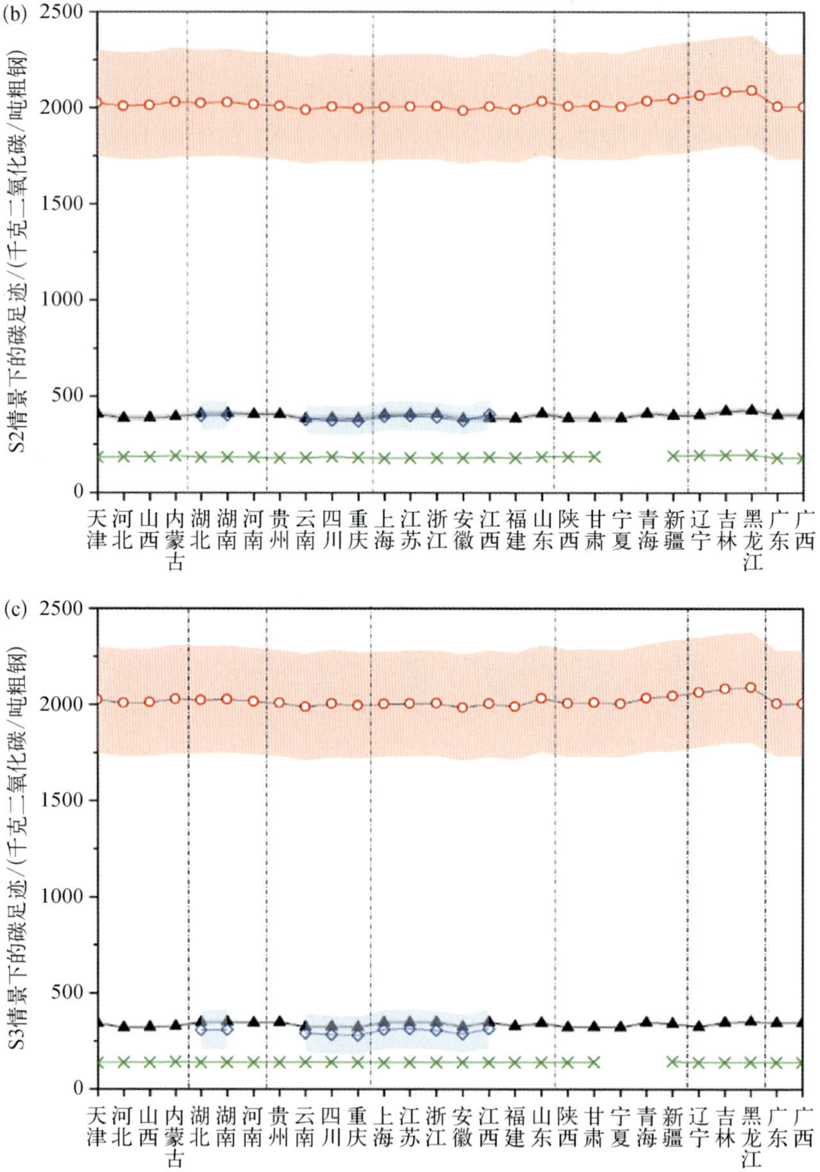

图 5-6　各情景下的省级碳足迹

（虚线划分区域从左到右依次为华北地区、华中地区、西南地区、华东地区、西北地区、东北地区和华南地区）

粗钢)；在省域层面，黑龙江省的碳足迹最高(2 090.3 千克二氧化碳/吨粗钢)，安徽省的碳足迹最低(1 983.6 千克二氧化碳/吨粗钢)。

在 S1 情景下，COREX 钢铁厂的碳足迹的空间异质性主要来自原材料运输阶段(表 5 - 2);西北地区由于运输距离较长,碳足迹最高(1 752～1 819 千克二氧化碳/吨粗钢),而华北地区因铁矿石和煤炭较为易得,区域碳足迹最低(1 736～1 746 千克二氧化碳/吨粗钢)。NG - DRI 钢铁厂的碳足迹受电力和原材料的影响较大(1 482～1 541 千克二氧化碳/吨粗钢)。由于 EAF 钢铁厂完全依赖电力作为能源,其碳足迹受电力的影响较大;东北地区的碳足迹最高(均值为 691.9 千克二氧化碳/吨粗钢),华南地区的碳足迹最低(均值为 548.7 千克二氧化碳/吨粗钢)。

在 S2 情景下,三种转型技术对应的碳足迹都显著降低,其中 COREX 技术对应的碳足迹降低幅度最大。对于 COREX 技术,尽管华东等地区(如天津、贵州、上海、江苏、浙江和山东等)的碳足迹略高于 400 千克二氧化碳/吨粗钢,但考虑到效率提升的可能性和误差范围(18 千克二氧化碳/吨粗钢),这些地区或省级行政区在部署 CCUS 技术后仍有很大潜力进一步降低碳足迹。对于 NG - DRI 技术,除湖南和江西两省以外,其余省级行政区的碳足迹均低于 400 千克二氧化碳/吨粗钢。而对于 EAF 技术,所有省级行政区的碳足迹均低于 250 千克二氧化碳/吨粗钢。与 S2 情景相比,S3 情景下三种转型技术对应的碳足迹均实现下降。

3. 钢铁行业主要转型技术耦合 EOR 技术可以降低其 LCOS

图 5 - 7 为不同情景下各转型技术组合对应的 LCOS。在 S1 情景下,COREX 技术对应的 LCOS 最低,EAF 技术对应的 LCOS 最高。在 S2 情景下,当三种转型

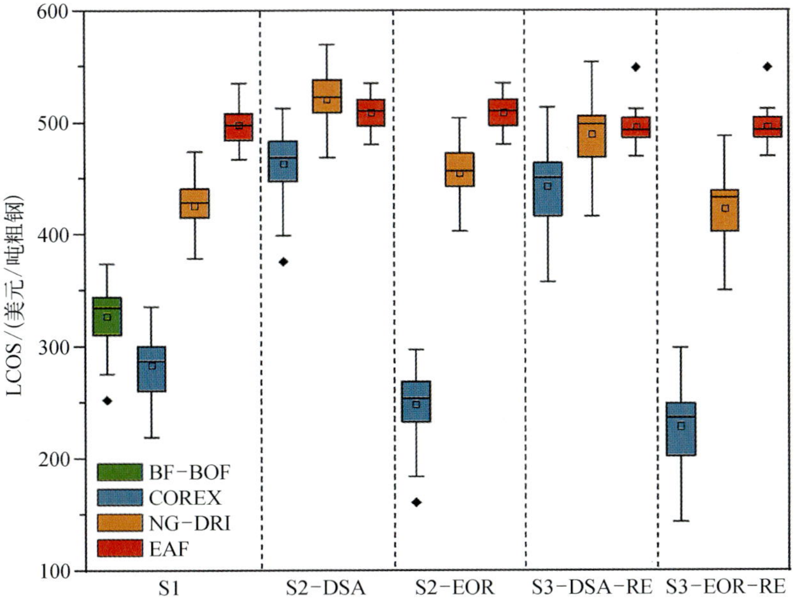

图 5 - 7　不同情景下各转型技术组合对应的 LCOS

技术均耦合 CCS 技术时，钢铁厂的建设与运维成本增加，LCOS 随之增加，其中 COREX 技术和 NG－DRI 技术对应的 LCOS 增加幅度超过 70%。如三种转型技术均耦合 CCS 技术与 EOR 技术，COREX 技术对应的 LCOS(中位数为 283.3 美元/吨粗钢)将显著降低，相较于 NG－DRI 技术和 EAF 技术更具经济优势。一方面，这是由于 COREX 技术能够产生部分电力收益。另一方面，当 COREX 技术耦合 CCS 技术与 EOR 技术时，虽然部署 CCS 技术会增加钢铁厂的建设与运维成本，但新增成本仅占总成本的 17.3%～23.5%；同时，通过 EOR 技术可获得一定的驱油收益，该收益能够抵消 COREX 技术 39%～53%的成本。相较于 S2 情景，S3 情景下可再生能源的使用使所有转型技术对应的 LCOS 均有所下降。

图 5－8 展示了各种转型技术在 S1 情景下的 LCOS 空间分布。BF－BOF 技术作为参考技术，其对应的 LCOS 在山西、云南、青海和宁夏等地较低(276～296 美元/吨粗钢)，在四川、甘肃、黑龙江和广西等地较高(343～374 美元/吨粗钢)。由于 COREX 技术能够通过发电抵消 37.6～61.6 美元/吨粗钢的成本，因此相较于 BF－BOF 技术表现出更为显著的经济优势。COREX 技术对应的 LCOS 在山西、云南、上海、青海和辽宁等地较低(239～259 美元/吨粗钢)，在西北地区和华东地

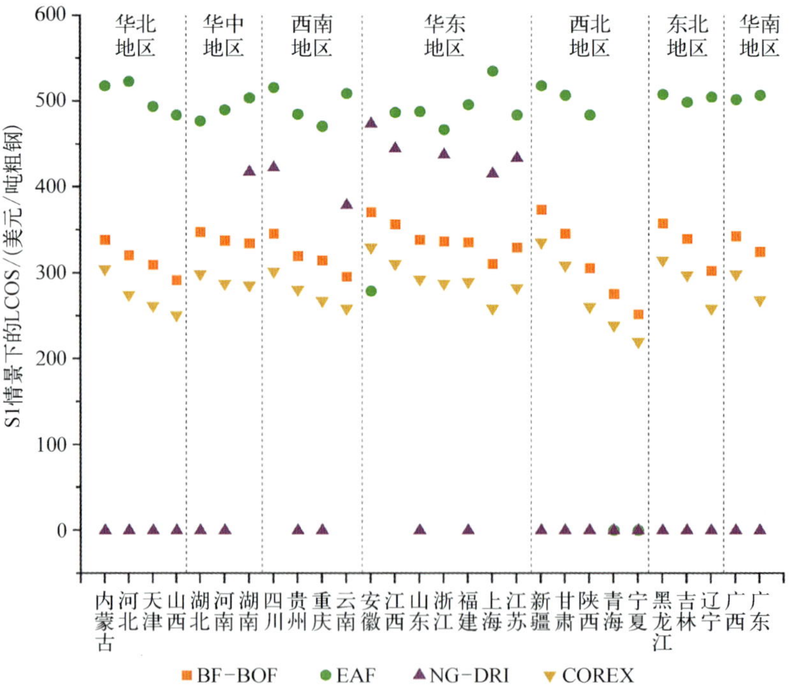

图 5－8　S1 情景下基于 LCA 的各种转型技术的 LCOS 省域空间异质性及构成

区较高(302～336 美元/吨粗钢),其中新疆的 LCOS 最高(336 美元/吨粗钢),其次为安徽(330 美元/吨粗钢)。特别是在 260～300 美元/吨粗钢的成本区间里,COREX 技术相较于 BF－BOF 技术的成本竞争优势更加明显,其低成本区域从山西、青海和宁夏扩展至华中地区、华东地区、华南地区和西南地区的大部分区域。

图 5－9 展示了各种转型技术在 S2 情景下的 LCOS 空间分布。在 S2 情景下,COREX 技术表现出相对的成本竞争优势。该情景下 LCOS 最高的省级行政区是安徽(298 美元/吨粗钢);LCOS 迅速降低的省级行政区是山西、青海和云南,其成本区间为 184～212 美元/吨粗钢;LCOS 区间为 266～298 美元/吨粗钢的省级行政区是安徽、新疆、江西、黑龙江、甘肃、湖北、湖南、广西和四川。

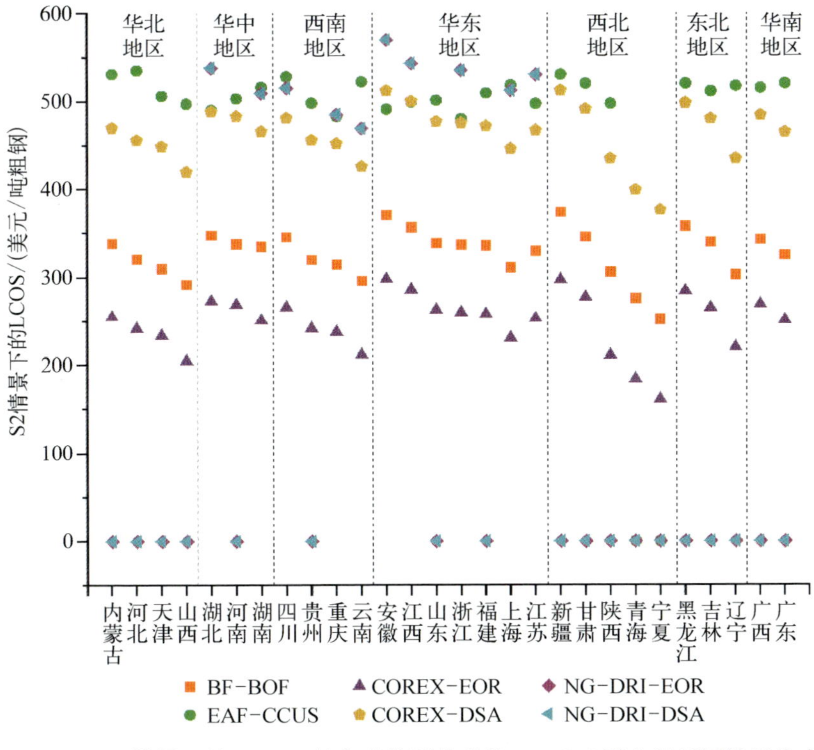

图 5－9　S2 情景下基于 LCA 的各种转型技术的 LCOS 省域空间异质性及构成

图 5－10 展示了各种转型技术在 S3 情景下的 LCOS 空间分布。研究显示,原材料的运输成本是影响当地钢铁厂转型过程中 LCOS 的关键因素。在 S3 情景下,由于西北地区的原材料运输成本较高,其 LCOS 也相应较高。该情景下 COREX－EOR－RE 是 LCOS 最低的转型技术组合;LCOS 较低的省级行政区是宁夏、青海、

云南、山西和辽宁，其成本区间为 172～191 美元/吨粗钢；LCOS 较高的省级行政区是安徽、江西、浙江、新疆、湖北、黑龙江、山东和广西，其成本区间为 247～299 美元/吨粗钢。

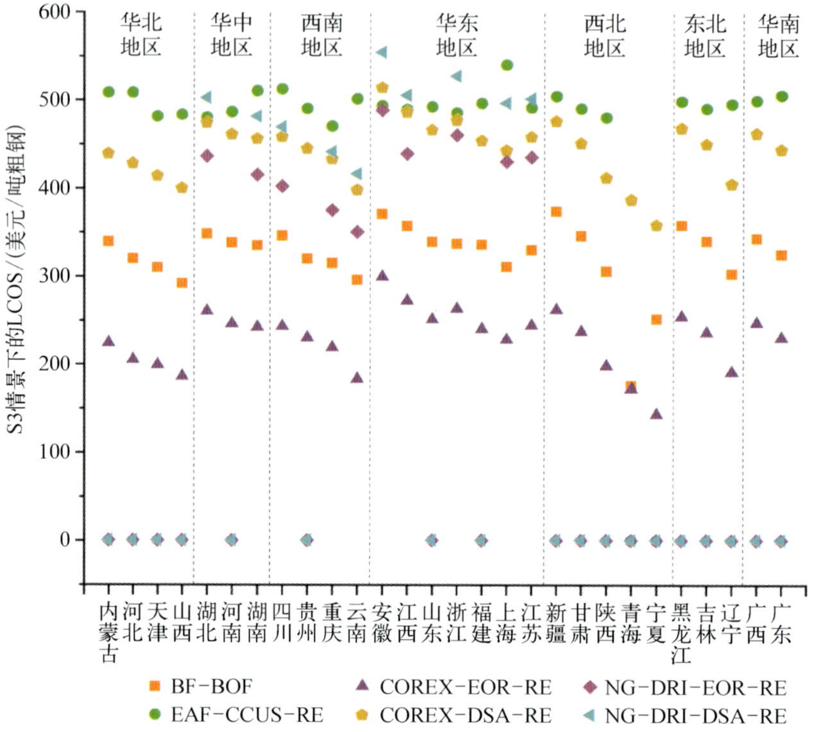

图 5-10　S3 情景下基于 LCA 的各种转型技术的 LCOS 省域空间异质性及构成

第6章

中国水泥行业CCUS减排潜力及投资效益评价

中国水泥行业在全球水泥生产中占据重要地位(IPCC, 2022),其碳排放成为全球温室气体排放的主要来源之一(Paltsev et al.,2021;ADB, 2022)。鉴于这一现状,中国水泥行业亟须采取切实有效的措施来减少碳排放,而耦合CCUS技术被认为是应对这一挑战的关键途径之一(GCCSI, 2021; Zhang et al., 2022)。

在分析水泥行业CCUS技术时,需要综合考虑以下三个方面:(1)合理的空间规划和技术创新可以降低设施的建设和运营成本,并提高碳封存的效率和稳定性。因此,针对中国水泥行业的具体情况,开展CCUS匹配布局的模拟和研究显得尤为重要。(2)CCUS技术在水泥行业的实际部署涉及多个环节,如设备改造、能源使用、管道建设和打井作业等。为充分发挥CCUS技术在水泥行业的减排潜力,需要从工厂尺度精确评估各个环节的CCUS减排成本。(3)技术成熟度、市场需求和政策法规变化等不确定性因素均会直接影响水泥行业CCUS投资决策。因此,在不确定条件下,需要探讨水泥行业CCUS投资的最佳策略。基于上述分析,本章将设计并优化具有成本效益的陆海水泥行业CCUS共享管网布局;评估CCUS改造后的单位水泥生产成本及相关的额外经济成本;并进一步探索不同补贴政策下,CCUS项目在中国水泥行业的投资价值和投资临界条件。

6.1 中国水泥行业CCUS减排潜力

本节首先针对2020年中国现存的1 132个水泥厂(拥有约1 550条熟料生产

线)，评估了各水泥厂在熟料方面的差异化排放影响，以及每个水泥厂的熟料生产规模和运行寿命等生产特征。基于这些评估，筛选出了919个具备CCUS改造潜力的水泥厂，作为候选工厂。随后，依托陆海统筹的源汇匹配优化模型(附录D-1)，分析了中国水泥行业CCUS减排潜力。该模型旨在通过优化源汇匹配，最大限度地降低CCUS的全链条成本，涵盖 CO_2 捕集、运输和封存三方面。在综合考虑封存潜力、注入能力、管道流量上限、管道容量，以及油田封存带来的提高EOR收益等各种限制因素后，该模型提出了具有成本效益的陆海CCUS共享管网布局方案。

1. 约74%现役水泥厂适合进行CCUS改造，年度 CO_2 排放总量超10亿吨

2020年，我国现役水泥厂的 CO_2 排放总量为13.7亿吨。在剔除熟料产能低于2 500 t/d和剩余运营年限不足的水泥厂后，符合CCUS改造标准的水泥厂共有919个，其 CO_2 排放总量为10.2亿吨，约占全国现役水泥厂 CO_2 排放总量的74%，这些水泥厂主要集中在中部地区、东部地区和南部地区(表6-1)。根据预测，2030—2060年，这些水泥厂的累计 CO_2 排放量将在1 190万～28 340万吨内。累计 CO_2 排放量位于前5名的省级行政区分别是广东(23.5亿吨 CO_2)、河南(20.9亿吨 CO_2)、四川(20.8亿吨 CO_2)、安徽(20.3亿吨 CO_2)和广西(17.6亿吨 CO_2)。由于长江三角洲地区和珠江三角洲地区的经济相对发达，对水泥的需求量较大，因此大产能水泥厂主要集中在安徽、广东和江苏三省，三省熟料的日均产能分别为5 000 t/d、4 798 t/d和4 942 t/d。相比之下，西部地区和东北地区的水泥厂规模较小，各省熟料的日均产能为2 500～4 200 t/d，预计2030—2060年的累计 CO_2 排放量为1 190万～7 030万吨。

表6-1 适合进行CCUS改造的水泥厂的分布情况

省级行政区	水泥厂数量/个	水泥日均产能/(t/d)	累计 CO_2 排放量/Mt	CO_2 排放最小值/Mt	CO_2 排放最大值/Mt	CO_2 排放平均值/Mt	CO_2 排放量标准差/Mt
安徽	32	8 732	2 030.0	16.2	283.4	63.4	51.4
福建	29	6 151	1 314.2	19.7	117.5	45.3	22.5
甘肃	25	7 850	835.4	17.7	70.3	33.4	14.9
广东	38	11 534	2 351.3	19.9	237.0	61.9	52.3

续　表

省级行政区	水泥厂数量/个	水泥日均产能/(t/d)	累计 CO_2 排放量/Mt	CO_2 排放最小值/Mt	CO_2 排放最大值/Mt	CO_2 排放平均值/Mt	CO_2 排放量标准差/Mt
广西	37	6 144	1 757.4	16.9	147.5	47.5	30.4
贵州	63	14 881	1 605.9	15.8	84.7	25.5	13.4
海南	4	4 883	243.2	16.3	162.0	60.8	58.8
河北	44	6 648	948.3	12.5	67.0	21.6	10.7
河南	48	11 605	2 089.8	18.8	119.5	43.5	20.5
黑龙江	10	9 250	253.7	13.8	54.9	25.4	12.8
湖北	36	9 528	1 386.4	18.7	89.5	38.5	20.2
湖南	51	7 004	1 661.3	18.3	72.8	32.6	13.3
吉林	12	6 159	309.3	14.4	57.2	25.8	12.8
江苏	18	9 158	1 058.2	20.7	123.5	58.8	31.8
江西	34	7 973	1 546.9	20.7	124.3	45.5	30.6
辽宁	30	5 365	743.4	12.7	60.4	24.8	10.4
内蒙古	42	9 449	1 049.1	15.6	57.7	25.0	11.7
宁夏	15	13 750	481.8	17.2	68.5	32.1	15.0
青海	11	7 599	203.1	11.9	23.9	18.5	6.0
山东	52	8 274	1 596.5	15.7	74.9	30.7	12.7
山西	45	6 115	959.0	13.2	52.5	21.3	8.8
陕西	31	9 182	1 084.1	16.4	104.1	35.0	21.3
四川	66	8 570	2 083.1	16.9	194.8	31.6	26.3
新疆	50	6 733	981.1	13.2	44.6	19.6	7.1
云南	57	7 204	1 682.9	19.9	71.3	29.5	11.9
浙江	14	7 533	486.3	18.8	74.7	34.7	13.8
重庆	25	7 308	884.3	16.1	160.3	35.4	30.9

2. 现役水泥厂 CCUS 陆海源汇匹配减排潜力近 6 亿吨 CO_2/年，主要集中在中部、东部和南部地区

在源汇匹配过程中，有 316 个水泥厂因无法接入 CO_2 陆上或海上管网(半径为 20 km)而被剔除。在进一步考虑 90%的 CO_2 捕集率后，最终确认了适合部署 CCUS 技术的水泥厂数量为 603 个，预计可实现减排约 6 亿吨 CO_2/年，预计通过 CCUS 改造将使 2020 年水泥行业的 CO_2 排放量减少 43.8%。2030—2060 年，考虑到水泥厂改造后可持续运行，累计陆上封存量和累计海上封存量将分别达到约 158 亿吨 CO_2(占比为 85%)和 27 亿吨 CO_2(占比为 15%)。陆上管网密集，分布在华北、华中、华南、西南和东北等地区，而海上管网主要分布在华北地区、华东地区和南部沿海地区。

图 6-1 显示了 2030—2060 年我国 27 个具备碳捕集潜力的省级行政区的累计减排潜力。结果显示，有 9 个省级行政区的累计减排潜力超过 10 亿吨 CO_2，有 19 个省级行政区的累计减排潜力超过 5 亿吨 CO_2。累计减排潜力位于前 5 名的省级行政区依次是山东(12.4 亿吨 CO_2)、河南(12.3 亿吨 CO_2)、安徽(11.3 亿吨 CO_2)、广东(11.2 亿吨 CO_2)和广西(11.1 亿吨 CO_2)，这 5 个省级行政区的总累计减排潜力占全国总累计减排潜力的 32%。相对来说，累计减排潜力较低的 5 个省级行政区依次是海南(0.7 亿吨 CO_2)、黑龙江(1.7 亿吨 CO_2)、青海(1.7 亿吨 CO_2)、新疆(1.7 亿吨 CO_2)和吉林(2.4 亿吨 CO_2)，这 5 个省级行政区的总累计减排潜力仅占全国总累计减排潜力的 4.5%。综上所述，不同省级行政区的累计减排潜力存在显著差异。

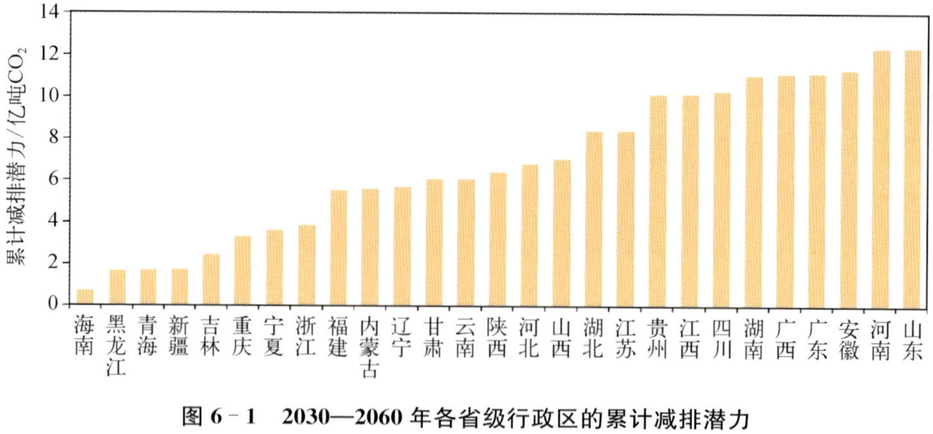

图 6-1　2030—2060 年各省级行政区的累计减排潜力

3. CO_2 封存地类型是影响水泥行业省级 CCUS 减排潜力的重要因素

在 603 个具备 CCUS 改造条件的水泥厂中，已有 180 个水泥厂成功连接到咸

水层(DSA)或油田(EOR)封存地。这些水泥厂分布在 22 个省级行政区和 4 个近海盆地(表 6－2)。值得注意的是,咸水层封存潜力大于油田封存潜力。就陆上咸水层封存而言,在涉及的 17 个省级行政区中,有 6 个省级行政区的累计封存潜力超过 5 亿吨 CO_2,有 10 个省级行政区的累计封存潜力超过 1 亿吨 CO_2;安徽(40.2 亿吨 CO_2)、河南(34.0 亿吨 CO_2)、天津(22.7 亿吨 CO_2)、湖北(10.8 亿吨 CO_2)和江苏(9.2 亿吨 CO_2)是陆上咸水层封存量的主要贡献者,其咸水层总累计封存量占全国陆上咸水层总累计封存量的 87%。而就海上咸水层封存而言,北部湾盆地(20.5 亿吨 CO_2)、渤海湾盆地(0.13 亿吨 CO_2)和东海盆地(0.06 亿吨 CO_2)是具备较大海上咸水层封存潜力的主要盆地。

表 6－2　不同封存类型下各省级行政区和近海盆地的累计封存量

省级行政区或盆地	咸水层累计封存量/亿吨 CO_2	油田累计封存量/亿吨 CO_2
四川		0.28
陕西		2.49
辽宁		2.76
珠江口盆地*		2.77
山东		4.26
新疆		4.75
东海盆地*	0.06	0.15
重庆	0.12	0.06
渤海湾盆地*	0.13	3.51
青海	0.18	1.36
云南	0.48	
宁夏	0.59	0.03
湖南	0.65	
北京	0.79	
山西	0.93	

续 表

省级行政区或盆地	咸水层累计封存量/亿吨 CO_2	油田累计封存量/亿吨 CO_2
甘肃	1.15	1.76
黑龙江	1.16	1.50
吉林	2.93	1.54
河北	3.59	0.92
内蒙古	5.59	0.08
江苏	9.22	0.45
湖北	10.80	0.08
北部湾盆地*	20.47	
天津	22.66	0.16
河南	33.98	0.49
安徽	40.18	0.02

注：* 表示海上封存。

对于陆上油田封存，在涉及的 18 个省级行政区中，8 个省级行政区的累计封存潜力超过 1 亿吨 CO_2，其余省级行政区的累计封存潜力则均低于 1 亿吨 CO_2；新疆（4.8 亿吨 CO_2）、山东（4.3 亿吨 CO_2）、辽宁（2.8 亿吨 CO_2）、陕西（2.5 亿吨 CO_2）和甘肃（1.8 亿吨 CO_2）作为陆上油田封存量的主要贡献者，其油田总累计封存量占全国陆上油田总累计封存量的 70%。对于海上油田封存，渤海湾盆地（3.5 亿吨 CO_2）、珠江口盆地（2.8 亿吨 CO_2）和东海盆地（0.15 亿吨 CO_2）具备较大的海上油田封存潜力。

总体而言，安徽、河南、天津和北部湾盆地被确定为具备最大封存潜力的省级行政区或盆地，未来的相关研究和部署应优先考虑这些区域。尤其是对近海盆地的开发利用，有望为沿海地区的水泥厂提供更多的减排空间，进而推动海上 CCUS 技术的发展。

6.2 中国水泥行业 CCUS 成本效益

本节基于陆海统筹的源汇匹配优化模型的结果，设置了三种不同的情景（表

6-3)，对水泥厂进行 CCUS 改造后的平准化吨水泥成本(LCOC)、平准化额外吨水泥成本(LACOC)和平准化碳避免成本(LCAC)进行了评估(附录 D-2)。此外，本节还分析了不同政策激励对水泥厂进行 CCUS 改造后减排成本的影响，并探讨了省级层面的 CCUS 优先改造机会。除了 EOR 技术带来的经济效益，本节还设置了两种补贴政策方案：碳交易市场机制和美国 45Q 税收减免政策。一方面，水泥行业作为公认的高碳排放行业，有可能参与中国未来的碳交易市场；另一方面，2022 年美国通过的《通胀削减法案》扩大了 45Q 税收减免政策，为 CCUS 技术的部署提供了新的机会，同时也为中国制定相关补贴政策提供了参考。基于上述背景，本节假设 DSA 的税率可达 85 美元/t CO_2，而 EOR 或其他工业应用的税率可达 60 美元/t CO_2。

表 6-3　水泥行业 CCUS 成本效益分析的情景描述

情　景	EOR	美国 45Q 税收抵免	碳市场收益
S1_NP	√		
S2_SP	√	√	
S3_CP	√		√

1. 水泥行业 CCUS 面临高昂 LCOC 挑战，主要集中在 400～700 元/吨水泥

图 6-2 展示了不同情景下水泥厂进行 CCUS 改造后的 LCOC、LACOC 和 LCAC，揭示了水泥厂进行 CCUS 改造后的 CO_2 排放、减排成本和油田封存减排率(EOR 减排率①)之间的关系。如果某水泥厂的油田封存量占比超过 50%，那么该工厂被视为 EOR 主导型工厂，反之则为 DSA 主导型工厂。

由图 6-2(a)可以看出，在 S1_NP 情景(无补贴政策)下，水泥厂总体的 LCOC 范围为 214～662 元/吨水泥，高 EOR 减排率工厂的 LCOC 范围为 214～490 元/吨水泥，低 EOR 减排率工厂的 LCOC 范围为 441～662 元/吨水泥。若没有 EOR 收益，则 LCOC 曲线会急剧上升。此外，当累计 CO_2 减排量超过 27 亿吨时，DSA 主导型工厂变得更加普遍。如图 6-2(b)所示，当 S1_NP 情景下的累计 CO_2 减排量为 128 亿吨时，LCOC 主要集中在 414～552 元/吨水泥的范围内。

① EOR 减排率是指 2030—2060 年从每个水泥厂累计封存到相应油田的 CO_2 量占 CO_2 捕集总量的比例。

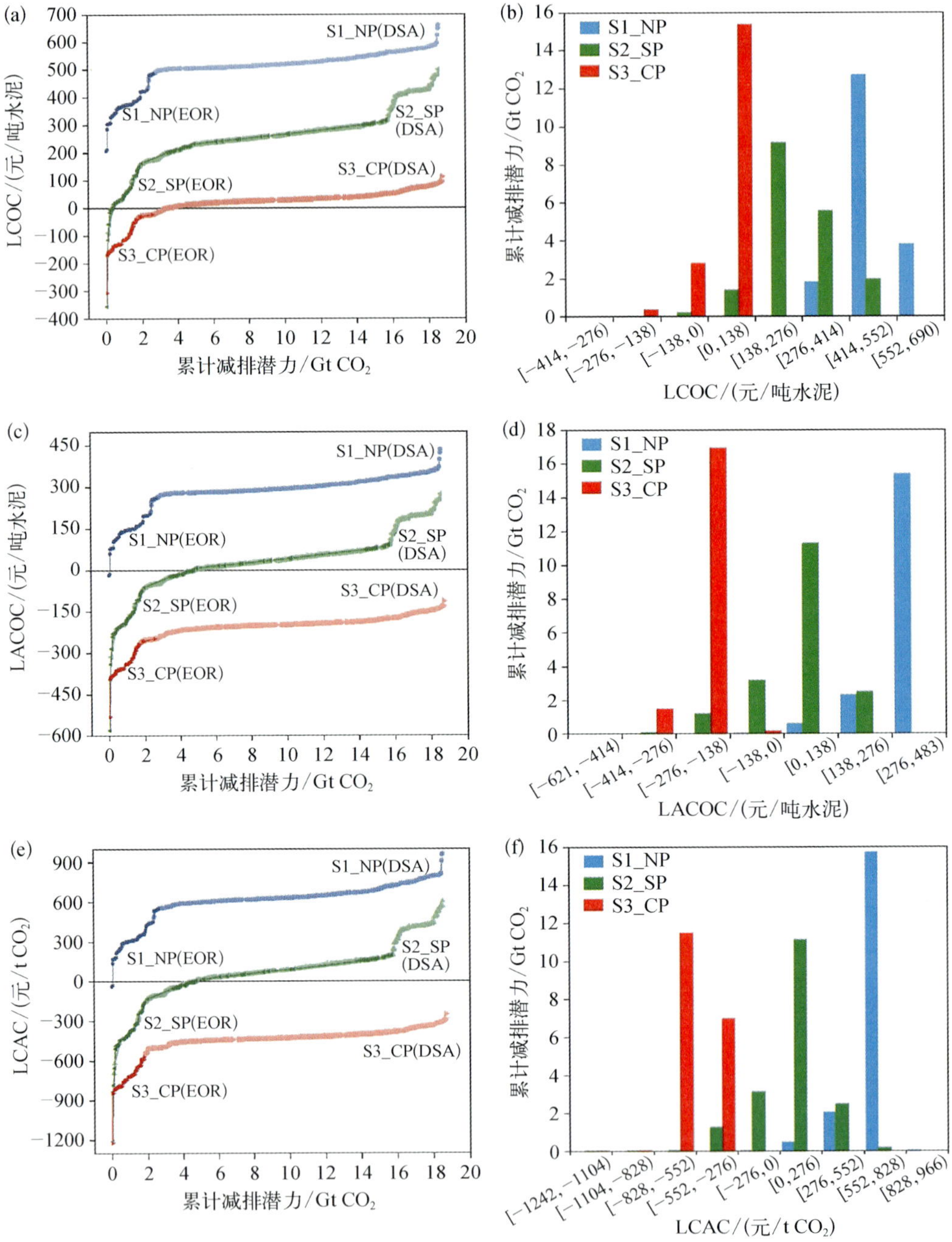

图 6-2 不同情景下水泥厂进行 CCUS 改造后的 LCOC[(a)和(b)]、LACOC[(c)和(d)]和 LCAC[(e)和(f)]与累计减排潜力的关系

LACOC 的计算结果表明，额外成本或收入的变动范围为－14～435 元/吨水泥。其中，有 486 个水泥厂的额外成本或收入主要集中在 414～483 元/吨水泥的范围内，这些水泥厂从 2030 年到 2060 年的累计 CO_2 减排量为 154 亿吨[图 6－2(d)]，占总减排量的 83%。同时，根据 S1_NP 情景下的 LCAC 评估，CCUS 改造的碳避免成本范围为－35～966 元/t CO_2。其中，有 497 个水泥厂的 CCUS 改造碳避免成本主要集中在 552～828 元/t CO_2 的范围内，这些水泥厂从 2030 年到 2060 年的累计 CO_2 减排量也为 154 亿吨[图 6－2(f)]。

2. *政策激励可大幅降低水泥行业 CCUS 相关 LCOC，降幅为 19%～270%*

在引入多元化补贴政策之后，预期将有更多水泥厂积极寻找合适且具备足够封存潜力的 DSA 封存点。即使到这些封存点的距离较远，补贴政策的实施仍能显著降低 LCOC，同时实现同等的 CO_2 减排目标。在 S2_SP 情景下，总体的 LCOC 范围为－352～504 元/吨水泥，相较于 S1_NP 情景的降幅为 19%～270%，有 82% 的水泥厂的 LCOC 集中在 138～414 元/吨水泥的范围内。其中，EOR 主导型工厂的 LCOC 范围为－352～317 元/吨水泥，DSA 主导型工厂的 LCOC 范围为－89～504 元/吨水泥。随着对 DSA 封存 CO_2 补贴力度的加强，EOR 主导型工厂和 DSA 主导型工厂之间的 LCOC 差距将会随着 CO_2 封存潜力的增加而逐渐缩小，并最终趋于消失。在 S3_CP 情景下，成本分布与 S1_NP 情景下相似，但由于引入了碳交易市场机制，总体的 LCOC 范围缩减至－303～117 元/吨水泥，有 83%的水泥厂的 LCOC 集中在 0～138 元/吨水泥的范围内。在 S2_SP 情景和 S3_CP 情景下，LCOC 低于 552 元/吨水泥的水泥厂 CCUS 改造项目贡献了 CO_2 封存总量的绝大部分(接近 100%)。以上分析表明，补贴政策，特别是碳市场政策，有助于降低 CCUS 成本，展现出显著的减排成效。

与引入碳交易市场机制相似，引入美国 45Q 税收减免政策同样能够显著降低 LACOC 和 LCAC。与 S1_NP 情景相比，S2_SP 情景和 S3_CP 情景下的平均 LACOC 分别减少了 248 元/吨水泥和 490 元/吨水泥，而 S2_SP 情景和 S3_CP 情景下的平均 LCAC 分别减少了 538 元/吨水泥和 1 055 元/t CO_2。此外，在三种政策激励情景下，LACOC 和 LCAC 均小于 0 的水泥厂数量分别为 2 个、165 个和 603 个，这些水泥厂从 2030 年到 2060 年的累计 CO_2 减排量分别为 1 亿吨、46 亿吨和 185 亿吨。对于具备 CCUS 改造条件的水泥厂，其 LACOC 范围和 LCAC 范围分别为 0～276 元/吨水泥和－828～138 元/t CO_2。这些结果表明，当相关政策补贴达到或超过特定阈值时，将会产生极为显著的激励效果。

3. 水泥行业 CCUS 减排成本呈现出“北低南高”的空间格局

图 6－3 展示了 S1_NP 情景下不同省级行政区水泥厂进行 CCUS 改造后的 LCAC 结果。其中，图 6－3(a)展示了陆地累计 CO_2 封存量和 LCAC 之间的关系，图 6－3(b)则展示了离岸累计 CO_2 封存量和 LCAC 之间的关系。总体来看，西北地区水泥厂进行 CCUS 改造后的 LCAC 在 0～455 元/t CO_2 内，而这一数据在西南地区急剧上升至 648～773 元/t CO_2，呈现出明显的“北低南高”的空间格局。

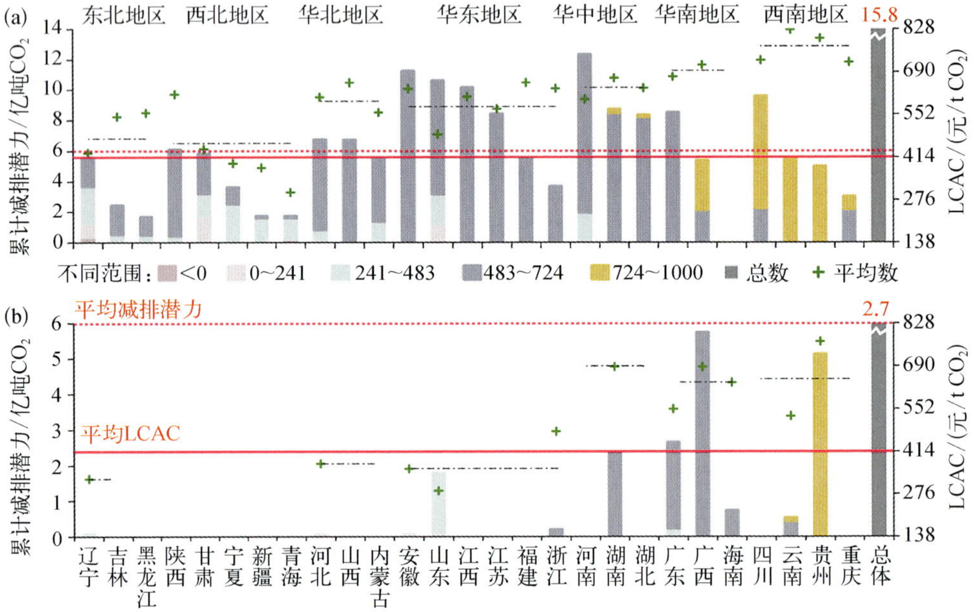

图 6－3　S1_NP 情景下不同省级行政区水泥行业 CCUS 减排成本的空间异质性

[(a)中的虚线代表不同地区的平均 LCAC]

进一步聚焦于我国北方的东北地区和西北地区，这些地区展现出较高的效益。宁夏、新疆和青海等地的平均 CO_2 封存量仅为 2 300 万吨，但它们的平均 LCAC 却低于全国中位数。这些地区拥有丰富的煤炭和石油资源，大幅降低了燃料成本，使得 EOR 等 CO_2 利用技术降低 CCUS 项目的成本成为可能。

在华东地区、华北地区和华中地区，水泥厂进行 CCUS 改造后的平均 LCAC 分别为 579 元/t CO_2、593 元/t CO_2 和 635 元/t CO_2，处于全国中等水平。由于咸水层在可开采油田之外能够提供更大的封存潜力，上述三个地区的省级平均 CO_2 封存量将分别增加至 50 亿吨、19 亿吨和 29 亿吨。特别地，山东、浙江和湖南等地的近海封存潜力尤为显著，它们的沿海水泥厂可以与渤海湾盆地、东海盆地、北部湾盆地和珠江口盆地的咸水层或油田封存点进行有效连接。其中，山东省的平均 LCAC 为 290 元/t CO_2，低于全国平均水平；其他省级行政区的平均 LCAC 相对较高，在 428～710 元/t CO_2 内不等，这些省级行政区可以积极利用多样化的胶凝辅料，如黄土高原（位于西北地区和华中地区）上丰富的黏土、砂岩、铁矿石和煤矸石，以及华东地区的矿渣资源等，来降低与工艺相关的碳排放。

相较于其他地区，西南地区和华南地区水泥厂进行 CCUS 改造后的 LCAC 偏高，分别为 697 元/t CO_2 和 773 元/t CO_2。这是由于四川盆地的封存潜力受 CO_2 注入速率的影响，使得这两个地区的平均 CO_2 封存量分别被限制在 5.8 亿吨和 6.9 亿吨。然而，通过引入海上 CO_2 封存技术，这两个地区的封存潜力可以显著提高，预计平均 CO_2 封存量能够分别提升至 7.5 亿吨和 9.9 亿吨。例如，广东、广西和贵州三省接近 90%的水泥厂可与北部湾盆地、琼东南盆地和珠江口盆地的海上封存点实现有效连接。尽管这 3 个省级行政区的 LCAC 分别为 552 元/t CO_2、683 元/t CO_2 和 766 元/t CO_2，但是得益于海上 CO_2 运输和封存，当地众多大型水泥厂均可实现显著的碳减排效果，这 3 个省级行政区的预估碳减排潜力分别为 2.7 亿吨、5.7 亿吨和 5.1 亿吨。

4. 碳市场政策激励了沿海地区的现役水泥厂，为它们提供了大规模进行 CCUS 改造的减排机会

图 6－4 展示了政策激励情景下不同省级行政区水泥行业 CCUS 减排成本的空间异质性。其中，图 6－4(a)显示了 S2_SP 情景下各省级行政区水泥行业 CCUS 陆地和离岸累计 CO_2 封存量与平均 LCAC 的关系。由图 6－4(a)可见，在引入美国 45Q 税收减免政策后，各省级行政区水泥行业 CCUS 陆上封存的平均 LCAC 降低至 －379～－235 元/t CO_2 的范围内，海上封存的平均 LCAC 降低至－317～－138 元/t CO_2 的范围内。相较于 S1_NP 情景，S2_SP 情景下山东、河南、安徽、四川和湖南等地的水泥厂展现出显著的成本竞争优势。这些省级行政区得益于靠近渤海湾盆地、南襄盆地、四川盆地和华北南部盆地，为碳减排提供了良好的条件。预计 2030—2060 年，这些省级行政区的累计 CO_2 减排量可达 10.1 亿～12.4 亿吨。而广西、贵州和安徽三省可从海上 CCUS 技术部署中获得收益，这些省级行政区的累计海上 CO_2 封存量为 6.9 亿～11.1 亿吨，对应的平均 LCAC 范围为－138～317 元/t CO_2。

图 6－4(b)展示了 S3_CP 情景下各省级行政区水泥行业 CCUS 陆地和离岸累计 CO_2 封存量与平均 LCAC 的关系。随着碳市场政策的出台与落地，绝大多数候选水泥厂能以相对较低的经济成本实施 CCUS 改造项目。各省级行政区水泥行业

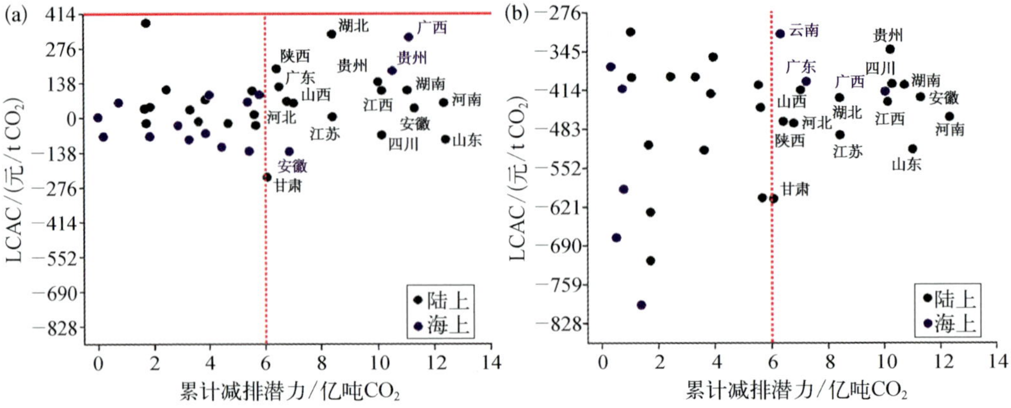

图 6-4　政策激励情景下不同省级行政区水泥行业 CCUS 减排成本的空间异质性

陆上封存的平均 LCAC 降低到－717～－310 元/t CO_2 的范围内，海上封存的平均 LCAC 则降低到－793～－317 元/t CO_2 的范围内，这表明碳市场政策对水泥行业 CCUS 减排成本产生较大影响。在陆上封存方面，山东、河南和安徽三省的水泥厂在 CCUS 早期示范项目中展现出显著的成本优势，分别为－519 元/t CO_2、－462 元/t CO_2 和－426 元/t CO_2；同时，这些省级行政区的累计 CO_2 减排量也较高，分别达到 11 亿吨、12.3 亿吨和 11.3 亿吨。而在海上封存方面，广西(－421 元/t CO_2，10 亿吨)、广东(－400 元/t CO_2，7.2 亿吨)和云南(－317 元/t CO_2，6.3 亿吨)三省的水泥厂与附近的北部湾盆地匹配，展现出良好的减排潜力，累计碳减排潜力达到 6 亿吨，为沿海地区水泥行业的碳排放削减提供了切实可行的 CCUS 解决方案。

6.3　中国水泥行业 CCUS 投资决策

在推进中国水泥行业部署 CCUS 技术的过程中，所面临的不确定性因素通常包括技术成熟度、市场需求和政策法规变化等，这些因素将直接影响 CCUS 投资决策。本节从我国未来碳价变化不确定性的角度出发，基于三叉树机制构建了一个实物期权模型(附录 D－3)，进一步探讨了不同补贴政策下 CCUS 项目在中国水泥行业中的投资价值和临界条件。本节共设置了 5 种情景(表 6－4)——基准情景(S1 情景)和四类政策补贴情景(S2～S5 等 4 种情景)，基准情景聚焦于碳市场收益，其余 4 种情景则均基于基准情景而制定。

表 6-4　水泥行业 CCUS 投资决策的情景描述

情　景	政　策　补　贴
S1	碳市场收益
S2	碳市场收益＋低碳水泥产品补贴
S3	碳市场收益＋低碳水泥产品补贴＋基础设施补贴
S4	碳市场收益＋美国 45Q 补贴
S5	碳市场收益＋扩大的美国 45Q 补贴

1. 水泥行业 CCUS 的厂级投资门槛较高，临界碳价主要集中在 600～800 元/t

受工厂特征、地理条件、采收率、运输距离、陆上/海上封存潜力及行业竞争情况等多种因素的共同影响，水泥厂进行 CCUS 改造的临界碳价范围为 55～950 元/t（图 6-5）。图 6-5(a)为不同封存类型下临界碳价与水泥行业 CCUS 减排潜力的关系曲线，图 6-5(b)表示不同封存类型下临界碳价占水泥行业 CCUS 减排潜力的百分比。总体而言，随着碳价的提高，能够立即投资的 CCUS 项目数量逐渐增加。具体来看，考虑到水泥厂改造后的实际剩余寿命，当累计 CO_2 封存量从 0.1 亿吨逐渐增加到 127.8 亿吨时，临界碳价维持在 55～950 元/t，约有 57%的水泥厂的临界碳价为 600～800 元/t。此外，临界碳价会随不同储存类型而变化。当水泥厂依次与陆上油田、海上油田、陆上咸水层和海上咸水层匹配时，临界碳价范围分别为 55～267 元/t、55～368 元/t、557～907 元/t 和 602～950 元/t。

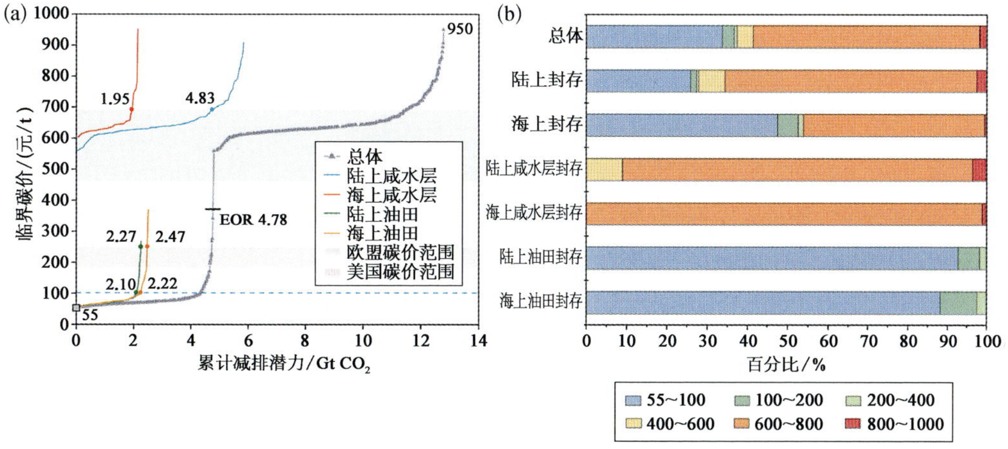

图 6-5　水泥厂进行 CCUS 改造的临界碳价

随着碳市场的不断发展，碳价呈现出显著的上涨潜力，为企业创造了更大的盈利空间。当临界碳价达到 100 元/t（我国历史碳价高值）时，有 140 个水泥厂（占比为 23%）可以通过陆上油田立即投资 CCUS 项目，而有 121 个水泥厂（占比为 20%）可以通过海上油田立即投资 CCUS 项目，这些投资预计将分别实现 21 亿吨 CO_2 和 22.2 亿吨 CO_2 的减排量。与目前的碳价（我国 2022 年的碳价平均值约为 58 元/t）相比，临界碳价上升将会分别增加 133 个和 118 个水泥厂进行 CCUS 改造，从而实现 20.1 亿吨 CO_2 和 21.8 亿吨 CO_2 的减排量。此外，当临界碳价超过 557 元/t 时，与陆上 DSA 相匹配的水泥厂才能立即投资 CCUS 项目；当临界碳价超过 602 元/t 时，与海上咸水层相匹配的水泥厂才能立即投资 CCUS 项目。这说明油田封存方式能够带来较大的 EOR 收益，可以有效降低实施 CCUS 项目所需的关键碳价阈值。

2. 水泥行业 CCUS 临界碳价受多因素影响且具有空间异质性，从东北地区至西南地区显著增加

表 6-5 展示了水泥厂 CCUS 改造项目临界碳价的空间分布情况。地区平均临界碳价从东北地区的 104 元/t 显著上升至西南地区的 583 元/t，表现出“北低南高、东低西高”的分布趋势。

表 6-5　水泥厂 CCUS 改造项目的临界碳价

地　区	地区平均临界碳价/(元/t)	省级行政区	省级行政区平均临界碳价/(元/t)	最低临界碳价/(元/t)	最高临界碳价/(元/t)	临界碳价标准差/(元/t)
东北	104	吉林	73	59	112	14
		黑龙江	101	57	159	39
		辽宁	117	59	743	161
华北	234	河北	134	62	700	151
		山西	224	60	823	234
		内蒙古	349	57	790	283
华东	395	山东	91	55	653	114
		福建	507	56	860	266

续　表

地　区	地区平均临界碳价/(元/t)	省级行政区	省级行政区平均临界碳价/(元/t)	最低临界碳价/(元/t)	最高临界碳价/(元/t)	临界碳价标准差/(元/t)
华东	395	江苏	503	63	697	204
		安徽	566	60	742	193
		浙江	584	55	753	191
		江西	631	55	878	178
西北	444	新疆	285	61	856	286
		宁夏	483	67	682	237
		甘肃	517	59	849	288
		陕西	597	58	894	230
		青海	650	67	858	225
华南	463	海南	255	63	629	264
		广东	369	56	741	288
		广西	573	56	950	214
华中	564	河南	468	55	710	256
		湖南	607	55	907	274
		湖北	676	72	854	122
西南	583	四川	516	67	782	287
		重庆	651	610	683	26

东北地区作为成本效益最为突出的地区，其 96%的水泥厂的临界碳价集中在 56～160 元/t 的范围内。华北地区的经济表现良好，其平均临界碳价为 234 元/t，这主要得益于该地区毗邻鄂尔多斯盆地和渤海湾盆地，使得 38%的水泥厂能够与海上油田实现良好匹配，尽管目前海上运输和封存成本较高，但通过 EOR 显著降低了总成本，并为 CCUS 改造项目创造了有利条件。华东地区、西北地区和华南地区的临界碳价居于全国中等水平，分别为 395 元/t、444 元/t 和 463 元/t。沿海地

区表现出巨大的海上封存潜力，尤其是海南、广东、福建、广西和浙江等地，分别与东海盆地、珠江口盆地、北部湾盆地和琼东南盆地的 DSA 和 EOR 封存地连接，临界碳价分别为 255 元/t、369 元/t、507 元/t、573 元/t 和 584 元/t。相较于其他地区，华中地区和西南地区的地质封存资源有限，尤其是在没有任何补贴政策的情况下，这两个地区水泥厂进行 CCUS 改造的临界碳价较高，分别为 564 元/t 和 583 元/t。

3. 补贴政策显著提高水泥厂开展 CCUS 投资的意愿，当前碳价为 55 元/t 时立即投资 CCUS 项目的水泥厂的全国覆盖率将增长 13%～47%

图 6－6 展示了不同情景下水泥厂开展 CCUS 投资的临界碳价和累计减排潜力之间的关系。具体而言，能够从油田相关封存中获得收益的水泥厂具有较低的临界碳价(55～368 元/t)，而依赖咸水层相关封存的水泥厂的临界碳价较高(58～950 元/t)。随着减排量的逐渐增加，EOR 收益的缩减导致临界碳价曲线呈现上升趋势[图 6－6(a)]。当政策转向对低碳水泥产品和基础设施进行补贴时，临界碳价的波动范围趋于收窄。在 S2 和 S3 这 2 种情景下，临界碳价的最大值分别降至 854 元/t 和 664 元/t。同时，在这 2 种情景下，当临界碳价处于 400～600 元/t 的范围内时，能够分别实现 54%和 41%的减排量。这一结果表明，将碳交易市场机制与补贴政策相结合，可以更加有效地推动 CCUS 技术的部署。

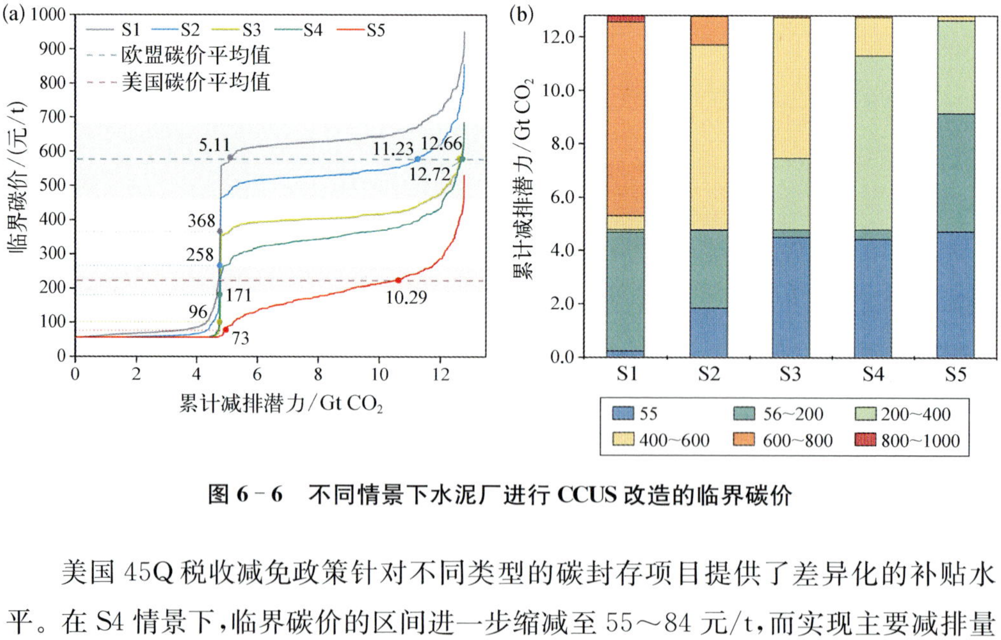

图 6－6 不同情景下水泥厂进行 CCUS 改造的临界碳价

美国 45Q 税收减免政策针对不同类型的碳封存项目提供了差异化的补贴水平。在 S4 情景下，临界碳价的区间进一步缩减至 55～84 元/t，而实现主要减排量

(51%)的临界碳价落在 200～400 元/t 内，其平均值为 223 元/t，这一水平低于欧盟 2022 年的平均碳价。此外，在 S5 情景下，临界碳价的区间缩减至 55～529 元/t，实现主要减排量(72%)的临界碳价则降低到 55～200 元/t，其平均值为 135 元/t，这一水平同样低于欧盟 2022 年的平均碳价。在考虑到当前碳价为 55 元/t 的背景下，有 10 个水泥厂(占比为 2%)具备立即进行 CCUS 改造的条件。研究显示，在 S2 情景、S3 情景、S4 情景和 S5 情景下，分别有 93 个(占比为 15%)、270 个(占比为 45%)、267 个(占比为 44%)和 293 个(占比为 49%)水泥厂符合 CCUS 项目立即改造条件，立即投资 CCUS 项目的水泥厂的全国覆盖率增长 13%～47%。据预测，2030—2060 年，这些水泥厂将分别实现 15.1 亿吨 CO_2、44.4 亿吨 CO_2、43.9 亿吨 CO_2 和 47.1 亿吨 CO_2 的累计减排量。

4. 美国 45Q 税收减免政策对水泥行业 CCUS 临界碳价的影响显著，平均降低 65%

图 6-7 展示了在 S2～S5 这 4 种情景下，针对油田和咸水层这两种封存类型，水泥厂进行 CCUS 改造的临界碳价。结果显示，临界碳价对不同封存类型的激励效果存在差异。从油田封存的角度来看[图 6-7(a)]，当临界碳价上升到 56～63 元/t 时，S5 情景的激励效果最为显著，其次是 S3 情景和 S4 情景，上述情景下的最大 CO_2 减排量从 24.6 亿吨、23.4 亿吨和 27.1 亿吨分别显著增加至 44.7 亿吨、41.7 亿吨和 42.5 亿吨，而 S2 情景的激励效果相对较弱，S2 情景下的最大 CO_2 减排量仅从 8 亿吨增加至 27.1 亿吨。

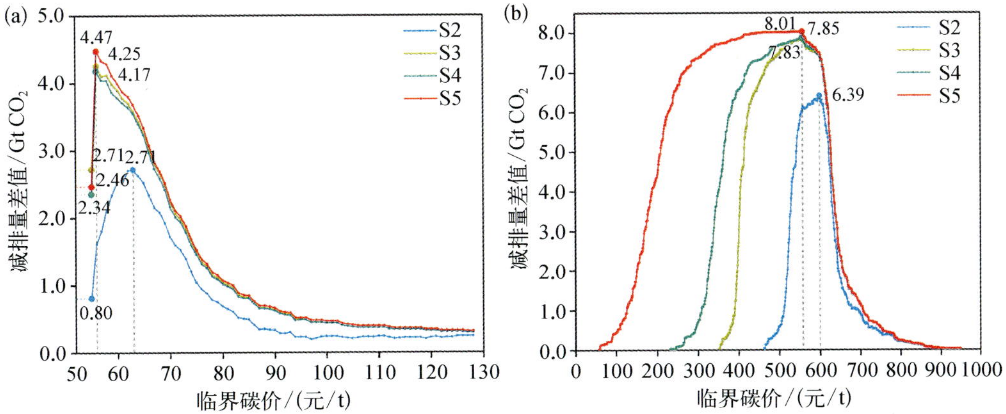

图 6-7　不同政策激励对油田和咸水层封存下水泥厂进行 CCUS 改造的临界碳价的影响

从咸水层封存的角度来看[图 6-7(b)]，美国 45Q 税收减免政策对水泥行业

CCUS 临界碳价的影响仍然最为显著。当临界碳价上升到 100～200 元/t 时，S5 情景的激励效果明显增强；当临界碳价进一步上升到 200～400 元/t 时，S3 情景和 S4 情景的激励效果变得尤为显著。在相同的临界碳价（557 元/t）下，上述情景的最大 CO_2 减排量分别为 80.1 亿吨、78.3 亿吨和 78.5 亿吨。当临界碳价达到 500 元/t 左右时，S2 情景的激励效果开始显现，最大 CO_2 减排量达到 63.9 亿吨，相应的临界碳价为 600 元/t。随后，随着临界碳价的持续攀升，所有情景的激励效果均逐渐减弱，并在临界碳价达到 950 元/t 左右时趋于消失。

第 7 章

中国现代煤化工行业 CCUS 减排潜力及投资效益评价

近几十年来,我国快速发展的现代煤化工行业在维护国家能源安全和推动经济持续增长方面发挥了重要作用。但与此同时,这一行业的发展也伴随着大量的碳排放。如何降低现代煤化工行业生产过程中的碳排放,已成为国家关注的重要议题之一。目前,减少煤化工行业碳排放的主要方式包括技术进步、天然气替代煤基燃料、CCUS 技术,以及 CO_2 耦合可再生电力制氢等(Shen et al. ,2020)。其中,CCUS 技术因其在工业过程中的显著减排效果和相对较低的经济成本,在大规模快速减排方面形成优势。现代煤化工行业的主要工艺路线为“煤气化”(如煤制烯烃)或“煤液化”(如煤制油),这正是其碳排放的主要来源(Zhang et al. ,2019)。煤经过气化或液化之后会产生高浓度的 CO_2,这些 CO_2 可在经过简单改造后的低温甲醇洗(一种工业分离过程)装置时被集中捕集。因此,本章将重点研究中国现代煤化工行业 CCUS 减排潜力和投资效益。具体包括:阐述中国现代煤化工行业碳排放特征,以及 CCUS 减排潜力和成本效益;以煤制油(CTL)为例,核算其 CCUS 投资改造的全生命周期碳足迹和成本效益;以煤制烯烃(CTO)为例,分析其 CCUS 投资效益和投资机会。

7.1 中国现代煤化工行业 CCUS 减排潜力和成本效益

我国现代煤化工行业拥有大量的已投产、在建和拟建项目,为了探讨未来现代煤化工行业如何进行大规模部署 CCUS 技术,本节设置了三种减排情景,以研究不同情景下现代煤化工行业 CCUS 减排潜力和成本效益。其中,高减排情景下主要研究不同运输距离对减排潜力和成本效益的影响;将温和减排静态情景与高减排情景做对比,以研究未来碳排放量差异对减排潜力和成本效益的影响;将温和减排动态情景与温和减排静态情景做对比,以研究不同部署模式对减排潜力和成本效益的影响。

(1) 高减排情景:假设所有在建和拟建的现代煤化工厂均能在 2030 年前实现全部投产,并在 2030 年进行 CCUS 改造,应用成本最优源汇匹配静态规划模型研究不同运输距离下的减排潜力和成本效益。该情景可分为高减排-短距离(250 km)情景、高减排-中距离(500 km)情景、高减排-长距离(800 km)情景。

(2) 温和减排静态情景:假设所有在建和拟建的现代煤化工厂均能在 2030 年前实现全部投产。参考 IEA《中国能源体系碳中和路线图》,获取到化工行业关键年份的捕集减排量(表 7－1),通过多项式拟合得出现代煤化工行业 CCUS 在 2030—2060 年需实现 37.8 亿吨 CO_2 的总减排量。再假设 251 个现代煤化工厂统一于 2030 年进行 CCUS 改造,利用成本最优源汇匹配静态规划模型寻找匹配距离不超过 250 km 的咸水层和油田封存地。同时假设一旦碳源与碳汇匹配成功,CCUS 项目就可以持续运行到 2060 年,并且每年的碳封存量保持不变。

表 7－1　化工行业 CCUS 技术部署阶段目标

年　份	捕集减排量/(Mt CO_2/a)
2030	3
2040	60
2050	170
2060	200

(3) 温和减排动态情景:该情景与温和减排静态情景类似,主要区别在于该情景以 10 年为期分阶段实施,分别在 2030 年($T1$)、2040 年($T2$)和 2050 年($T3$)进行部署,最终累计实现目标减排量①。

① 第一阶段(2030—2039 年的累计减排量)为第一次源汇匹配的减排量,是满足总目标 $T=T1$ 的成本最小化布局方案;第二阶段(2040—2049 年的累计减排量)是在第一阶段成功的基础上,满足目标 $T=T2-T1'$ 的成本最小化布局方案;第三阶段(2050—2060 年的累计减排量)是在前两个阶段成功的基础上,满足目标 $T=T3-T2'-T1'$ 的成本最小化布局方案。

由于煤化工产品的种类繁多且各产品的产能差异显著(0.15～150 Mt/a)，在 CO_2 捕集过程中，不同产品在酸性气体脱除环节所需的装置改造成本和能源使用成本存在较大差异。为了简化计算，本章采用已有文献中的平均捕集、运输和封存成本(蔡博峰等，2020)。这些成本随着时间推移而逐渐下降，具体参数见表 7-2。不同煤化工产品的 CO_2 排放因子见表 7-3，对应的碳排放计算方法见附录 E-1。

表 7-2　现代煤化工行业 CCUS 基础参数及其来源

<table>
<tr><th colspan="2">参　数</th><th>数值</th><th>备　注</th><th>数 据 来 源</th></tr>
<tr><td colspan="2">捕集成本/(元/t)</td><td>180</td><td></td><td rowspan="7">IEA(2020)；蔡博峰等(2020)；周蒂和张云帆(2014)</td></tr>
<tr><td rowspan="2">运输成本/[元/(t·km)]</td><td>陆上管道</td><td>0.8</td><td rowspan="2">海上管道建设成本是陆上的 1.55 倍</td></tr>
<tr><td>海上管道</td><td>1.24</td></tr>
<tr><td rowspan="4">封存成本/(元/t)</td><td>陆上咸水层</td><td>60</td><td rowspan="4">海上单井建设成本是陆上的 3 倍</td></tr>
<tr><td>陆上油田</td><td>50</td></tr>
<tr><td>海上咸水层</td><td>180</td></tr>
<tr><td>海上油田</td><td>150</td></tr>
<tr><td colspan="2">驱替比</td><td>4∶1</td><td></td><td>胜利油田 CCUS 项目</td></tr>
<tr><td colspan="2">原油价格/(元/t)</td><td>2 959</td><td></td><td>2017—2021 年布伦特原油平均价格</td></tr>
<tr><td colspan="2">原油税率</td><td>40%</td><td></td><td>Wei 等(2021)</td></tr>
</table>

表 7-3　现代煤化工行业不同产品的 CO_2 排放因子

煤 转 化 产 品	工艺碳排放因子/(t CO_2/t)	常规碳排放因子/(t CO_2/t)
煤制天然气(标准状况)	2.7	2.1
煤制甲醛	2.06	1.79
煤制二甲醚	2.8	2.2
煤直接液化	3.33	2.23

续 表

煤转化产品	工艺碳排放因子/(t CO_2/t)	常规碳排放因子/(t CO_2/t)
煤间接液化	5.1	1.76
煤制烯烃	6.41	4.11
煤制乙二醇	3.5	2.1
甲醇制烯烃	4.35	2.3
低阶煤热解	2.8	2.2
煤制芳烃	1.5	1

1. 现代煤化工行业在2030年后的碳排放量或达数十亿吨 CO_2/年

截至2021年，我国现代煤化工领域共有251个项目，其中已投产项目有71个，在建项目有72个，拟建项目有108个。图7-1展示了2030年后各省级行政区煤化工产品的产能和工艺碳排放量分布情况（包含在建和拟建项目）。在各类煤转化产品中，煤制烯烃和煤制乙二醇的地理分布最广，均覆盖了19个省级行政区，尤其是沿海地区，如江苏。内蒙古和陕西是现代煤化工生产的主要省级行政区，几乎涵盖了所有类型的煤化工产品，而湖南、湖北和四川等地没有现代煤化工厂。假

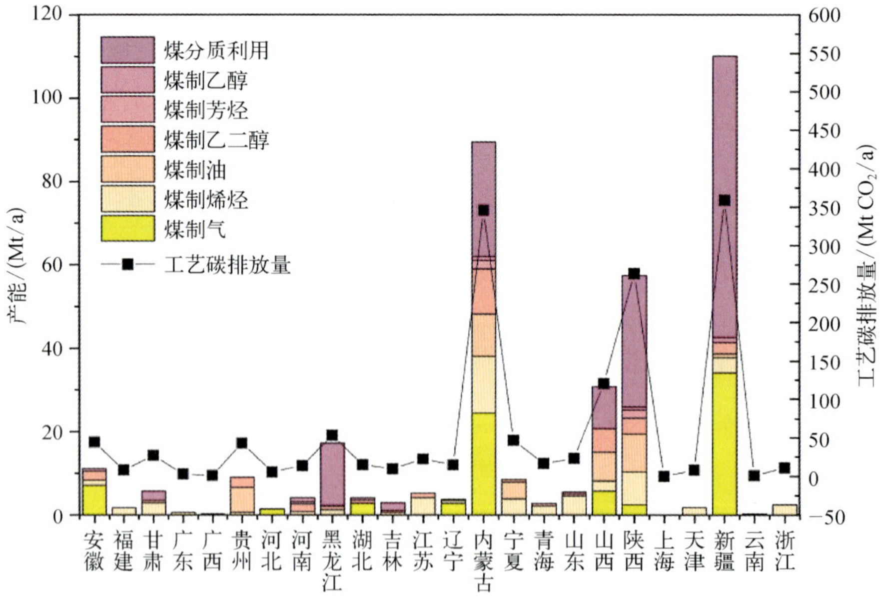

图7-1 2030年后各省级行政区煤化工产品的产能和工艺碳排放量

设到 2030 年，所有项目都能如期投产，那么新疆将成为产能最高且工艺碳排放量大（359 Mt CO_2/a）的省级行政区，其次是内蒙古、陕西和山西等地，这些省级行政区的工艺碳排放量均超过了 100 Mt CO_2/a。

图 7-2 展示了 2021 年现代煤化工行业不同产品的产能及相应的 CO_2 排放量。由图可见，已投产项目的总产能为 41.47 Mt/a，碳排放量为 267 Mt CO_2/a。计入在建和拟建项目后现代煤化工行业的总产能将达到 392 Mt/a，碳排放量将达到 2 419 Mt CO_2/a，其中工艺碳排放量为 1 453 Mt CO_2/a，常规碳排放量①为 966 Mt CO_2/a。

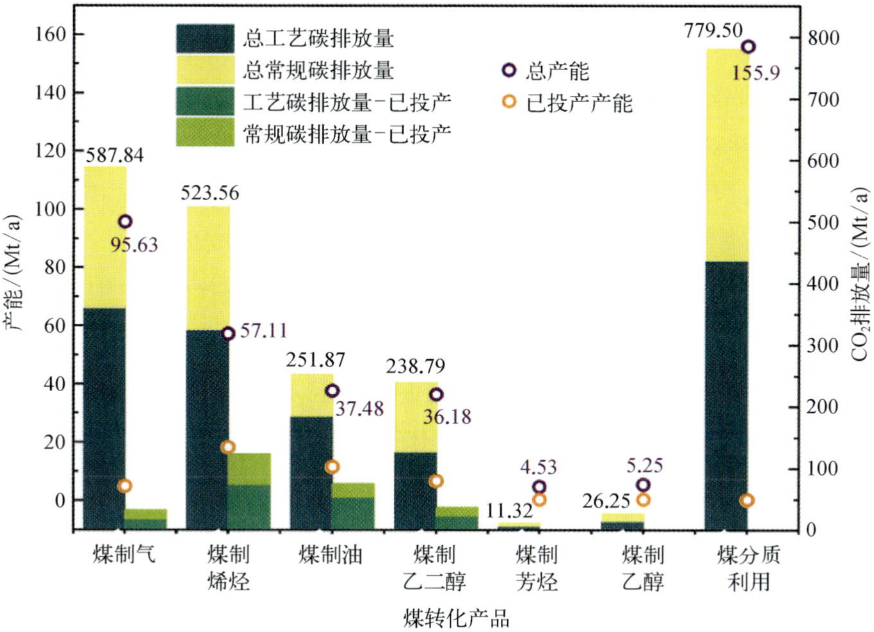

图 7-2　2021 年现代煤化工行业不同产品的产能和 CO_2 排放量

（总产能及排放包括在建和拟建项目）

2. 在高减排情景下，现代煤化工行业 CCUS 在 2030—2060 年的累计减排量可达 10～36 Gt CO_2

在高减排-短距离情景下，共有 75 个（30%）现代煤化工厂能在 250 km 以内匹配到合适的封存地，这些封存地主要位于华北地区、华东地区、西北地区及华中北部地区。其中，油田封存的匹配率为 13.2%，累计减排量超过 10 Gt CO_2，碳源和

① 常规碳排放量是指工业分离过程以外的锅炉等场所和环节的碳排放量。

碳汇之间多为省内匹配。在高减排-中距离情景下，可以匹配到封存地的现代煤化工厂数量达到 188 个（75%），油田封存的匹配率为 20.3%，累计减排量达到 30 Gt CO_2，碳源和碳汇之间多为跨省匹配。在高减排-长距离情景下，共有 241 个（96%）现代煤化工厂可以匹配到封存地，油田封存的匹配率为 21.1%，累计排量高达 36 Gt CO_2。此外，贵州省的碳源首次被匹配到封存地，东北地区的源汇匹配量有所增加，海上封存对西南地区的碳源有明显影响。但仍有 4%的现代煤化工厂无法匹配到合适的封存地，需要寻求碳捕集利用（CCU）、原料替代等其他减排方案进行减排。

3. 在温和减排情景下，新疆、东北、华东和陕甘宁等区域的现代煤化工行业 CCUS 总贡献量超 30 亿吨 CO_2

在温和减排静态情景下，共有 54 个（22%）现代煤化工厂可以匹配到合适的封存地，累计减排量约为 40 亿吨 CO_2，达到目标减排量。此时，油田封存的匹配率为 66%，即在目标减排量较小的情况下，现代煤化工厂更倾向于优先选择油田进行碳封存，即使这可能会带来更远的运输距离和更高的 EOR 成本。

在温和减排动态情景下（表 7-4），共有 75 个（30%）现代煤化工厂可以匹配到封存地，实现 41.8 亿吨 CO_2 的累计减排量，满足碳中和约束下煤化工行业的减排目标。其中，在 $T1$ 阶段共匹配 37 个现代煤化工厂，31 年内总封存量为 16.36 亿吨 CO_2；在 $T2$ 阶段共匹配 18 个现代煤化工厂，21 年内可封存 17.87 亿吨 CO_2；在 $T3$ 阶段共匹配 20 个现代煤化工厂，11 年内可封存 7.57 亿吨 CO_2。在源汇匹配的区域中，新疆东北部、陕甘宁地区、东北地区与内蒙古自治区交界地带、华东地区成为密集匹配区域，总贡献量超 30 亿吨 CO_2，可作为未来 CCUS 集群建设的重点参考区域。

表 7-4 温和减排动态情景下不同区域的煤化工行业 CCUS 封存潜力

区　域	总封存量/亿吨 CO_2
新疆	19.53
陕甘宁	2.72
东北	3.41
华东	9.03
其他	7.11

4. 由于未来 CCUS 成本下降，温和减排动态情景单位成本至少低于其他情景的一半

图 7－3 展示了温和减排情景下各现代煤化工厂的单位减排成本分布情况。在温和减排静态情景下，现代煤化工行业 CCUS 技术部署的总成本为 4 224 亿元，匹配点之间的直线距离超过 5 000 km，单位减排成本为 109 元/t CO_2。而在温和减排动态情景下，现代煤化工行业 CCUS 技术全局动态部署的总成本为 2 303 亿元，匹配点之间的直线距离超过 8 000 km，单位减排成本为 55 元/t CO_2。相比于温和减排静态情景，温和减排动态情景下的单位减排成本更低，这主要是由于大部分碳源能与油田匹配，从而获得较高的驱油收益。图 7－4 对比了温和减排动态情景和高减排情景下各现代煤化工厂的单位减排成本。可以看出，温和减排动态情景下的单位减排成本总体位于高减排情景下单位减排成本范围的前 23%，且前者的前 72% 位于后者前 16% 内。

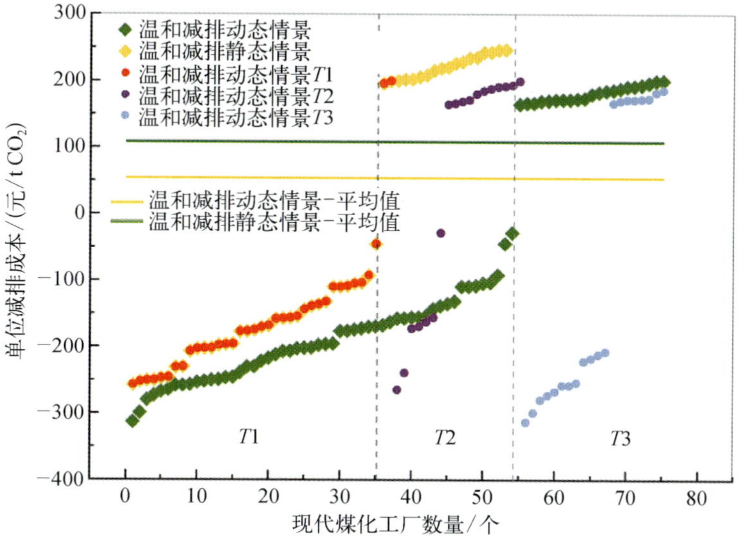

图 7－3　温和减排情景下各现代煤化工厂的单位减排成本

（绿色方块和黄色方块分别代表温和减排动态情景下和温和减排静态情景下的总体成本分布，相应的横线代表其平均成本，红色方块、紫色方块、蓝色方块分别代表温和减排动态情景下 $T1$、$T2$、$T3$ 三个阶段的成本分布）

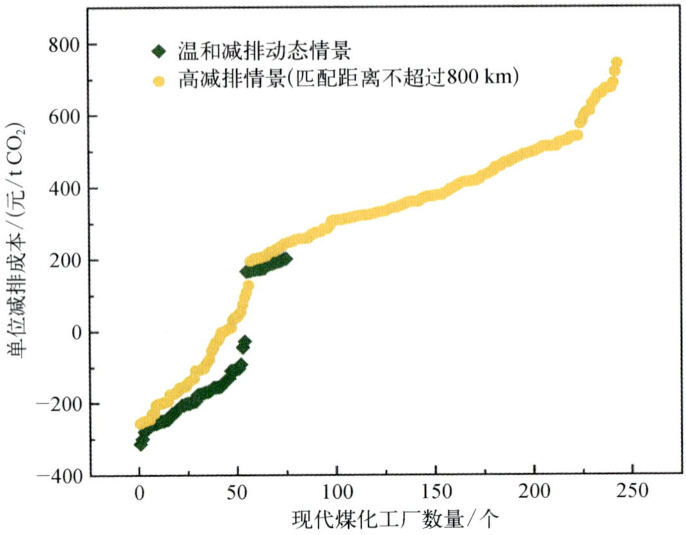

图 7-4 温和减排动态情景和高减排情景下各现代煤化工厂的单位减排成本

7.2 中国煤制油 CCUS 全生命周期碳足迹和成本效益①

发展煤制油是保障国家能源安全和实现煤炭清洁高效利用的战略性举措(国家能源局,2017)。本节以煤制油企业为研究对象,探讨了其在耦合 CCUS 技术前后的全生命周期成本和碳足迹变化。其中,煤制油 CCUS 全生命周期主要包括煤炭开采洗选、煤炭运输、直接或间接制油和 CCUS(封存方式为咸水层或油田)四个环节。本节设置了三种情景进行分析:(1) S1 情景,煤制油企业不进行 CCUS 改造;(2) S2 情景,煤制油企业进行 CCUS 改造,但仅捕集煤制油工艺分离过程(高浓度排放点)中的二氧化碳;(3) S3 情景,煤制油企业进行 CCUS 改造,捕集煤制油生产过程中排放的全部二氧化碳(包括了低浓度排放点)。图 7-5 和图 7-6 展示了煤制油 CCUS 改造的边界框架,表 7-5 列出了全生命周期碳足迹和成本效益

① 本节的主要内容已发表,详见:Xie J J, Li K, Fan J L, et al. Lifecycle carbon footprint and cost assessment for coal-to-liquid coupled with carbon capture, storage, and utilization technology in China [J]. Frontiers in Energy, 2023, 17(3): 412-427.

分析涉及的情景设置，表 7－6 至表 7－10 给出了主要参数，附录 E－2 解释了具体参数和相关计算方法。

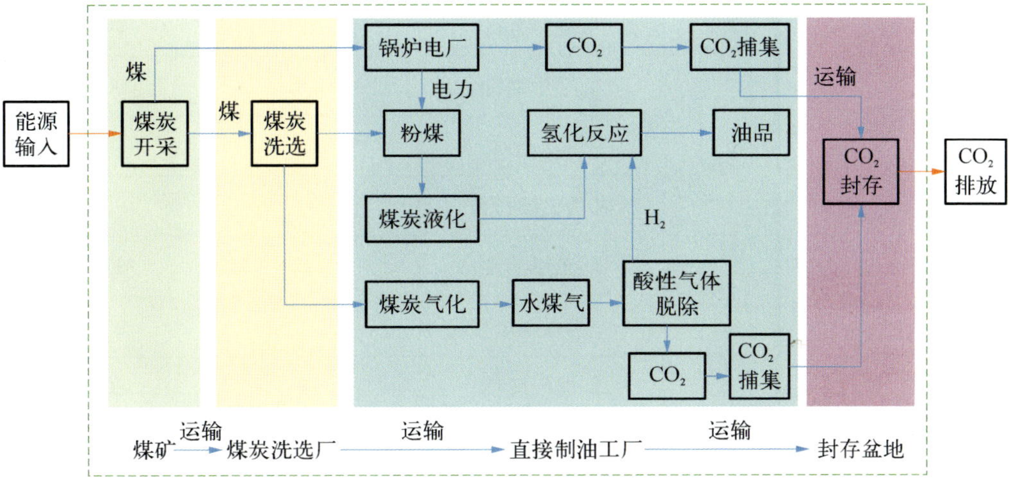

图 7－5　DCL 的研究边界

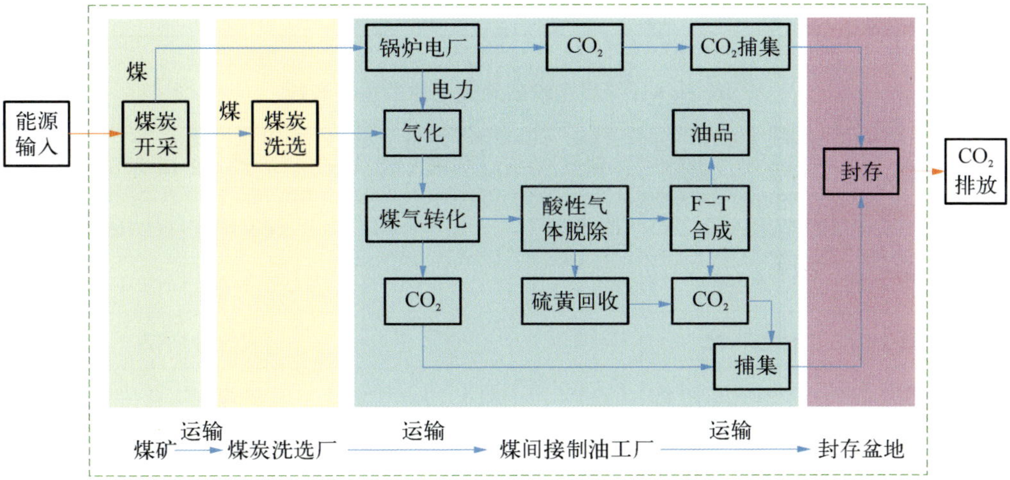

图 7－6　ICL 的研究边界

表 7－5　煤制油耦合 CCUS 各环节 CO_2 捕集

捕集情景	类型	捕集单元	CO_2 浓度/%	捕集率/%
基础（S1）	DCL	无	—	—
	ICL	无	—	—

续 表

捕集情景	类型	捕集单元	CO_2 浓度/%	捕集率/%
过程捕集(S2)	DCL	低温甲醇洗	87.6	90
	ICL	低温甲醇洗	>98	90
		F-T合成	90	90
		煤气化煤粉仓	99	90
全捕集(S3)	DCL	低温甲醇洗	87.6	90
		燃煤锅炉	15.1	90
	ICL	低温甲醇洗	>98	90
		煤气化煤粉仓	99	90
		F-T合成	90	90
		燃煤锅炉	9	90

表7-6　煤炭运输碳足迹评估的主要参数

参数	说　明	数值	单　位	数据来源
R_r	煤炭的铁路运输占比	60.2%		国家统计局(2019)
R_s	煤炭的水路运输占比	20.5%		国家统计局(2019)
R_h	煤炭的公路运输占比	19.3%		国家统计局(2019)
D_r	煤炭的铁路平均运输距离	678.5	km	中国煤炭工业协会(2019)
D_s	煤炭的水路平均运输距离	1 500.5	km	中国煤炭工业协会(2019)
D_h	煤炭的公路平均运输距离	182	km	中国煤炭工业协会(2019)
E_r	铁路运输的碳排放因子	101.78	kg CO_2/(10^4 t·km)	张优等(2021)
E_s	公路运输的碳排放因子	1 406.16	kg CO_2/(10^4 t·km)	许畅然(2020)
E_h	水路运输的碳排放因子	58.92	kg CO_2/(10^4 t·km)	甘爱平等(2014)

注：表中煤炭铁路运输和水路运输的排放因子是根据文献中计算的全国各省级行政区的排放因子取平均值所得到的，公路运输的排放因子是根据文献中大宗货物柴油车的能源消费量来计算的，其中柴油的密度取0.84 kg/L。

表 7-7　CCS 技术碳足迹评估的主要参数

参数	说　明	数值	单　位	数据来源
E_{cc1}^{ccs}	高浓度 CO_2 单位捕集能耗	133	kW·h/t	蔡博峰等(2020);付坤和齐绍洲(2014)
E_{cc2}^{ccs}	低浓度 CO_2 单位捕集能耗	165.36	kW·h/t	蔡博峰等(2020);付坤和齐绍洲(2014)
E_{ct}^{ccs}	CO_2 单位运输能耗	1.3	kW·h/(t·km)	Gao 等(2018)
E_{csE}^{ccs}	CO_2 油田封存能耗	15.6	kW·h/t	Yang 等(2020)
E_{cs}^{ccs}	CO_2 咸水层封存能耗	12	kW·h/t	Gao 等(2018)

表 7-8　煤炭的单位运输成本

参数	说　明	数值	单　位	数据来源
C_r	铁路单位运输成本	0.098	元/(t·km)	铁路运输基准运价
C_s	海路单位运输成本	0.021	元/(t·km)	海运煤炭价格指数
C_h	公路单位运输成本	0.29	元/(t·km)	公路货运指数

表 7-9　CTL 项目的成本参数

参　数	说　明	数　值	单　位	数据来源
$CAPEX_{DCL}$	DCL 单位初始投资成本	14 454.66	元/t	Xiang 等(2014)
CAP_{DCL}	DCL 规模	108	10^4 t/a	Xiang 等(2014)
OM_{DCL}	DCL 运维成本	3% CAP	元/t	Dahowski 等(2013)
$CAPEX_{ICL}$	ICL 单位初始投资成本	13 500	元/t	沈毅(2015)
CAP_{ICL}	ICL 规模	400	10^4 t/a	沈毅(2015)
OM_{ICL}	ICL 运维成本	3% CAP	元/t	沈毅(2015)
T	项目运营期	20	a	本节假设
n	项目负荷	90%		沈毅(2015)
r	折现率	0.08		叶超(2019)

表 7-10 CCS 相关成本参数

参数	说明	数值	单位	数据来源
C_w	高浓度排放源捕集成本（浓度高于 85%）	100	元/t	胡永乐和郝明强（2020）
C_s	硫回收捕集成本	150	元/t	蔡博峰等（2020）
C_b	锅炉捕集成本	345	元/t	蔡博峰等（2020）
C_T	运输成本	1.0	元/（t·km）	蔡博峰等（2020）
C_{DSF}	深部咸水层封存成本	60	元/t	蔡博峰等（2020）
C_{EOR}	油气田封存成本	75	元/t	蔡博峰等（2020）
P_{CO_2}	碳价	44.92	元/t	全国平均碳价
e	换油率	0.27	吨油/吨 CO_2	GCCSI（2021）
P_{OIL}	油价	3 090.71	元/t	WTI 期货均价

1. CCUS 改造能显著降低煤制油企业 30%～60%的碳足迹

煤制油有煤直接制油（DCL）和煤间接制油（ICL）两条生产路线。对 DCL 而言，在不进行 CCUS 改造时（在 S1 情景下），其全流程碳足迹为 5.9 吨 CO_2/吨油。其中，煤炭开采洗选、运输、制油各环节的碳足迹分别为 0.15 吨 CO_2/吨油、0.07 吨 CO_2/吨油、5.7 吨 CO_2/吨油。经过 CCUS 改造后，当运输距离在 0～250 km 内时，S2 情景下 DCL 全流程碳足迹降至 3.79～4.26 吨 CO_2/吨油，相较于 S1 情景降低了 28.2%～36.0%，其中 CCUS 产生的平均碳排放量为 0.52 t CO_2[图 7-7(a)]。在 S3 情景下，DCL 全流程碳足迹降至 2.55～3.41 吨 CO_2/吨油，相较于 S1 情景降低了 42.3%～57.0%，其中 CCUS 产生的平均碳排放量为 1.59 t CO_2[图 7-7(b)]。

对 ICL 而言，在 S1 情景下，其全流程碳足迹为 7.1 吨 CO_2/吨油，其中煤炭开采洗选、运输和制油各环节的碳足迹分别为 0.17 吨 CO_2/吨油、0.07 吨 CO_2/吨油、6.86 吨 CO_2/吨油。经过 CCUS 改造后，S2 情景下 ICL 全流程碳足迹降至 3.36～4.19 吨 CO_2/吨油，相较于 S1 情景降低了 41.1%～52.6%，其中 CCUS 产生的平均碳排放量为 0.92 t CO_2[图 7-8(a)]；S3 情景下 ICL 全流程碳足迹降至 2.5～3.6 吨 CO_2/吨油，相较于 S1 情景降低了 49.3%～65.2%，其中 CCUS 产生

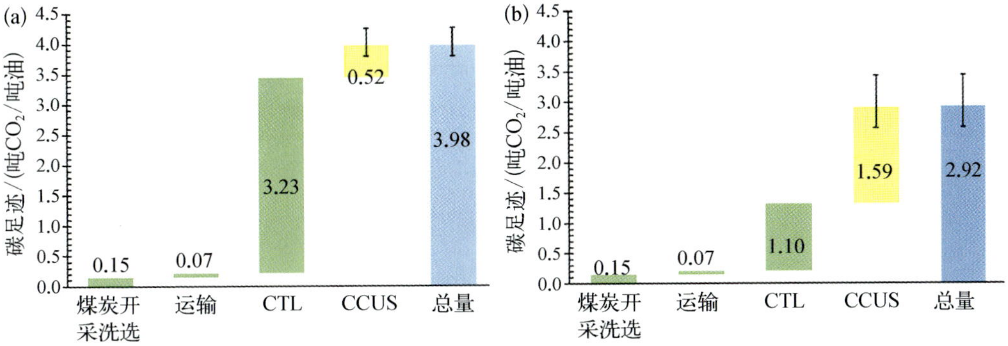

图 7-7　S2(a)和 S3(b)DCL 耦合 CCUS 的碳足迹

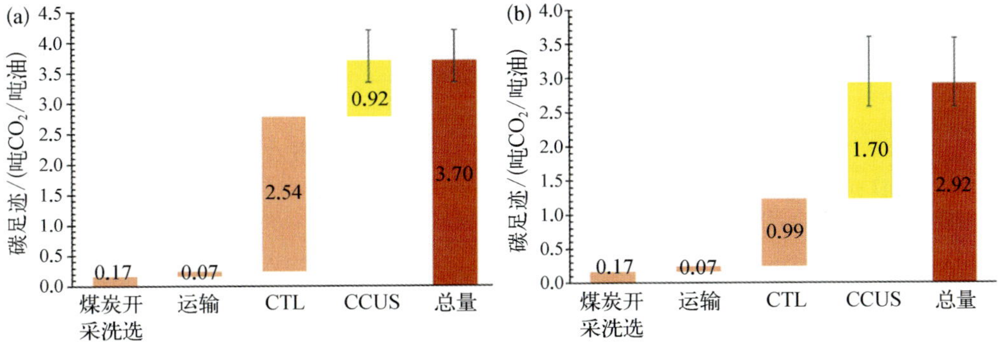

图 7-8　S2(a)和 S3(b)ICL 耦合 CCUS 的碳足迹

的平均碳排放量为 1.7 t CO_2[图 7-8(b)]。

2. CCUS 改造后，煤制油选择 DSA 将增加 10%～30% LCOL，选择 EOR 则将降低 20%～50% LCOL

如图 7-9 所示，对于 DCL，S1 情景下不同煤价的 LCOL(吨油平准化成本)为 4 063～6 439 元/吨油。进行 CCUS 改造后，采用 DSA(深部咸水层封存)方式的煤制油企业在 S2 情景和 S3 情景下的 LCOL 分别为 4 389～7 336 元/吨油和 5 104～8 552 元/吨油；而选择 EOR(采油增产)方式的煤制油企业在 S2 情景和 S3 情景下的 LCOL 分别为 2 608～5 561 元/吨油和 1 787～5 235 元/吨油。对于 ICL(图 7-10)，S1 情景下的 LCOL 为 4 094～6 678 元/吨油；在 S2 情景和 S3 情景下，选择 DSA 封存的煤制油企业的 LCOL 分别为 4 595～8 189 元/吨油和 5 179～9 129 元/吨油，选择 EOR 的煤制油企业的 LCOL 分别为 1 542～5 129 元/吨油和 941～4 891 元/吨油。总体而言，不同的封存方式对 LCOL 有显著影响。在中等煤价和中等 CO_2 运输距离下，DSA 将使 DCL 和 ICL 的成本分别增加 11%～28%和 16%～30%，而油田封存将使 DCL 和 ICL 的成本分别降低 23%～35%和 39%～47%。

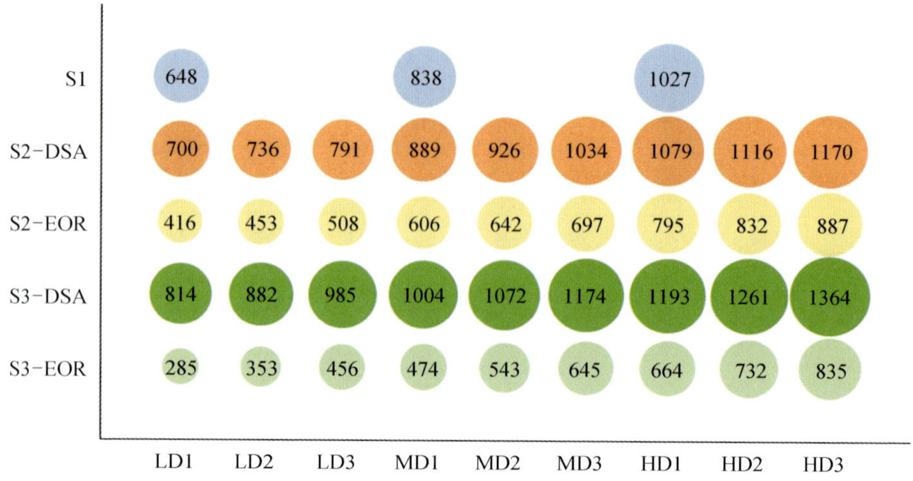

图 7-9 不同条件下 DCL 的 LCOL(单位：美元/吨油)

(L、M、H 分别代表低、中、高煤价，D1、D2、D3 分别代表 0 km、100 km、250 km CO_2 运输距离，中美价格汇率为 6.27：1)

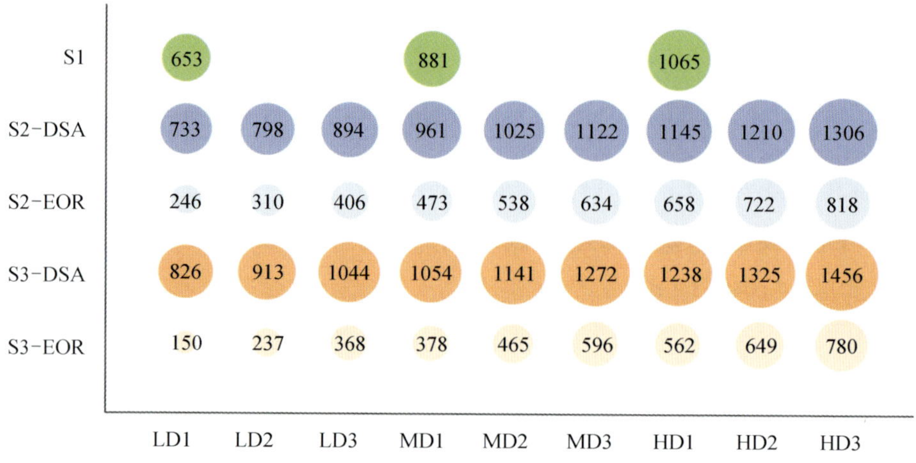

图 7-10 不同条件下 ICL 的 LCOL(单位：美元/吨油)

(L、M、H 分别代表低、中、高煤价，D1、D2、D3 分别代表 0 km、100 km、250 km CO_2 运输距离，中美价格汇率为 6.27：1)

3. 煤炭价格是影响煤制油企业 LCOL 的关键因素

如图 7-11 所示，煤炭价格是影响 DCL 和 ICL 的 LCOL 最主要的因素，其次是初始投资成本。具体而言，当煤炭价格上涨 10%时，DCL 和 ICL 的 LCOL 分别增加 5.46%和 5.83%；当初始投资成本增加 10%时，DCL 和 ICL 的 LCOL 分别增加2.38%和2.04%。此外,CCUS的成本对LCOL的影响亦不容忽视,尤其是由于ICL需要捕集更多的二氧化碳,其对应的成本更高。然而,碳价对LCOL的影响则相对较小,当碳价上涨10%时,DCL和ICL的LCOL分别下降0.18%和0.38%。

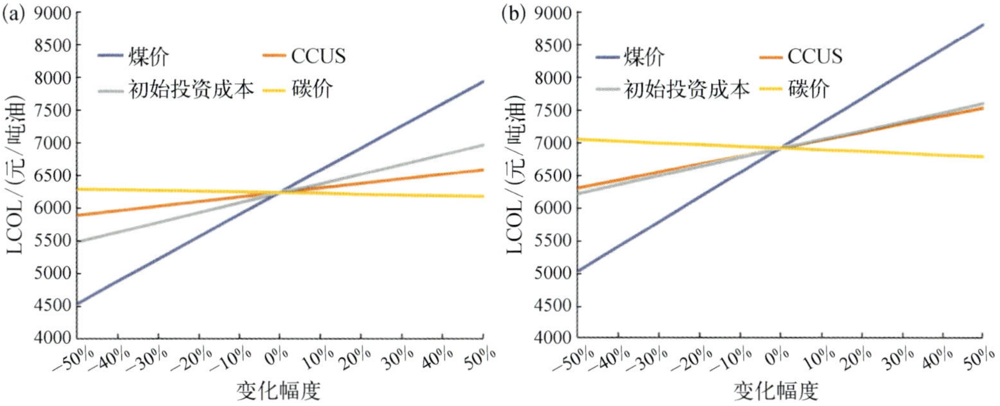

图7-11 DCL和ICL的碳足迹与成本对比

7.3 中国煤制烯烃CCUS投资决策①

本节基于实物期权模型,以煤制烯烃为例,探讨在当前碳价和技术条件下,煤制烯烃企业应如何选择合适的CCUS项目进行投资。本节将介绍煤制烯烃CCUS的成本结构、不同情景下的案例工厂净现值(NPV)和投资价值(TIV)、影响案例工厂煤制烯烃CCUS改造投资价值和临界碳价的主要因素、综合全国各地的碳封存资源下对有煤制烯烃工厂的省级行政区进行CCUS改造的机会。

相较于煤制油,煤制烯烃CCUS改造实物期权评估主要关注CCUS环节,假设只捕集工业分离过程中的CO_2,并根据参考文献设置平均捕集成本(Han et al.,2017;McCollum et al.,2006;Wei et al.,2014)。同时,综合考虑中国地理地质条

① 本节的主要内容已发表,详见:Xiang X J, Li K, Li X Q, et al. Investment feasibilities of CCUS technology retrofitting China's coal chemical enterprises with different CO_2 geological sequestration and utilization approaches [J]. International Journal of Greenhouse Gas Control, 2023, 128: 103960.

件、资源禀赋特征、CCUS技术发展状况和未来趋势等因素，本节选取咸水层地质封存(GS)、油田封存和CO_2驱替煤层气开采(ECBM)作为主要的封存方式，分别设为S1、S2、S3三种情景[①]：S1情景为咸水层封存，主要成本包括捕集、运输和封存成本，收益为项目核证减排量所创造的减排收益；S2情景为CO_2－ECBM，主要成本除捕集、运输和封存成本外，还包括增采的煤层气生产成本；收益包括项目核证减排量所创造的减排收益与煤层气出售收益；S3情景为CO_2－EOR，主要成本除捕集、运输和封存成本外，还包括驱替石油的成本，收益包括项目核证减排量所创造的减排收益及石油销售收益。

本节假设产能为0.7 Mt/a的煤制烯烃(CTO)工厂计划进行CCUS改造，改造重点为低温甲醇洗装置的CO_2捕集，捕集率为90％(Fan et al.，2019；Han et al.，2017)。所有项目的运行年限均设定为20年，建设期为1年，均铺设200 km长、能承受15 MPa压力的CO_2输送管道(Han et al.，2017；Zhang et al.，2020)。在封存能力满足所捕集到的CO_2的前提下，GS需要新建18口CO_2注入井和9口压力控制井，单井注入能力为0.2 Mt/a，注入深度为1 500 m(Xiang et al.，2014；Xiang et al.，2015；Zhai et al.，2016)；ECBM需要建设940口生产井(Zhang et al.，2015)；EOR需要改建25口油井(Liu et al.，2021)。本节暂不考虑驱油驱气开采过程中涉及的税率问题，所有成本均标准化至2020年人民币价格。具体数据假设和来源详见表7－11至表7－14。参数说明和计算，以及投资决策模型见附录E－3。

表7－11 所有情景通用数据

参数	描 述	数 值	单 位	数 据 来 源
C_C	煤化工厂单位碳捕集成本	180	元/t	蔡博峰等(2020)
α	2016—2020年五年全国平均产能利用率	84.2％		根据网络数据整理
β	煤制烯烃工艺碳排放系数	6.41	吨CO_2/吨烯烃	Greenpeace(2017)
ε	碳捕集效率	90％		Fan等(2019)
P_P	单位管道运输成本	0.8	元/(t·km)	蔡博峰等(2020)

① 此处情景代号表述虽然与7.2节相同，但不共用假设。

续　表

参数	描　　述	数　值	单　位	数 据 来 源
P_{carbon}	碳价	50	元/t	2021 年全国碳市场平均交易价格
μ	碳价漂移率	0.034		根据 2020 年碳价数据计算
σ	碳价波动性	0.343		根据 2020 年碳价数据计算
r	无风险利率	0.044 3		Fan 等(2019)
r_0		0.05		张燕和张绍良(2015)

表 7-12　S1 情景参数

参数	描　　述	数　值	单　位	数 据 来 源
C_{WW}	封存井建设资本成本	1 285	万元/口	翟明洋(2016)
C_{IE}	注入设备	20	万元/口	张燕和张绍良(2015)
C_{ME}	监测设备	20	万元/口	张燕和张绍良(2015)

表 7-13　S2 情景参数

参数	描　　述	数　值	单　位	数 据 来 源
C_{CP}	煤层气压缩净化费用	0.05	元/m^3	张燕和张绍良(2015)
P_{CBM}	2020 年煤层气售卖价格，参考天然气价格	3	元/m^3	根据网络数据整理
S_{CBM}	煤层气开采财政补贴	0.3	元/m^3	财政部
η	二氧化碳与煤层气置换率(CO_2 : CH_4)	5.5		Yu 等(2017)
C_{GW}	钻井资本投资	80	万元/口	张燕和张绍良(2015)
C_{IE}	注入设备	20	万元/口	张燕和张绍良(2015)
C_{ME}	监测设备	20	万元/口	张燕和张绍良(2015)

表 7－14　S3 情景参数

参数	描　述	数　值	单　位	数据来源
C_{OI}	油井改造成本	500	万元/口	Liu 等(2021)
P_M	二氧化碳注入监测成本	5.24	元/t	Liu 等(2021)
R_{oil}	驱替比	0.58∶1	吨 CO_2∶桶石油	Liu 等(2021)；Wang 等(2021)

1. 煤制烯烃 CCUS 的捕集和运输成本高昂，均超过各情景总成本的 80%

表 7－15 和图 7－12 分别呈现了产能为 0.7 Mt/a 的煤制烯烃工厂进行 CCUS 改造的成本和 CO_2 单位减排成本。S1～S3 情景全流程 CO_2 单位减排成本分别为 355.7 元/t CO_2、402.5 元/t CO_2、350.6 元/t CO_2，其中封存利用环节成本分别为 15.7 元/t CO_2、49.8 元/t CO_2、10.8 元/t CO_2。在所考察的三种情景中，由于煤层气开采需要建设大量的生产井，CO_2 驱替煤层气开采(ECBM)项目的 CO_2 单位减排成本最高。相比之下，油田封存(EOR)项目的 CO_2 单位减排成本最低，这可能是由于它能够借助现有的油田开采井进行 CO_2 封存，改建油井的费用低于新建油井的费用。而在各情景的总成本结构中，捕集和运输环节的成本之和通常超过总成本的 80%，表明这两个环节的成本支出是制约煤化工企业利用 CCUS 技术进行减排的主要阻碍因素。

表 7－15　CCUS 项目数据计算结果

项　目	描　述	数　值	单　位
捕集	CTO 工厂 CO_2 排放量	3.78	Mt/a
	CTO 工厂 CO_2 捕集量	3.40	Mt/a
	CTO 工厂年捕集成本	61 200	10^4 元/a
初始资本投资	GS 初始资本投资	35 595	10^4 元
	ECBM 初始资本投资	112 800	10^4 元
	EOR 初始资本投资	12 500	10^4 元
资本折旧	GS 年折旧成本	1 780	10^4 元/a
	ECBM 年折旧成本	5 640	10^4 元/a
	EOR 年折旧成本	625	10^4 元/a

续　表

项　目	描　　述	数　值	单　位
运营与维护	GS 运维成本	3 560	10^4 元/a
	ECBM 运维成本	11 280	10^4 元/a
	EOR 运维成本	1 250	10^4 元/a
运输	CO_2 管道运输成本	54 400	10^4 元/a
封存与生产	GS 封存量	3.40	Mt/a
	ECBM 封存量	3.40	Mt/a
	EOR 封存量	2.69	Mt/a
	煤层气产量	8.6	10^8 m^3/a
	EOR 驱油量	586.21	10^4 桶/a
	煤层气生产成本	4 317	10^4 元/a
	EOR 监测成本	1 782	10^4 元/a
收益	煤层气年生产收益	284 916	10^4 元/a
	EOR 年收益	202 231	10^4 元/a
	GS 年减排收益	17 000	10^4 元/a
	ECBM 年减排收益	17 000	10^4 元/a
	EOR 年减排收益	13 430	10^4 元/a

2. 当前技术水平及碳价下，煤制烯烃工厂已具备 EOR 和 ECBM 立即投资机会

S1、S2、S3 三种情景下煤制烯烃 CCUS 项目的 NPV 和 TIV 如图 7 - 13 所示。S2 情景和 S3 情景下煤制烯烃 CCUS 项目的 NPV 与 TIV 相等，表明在当前技术水平及碳价下，煤化工 ECBM 和 EOR 项目应立即投资，在 20 年运行期内分别可获得 183 亿元和 151 亿元的未来投资收益。而 S1 情景下煤制烯烃 CCUS 项目的 NPV<0，TIV>0，这意味着 S1 情景下应当采取延迟实物期权的策略，等到 2026 年该项目达到投资要求后实施，届时其 NPV 和 TIV 将会有所提升[图 7 - 13(b)]。

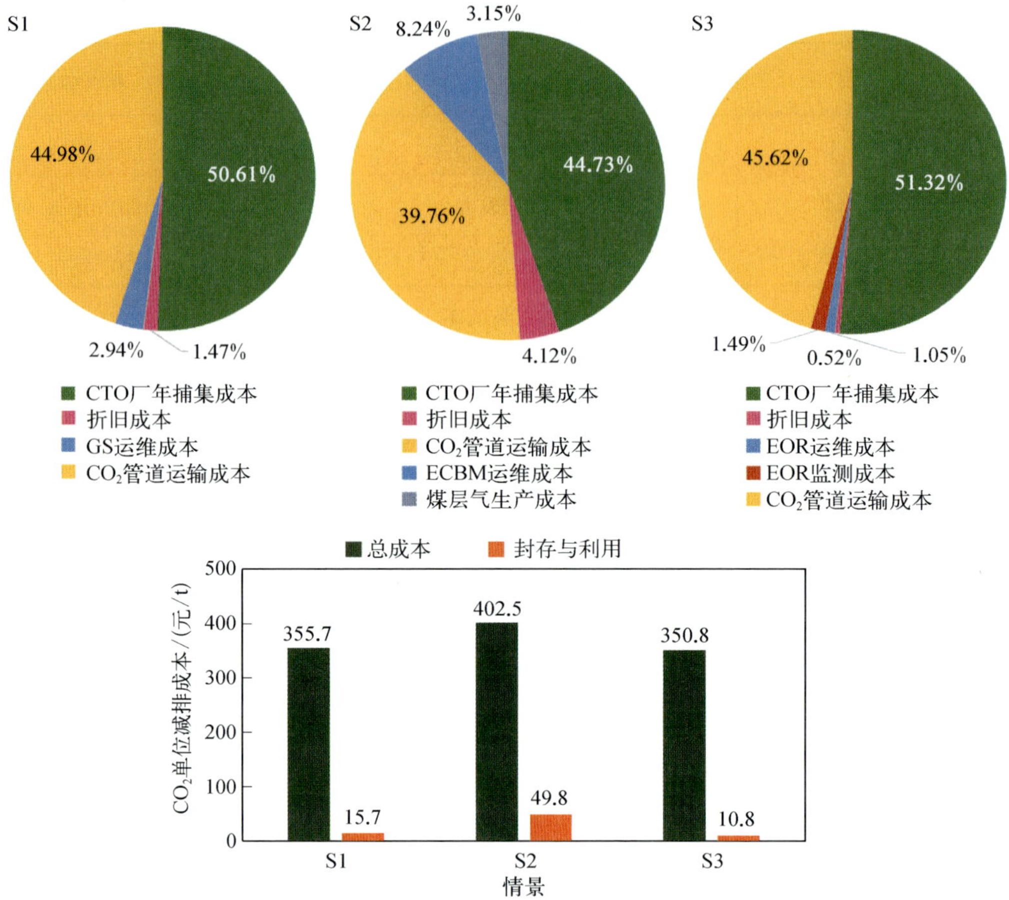

图 7-12　不同情景煤制烯烃 CCUS 年成本详情及 CO_2 单位减排成本

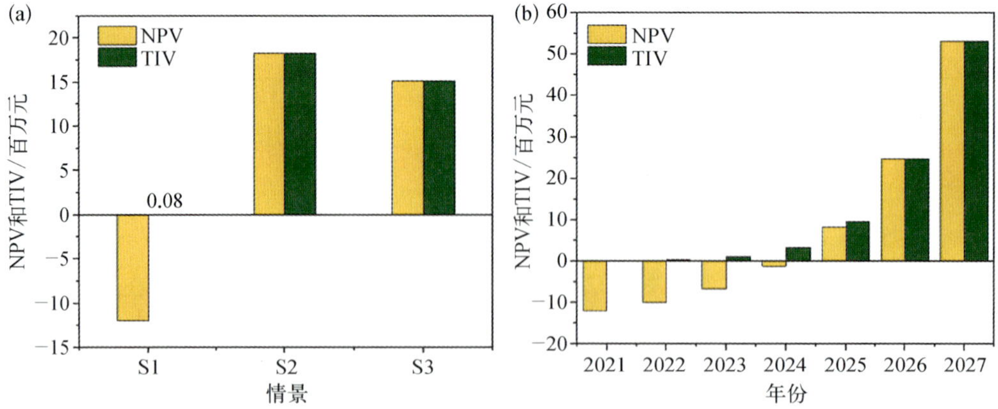

图 7-13　NPV 和 TIV 的效益评价结果

(a) 20 年投资期内三种情景的 NPV 与 TIV；(b) S1 情景延迟投资期内的 NPV 与 TIV

3. 产品价格、碳价和政策措施正向影响煤制烯烃 CCUS 项目投资回报，而工艺碳排放因子下降将提高煤制烯烃 CCUS 临界碳价

图 7－14 展示了 S2 情景和 S3 情景下产品价格对煤制烯烃 CCUS 项目投资价值和临界碳价的影响。在 S2 情景下，煤层气价格每上升 0.1 元/m^3，煤制烯烃 CCUS 项目的 NPV 将增加 9.82 亿元，当煤层气价格达到 1.3 元/m^3 时，项目的 NPV 将等于 TIV，此时 CO_2－ECBM 项目可以立即投资，预计获得 16 亿元的收益。在 S3 情景下，石油价格每上涨 25 元/桶，项目的 NPV 将会增加 16.67 亿元，当油价超过 200 元/桶时，NPV 等于 TIV，CO_2－EOR 项目也可以立即投资，预计获得 12.5 亿元的收益。此外，当煤层气价格为 0 元/m^3 且石油价格为 0 元/桶时，S2 情景和 S3 情景下项目的临界碳价分别为 340.93 元/t CO_2 和 353.5 元/t CO_2。但随着煤层气和石油价格的逐渐上涨，达到投资要求的临界碳价也逐渐降低。当

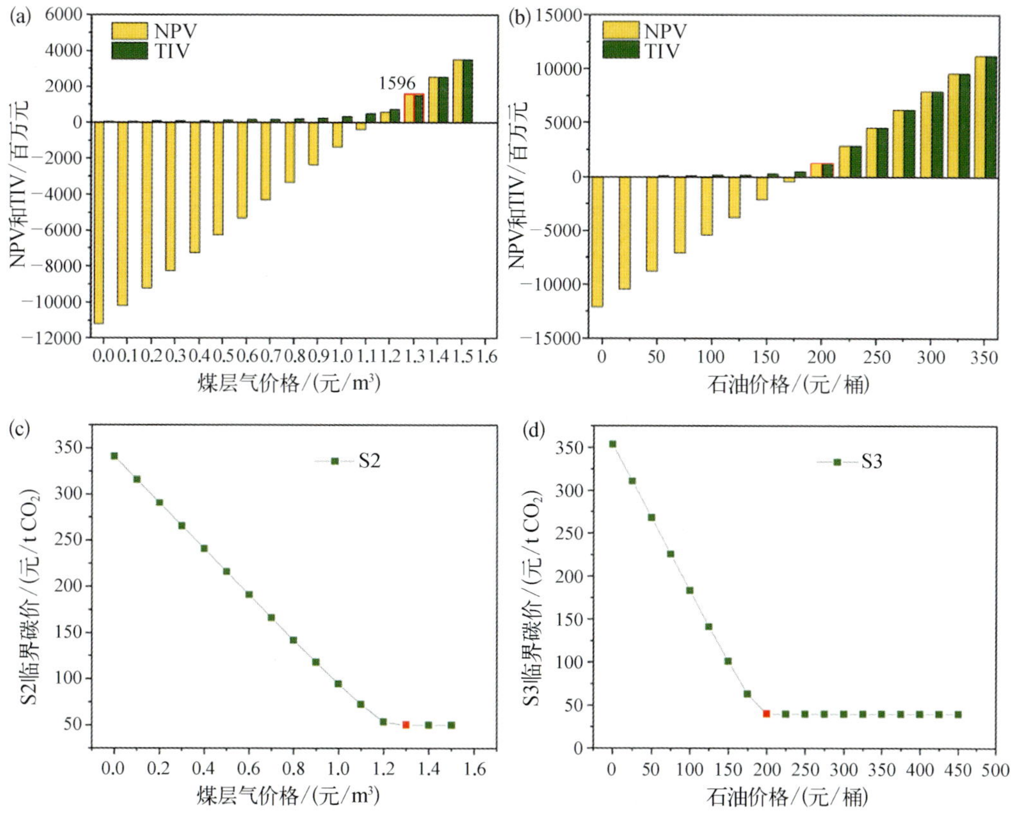

图 7－14　煤层气价格和石油价格分别对 S2 情景和 S3 情景下投资价值(NPV 和 TIV)、临界碳价的影响

煤层气价格达到1.3元/m^3、石油价格达到200元/桶时，相应的临界碳价分别下降至50元/t CO_2 和39.5元/t CO_2。

此外，补贴政策和工艺碳排放强度也是影响煤制烯烃CCUS项目的投资回报和临界条件的重要因素(图7-15)。资本和运维成本补贴因子每上升10%，S1情

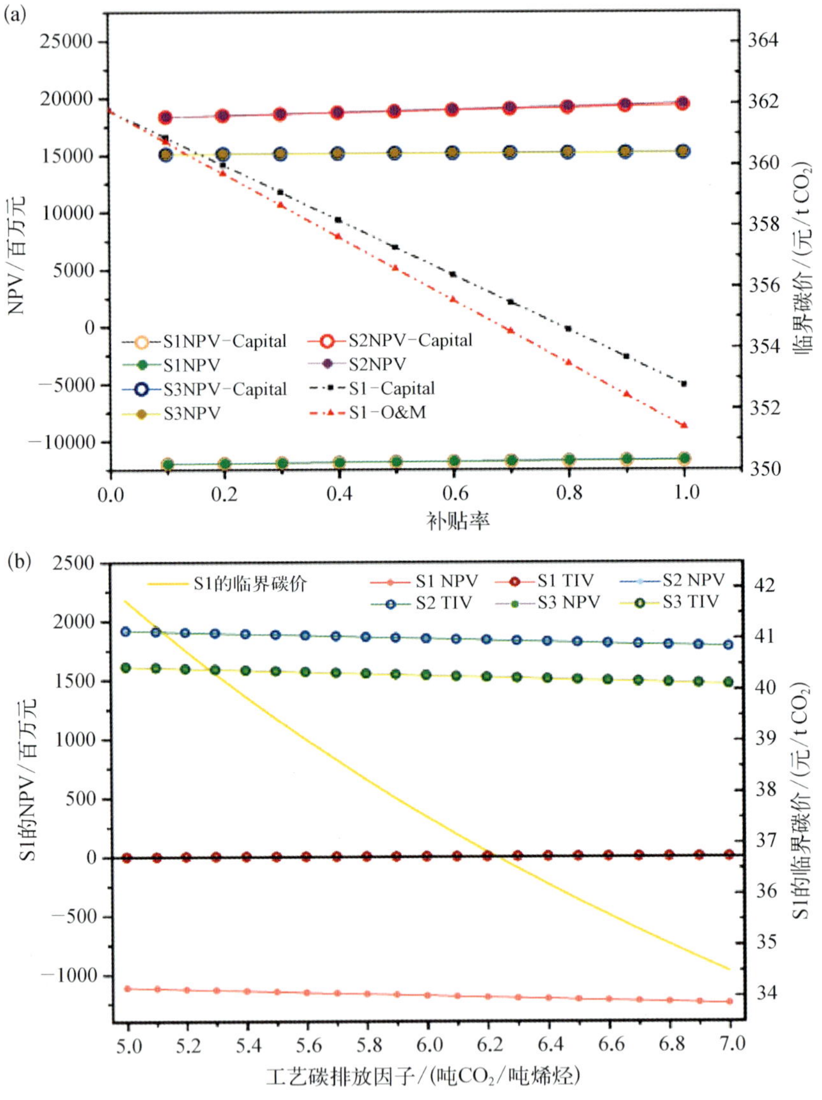

图7-15 政策补贴率和工艺碳排放因子变化对CCUS投资价值的影响

(a) 资本成本补贴率和运维成本补贴比对各情景净现值的影响，S1/2/3 NPV-Capital表示资本成本补贴率对各情景净现值的影响，S1/2/3 NPV表示运维成本补贴率对各情景净现值的影响，S1-Capital和S1-O&M分别表示资本成本补贴和运维成本补贴对S1临界碳价格的影响；(b) 工艺碳排放因子对各情景的NPV和TIV的影响，以及对S1情景的临界碳价格的影响

景下项目的 NPV 将分别增加 3 560 万元和 4 050 万元，S2 情景下将分别增加 11 280 万元和 12 834 万元，S3 情景下将分别增加 1 250 万元和 1 422 万元；对于暂时无法进行投资的 S1 情景，资本成本(运维成本)补贴因子每上涨 10%，其临界碳价将会降低 0.9 元/t CO_2(1.04 元/t CO_2)。与此同时，碳排放因子每减少 0.1 吨 CO_2/吨烯烃，三种情景下项目的 NPV 将分别增加 6 340 万元、6 340 万元和 7 270 万元，且 S2 情景和 S3 情景的 TIV 随之增加，但 S1 情景的 TIV 随之减少。同时，S1 情景下的临界碳价随着碳排放因子的下降而上升，例如当碳排放因子为 5 吨 CO_2/吨烯烃时，临界碳价达到 417.8 元/t CO_2。

4. 煤制烯烃不同 CCUS 项目部署空间异质性显著，由于封存场地的限制，EOR 和 ECBM 可部署省级行政区范围显著低于 DSA 项目

鉴于中国不同区域地质构造的差异性，不同省级行政区的煤制烯烃企业 CCUS 改造将面临不同的运输距离和产品价格等因素的影响。尽管各省均采用统一的原油价格和碳价，但煤层气价格在各省有所不同(表 7-16)。因此，S1 情景和 S3 情景仅考虑了 CO_2 运输距离对项目投资的影响，而 S2 情景同时考虑了煤层气价格和 CO_2 运输距离两方面因素的影响。本节展示了 CaseCTO① 和 AllCTO② 的研究结果，以探讨 S1～S3 情景下案例 CTO 工厂和所有 CTO 工厂的区域实物期权投资价值。

表 7-16　中国建有 CTO 工厂的省级行政区到各封存地的运输距离与各省煤层气价格 (IEA, 2016；国家发展和改革委员会，2019)

省级行政区	CaseCTO 的排放量 /Mt CO_2	AllCTO 的排放量 /Mt CO_2	CaseCTO 的 CO_2 运输距离/km			AllCTO 的 CO_2 运输距离/km			煤层气价格/(元/m^3)
			DSA	CO_2-ECBM	CO_2-EOR	DSA	CO_2-ECBM	CO_2-EOR	
安徽	136	308	200	500	500	200	500	500	1.95
福建	136	313	200	>500	>500	200	>500	>500	1.19
甘肃	136	742	500	>500	500	500	>500	500	1.31

① CaseCTO 是指封存潜力满足 70 t/a 产能的 CTO 工厂 40 年碳排放(工业分离过程的碳排放)。

② AllCTO 是指封存潜力满足该省级行政区所有 CTO 工厂 40 年工业分离过程碳排放。

续 表

省级行政区	CaseCTO 的排放量 /Mt CO_2	AllCTO 的排放量 /Mt CO_2	CaseCTO 的 CO_2 运输距离/km			AllCTO 的 CO_2 运输距离/km			煤层气价格/(元/m^3)
			DSA	CO_2-ECBM	CO_2-EOR	DSA	CO_2-ECBM	CO_2-EOR	
广东	136	154	200	500	500	200	500	500	2.04
贵州	136	104	200	200	>500	200	200	>500	1.59
河南	136	139	200	200	200	200	200	200	1.87
黑龙江	136	308	200	500	200	200	500	200	1.64
吉林	136	104	200	>500	200	200	>500	200	1.64
江苏	136	719	200	>500	500	200	>500	500	2.02
辽宁	136	104	200	>500	200	200	>500	200	1.84
内蒙古	136	3 466	200	200	500	200	200	500	1.22
宁夏	136	959	200	200	200	200	200	200	1.39
青海	136	564	500	500	500	500	500	500	1.15
山东	136	800	200	500	200	200	500	200	1.84
山西	136	615	200	200	500	200	200	500	1.77
陕西	136	1 916	200	200	500	200	200	500	1.22
天津	136	313	200	>500	200	200	>500	200	1.86
新疆	136	944	200	200	200	200	200	200	1.03
浙江	136	418	500	>500	>500	500	>500	>500	2.30

图 7-16 展示了各省级行政区煤制烯烃 CCUS 改造的投资结果。在 S1 情景下，所有待评估省级行政区的煤制烯烃工厂均能找到适合的封存地。在 CaseCTO 下，甘肃、青海和浙江的投资时间较其他平均运输距离更小的省级行政区有所延后。在 AllCTO 下，陕西被归类为投资时间较晚的省级行政区之一，对于 CO_2 运输距离为 200 km 或 500 km 的省级行政区，投资时间需要推迟至 2026 年或 2027 年。

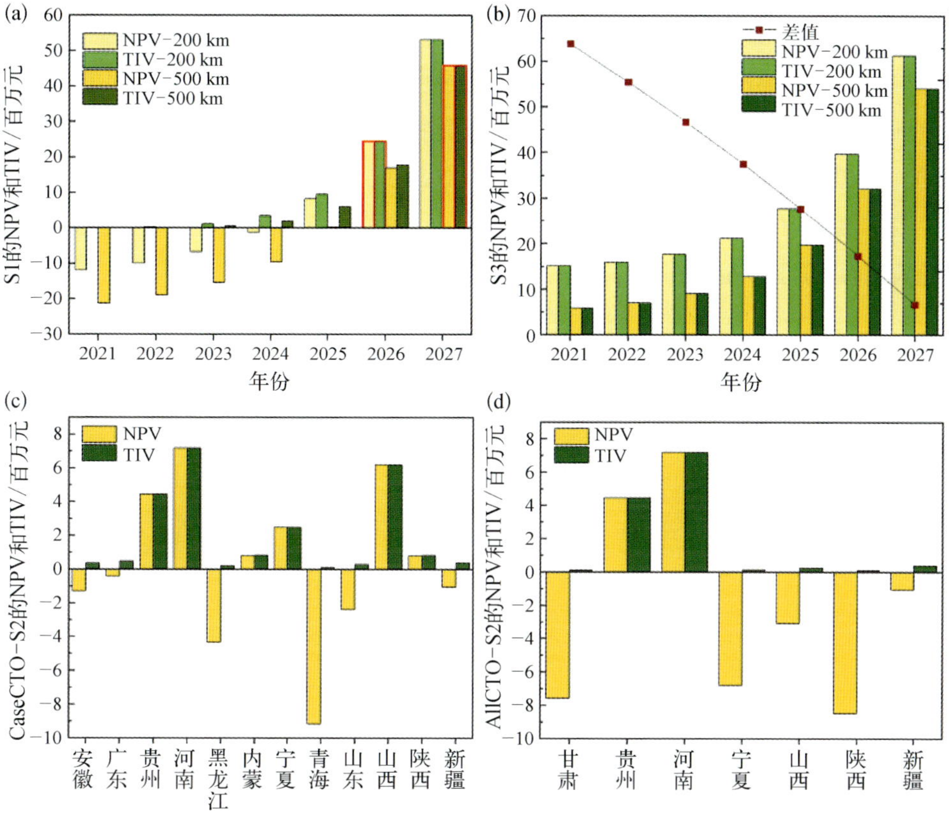

图 7-16　区域投资结果

(a) 不同 CO_2 运输距离的省级行政区在延迟投资期间 DSA 项目 NPV 和 TIV 的变化；(b) 不同 CO_2 运输距离的省级行政区的 CO_2 - EOR 项目 NPV 和 TIV 的变化；(c) CaseCTO 下各省级行政区 CO_2 - ECBM 项目 NPV 和 TIV 的变化；(d) AllCTO 下各省级行政区 CO_2 - ECBM 项目 NPV 和 TIV 的变化

在 S2 情景下，封存地潜力的限制显得尤为突出。在 CaseCTO 下，19 个省级行政区中仅有 12 个省级行政区的煤制烯烃工厂能找到适合的封存地[图 7-16(c)]。在 20 年的运营期内，河南年排放 0.7 Mt/a 的 CTO 工厂具有最大的投资潜力，总投资价值为 72 亿元，其次是山西、贵州和宁夏。而对于安徽、广东和青海等 8 个省级行政区的煤烯烃 CCUS 工厂，由于当地煤层气价格偏低或 CO_2 运输成本较高，目前并不适合进行 CCUS 投资（NPV＜TIV）。在 AllCTO 下，甘肃、贵州、河南、宁夏、山西、陕西和新疆能够确定足够的封存地点，其中贵州和河南可以立即投资，其余 5 个省级行政区则需要推迟投资[图 7-16(d)]。

S3 情景的适用范围仅次于 DSA 项目。在 CaseCTO 下，有 16 个省级行政区能找到适合的封存地，而在 AllCTO 下仅有 11 个省级行政区满足条件，其余省级行政区在 500 km 范围内的油田封存潜力不足。当投资时间不受 200 km 和 500 km 的 CO_2 运输距离限制时，均可立即投资[图 7－16(b)]。随着时间的推移，500 km 运输距离的省级行政区（如安徽、甘肃等）和 200 km 运输距离的省级行政区（如河南、黑龙江等）之间的 CCUS 投资收益差距逐渐缩小，从 2021 年的 92.8 亿元减少到 2027 年的 68.3 亿元。这表明，CO_2 运输距离对 CCUS 投资收益的影响将会随着时间的推移而减小。

第 8 章

中国煤制氢 CCUS 投资效益评价

氢气作为一种清洁、高效且来源广泛的二次能源，具有推动全球能源绿色低碳转型的潜力，可为中国实现碳中和目标提供支持，同时有助于热力部门供热、引导行业深度减排（中国氢能联盟，2019）及推动电池储能技术的发展（中国投资协会等，2021）。考虑到中国拥有丰富的煤炭资源，并且煤制氢是中国较为成熟的氢气供应方式之一，为兼顾氢能供应和碳中和目标的实现，中国不仅需要发展煤制氢技术，还需要结合 CCUS 技术来实现低碳煤制氢。为了系统地评估中国煤基低碳氢能的发展潜力，本章将采用全生命周期评价（LCA）方法核算中国传统煤制氢以及耦合 CCUS 技术后的全流程碳足迹；利用平准化成本模型，对中国煤制氢 CCUS 工艺和可再生能源电解水工艺进行定量对比分析，以确定不同制氢工艺的成本效益；运用实物期权模型，模拟煤制氢 CCUS 投资决策在不同政策情景下的影响，探讨不同政策补贴对我国各区域低碳煤基氢能产业的促进效果，为中国煤制氢 CCUS 的发展提供定量的科学依据。

8.1 中国煤制氢 CCUS 全流程碳足迹[①]

氢能的来源具有多样性，利用可再生能源电解水制氢被认为是较为理想的制氢方式，被视作氢能长期发展的主要来源（IRENA，2018；Luo et al.，2020）。然而，中国作为氢气生产和消费大国，同时也是煤炭生产和消费大国，在氢能发展的

① 本节的主要内容已发表，详见：张贤，许毛，徐冬，等. 中国煤制氢 CCUS 技术改造的碳足迹评估[J]. 中国人口·资源与环境，2021，31(12)：1-11.

初期和中期阶段，仍需依赖煤制氢技术来满足氢气需求（中国氢能联盟，2019）。现阶段，相较于其他制氢技术，煤制氢技术具有明显的成本优势，但生产过程会产生大量 CO_2 排放（谢欣烁等，2018）。CCUS 技术作为减缓气候变化的关键技术之一，与传统煤制氢技术结合将显著降低生产过程中的 CO_2 排放，但 CCUS 技术会引起额外能耗，从而增加额外 CO_2 排放，净减排效果无法根据 CO_2 捕集率来直接衡量。因此，对 CCUS 技术在降低煤制氢碳足迹方面的作用进行定量评估，具有极其重要的现实意义。

本节基于生命周期评估理论框架，运用 IPCC 提出的碳排放核算方法，对中国传统煤制氢（CTH）及煤制氢 CCUS 改造（CTHCCUS）进行全流程碳足迹的系统性评估。其中，煤制氢 CCUS 改造主要涵盖煤炭开采及洗选、煤炭运输、煤制氢气、CO_2 捕集、CO_2 运输、CO_2 封存等技术环节。本节展示了 CTH 及 CTHCCUS 碳足迹的内部构成，从源头上探索降低煤制氢过程碳足迹的途径。煤制氢 CCUS 改造的碳足迹核算边界如图 8－1 所示，计算方法见附录 F－1。

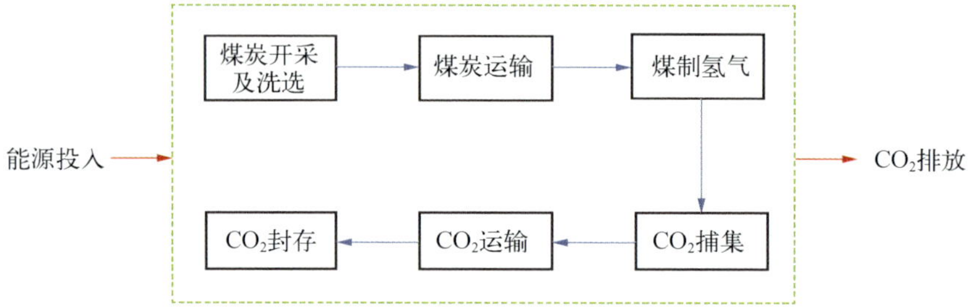

图 8－1　煤制氢 CCUS 改造全流程能源相关碳足迹评价系统边界

在碳足迹计算过程中，本节对部分不确定参数进行了以下假设：首先，煤制氢能源转化效率通常介于 44%～75%（Chen et al.，2017），本研究取平均值 59.5%；其次，在计算 CTHCCUS 的全流程碳足迹时，假设 CO_2 运输距离为 100 km（蔡博峰等，2020）；最后，在煤样选择环节，考虑到平均低位热值较低的煤炭一般不宜用于制氢，因此仅考虑平均低位热值不低于 20 MJ/kg 的煤样，最终确定了 353 组煤样（梁赛等，2016；王永琴等，2017）。

煤制氢 CCUS 改造的碳足迹评估涉及的主要技术环节的关键参数见表 8－1 和表 8－2，表中参数解释详见附录 F－1。

表8-1　煤炭开采及洗选过程各类能源消耗情况及相关燃料参数

能源品种	消耗量	消耗量单位	单位热值含碳量/(kg C/GJ)	氧化率/%	平均低位热值/(MJ/kg或MJ/m^3)
原煤	2 441.33	万吨	26.6	92	20 951
其他洗煤	1 433.59	万吨	25.4	93	10 454
焦炭	74.91	万吨	29.5	93	28 435
焦炉煤气	2.89	10^8 m^3	13.6	99	17 354
高炉煤气	12.23	10^8 m^3	70.8	99	3 763
其他煤气	0.09	10^8 m^3	12.2	99	20 222
其他焦化品	2.58	万吨	29.5	93	38 099
原油	0.06	万吨	20.1	98	41 816
汽油	7.21	万吨	18.9	98	43 070
煤油	0.81	万吨	19.5	98	43 800
柴油	155.51	万吨	20.2	98	42 652
燃料油	0.28	万吨	21.1	98	41 816
液化石油气	0.04	万吨	17.2	98	50 179
其他石油制品	0.54	万吨	20.0	98	35 168
天然气	11.58	10^8 m^3	15.3	99	38 931
液化天然气	1.106	万吨	15.3	99	51 434
热力	551.99	10^{11} kJ	—	—	—
电力	881.57	10^8 kW·h	—	—	—

数据来源：各类能源消耗量数据来自《中国能源统计年鉴2019》；其他数据来源于参考文献（IPCC，2006；付坤等，2014；Liu et al.，2015；陈怡等，2020）。

表8-2　煤制氢CCUS改造的碳足迹评估主要参数

参数	说　明	数　值	单　位	数据来源
EF_{power}	电力CO_2排放系数	0.55	kg/(kW·h)	陈怡等(2020)
EF_{heat}	热力CO_2排放系数	1 250.70	t/10^{10}kJ	作者计算

续 表

参数	说 明	数 值	单 位	数据来源
ECE_{ct}^{R}	铁路电力机车能耗	0.011 5	kW·h/km	卢其威等(2018)
ECI_{ct}^{R}	铁路内燃机车能耗(柴油)	8.82×10^{-4}	kg/(t·km)	陈曦等(2018)
α_E	电力机车占比	60%		国家铁路局(2018)
α_I	内燃机车占比	40%		
DC_{ct}^{H}	煤炭公路运输能耗(柴油)	0.184 8	kg/(t·km)	顾清华等(2019)
DC_{ct}^{W}	煤炭水路运输能耗(柴油)	2.15×10^{-3}	kg/(t·km)	高俊莲等(2017)
T_{ct}^{R}	铁路运输的平均运输距离	640	km	Ou 等(2010);国家统计局能源统计司(2011);中华人民共和国交通运输部(2012)
T_{ct}^{H}	公路运输的平均运输距离	179	km	
T_{ct}^{W}	水路运输的平均运输距离	1 255	km	
ω_R	煤炭铁路运输占比	80%		Oberschelp 等(2019)
ω_H	煤炭公路运输占比	7%		
ω_W	煤炭水路运输占比	13%		
η_c	CO_2 捕集率	90%		Liszka 等(2012)
E_{ct}^{ccs}	CO_2 吨千米运输能耗	1.3	kW·h/(t·km)	彭松水和陆诗建(2015)
d_{ccs}	CO_2 运输距离	≤250	km	Dahowski 等(2013)
E_{cs}^{ccs}	CO_2 封存能耗	10	kW·h/t	彭松水和陆诗建(2015)
η_{cth}	煤制氢效率	44%~75%		谢欣烁等(2018);Li 等(2019)
NCV_{H_2}	氢气平均低位热值	143	MJ/kg	罗佐县等(2020)

1. 传统煤制氢碳足迹为 17~30 kg CO_2/kg H_2,其中制氢环节占 98%

图 8-2 展示了煤制氢全流程碳足迹及其构成。由图可见,CTH 全流程碳足迹为 22.0 kg CO_2/kg H_2,但由于煤制氢能源转化效率存在一定不确定性,碳足迹实际在 17.5~29.8 kg CO_2/kg H_2 的范围内波动。从各技术环节的碳足迹贡献来

看(图 8－3)，CTH 全流程碳足迹的主要来源是制氢环节，约为 21.6 kg CO_2/kg H_2，占比接近 98%。相比之下，煤炭开采及洗选、煤炭运输环节的碳足迹占比较小①。

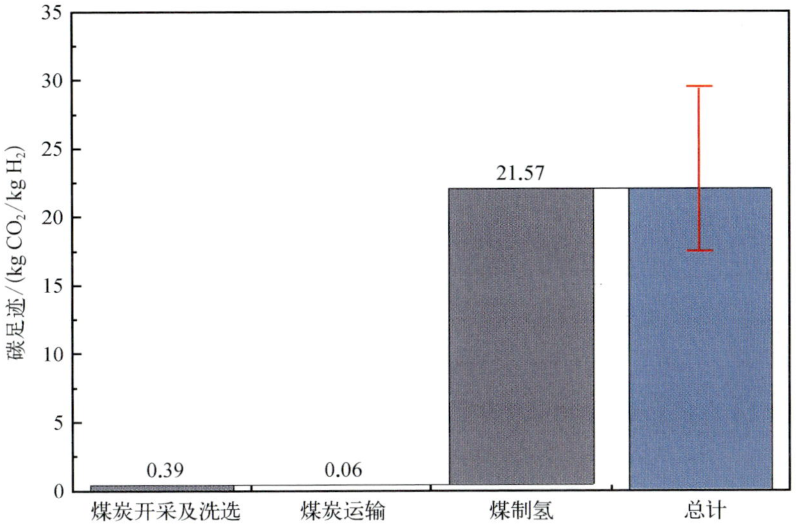

图 8－2　煤制氢全流程碳足迹构成图

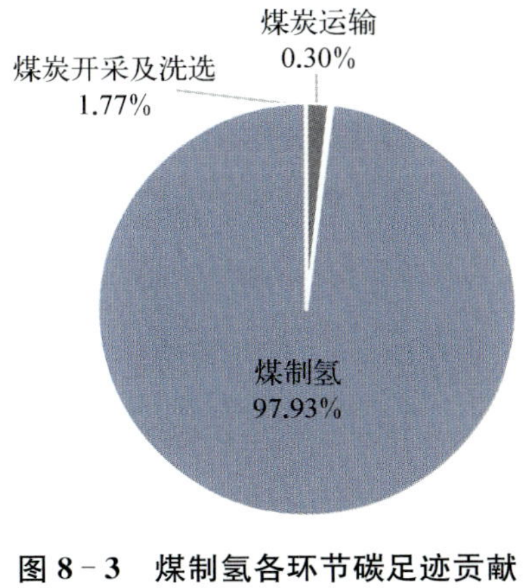

图 8－3　煤制氢各环节碳足迹贡献

2. 部署 CCUS 可以有效降低传统煤制氢碳足迹，全流程减排幅度高达 80%

如图 8－4 所示，在耦合 CCUS 技术后，CTHCCUS 全流程碳足迹可降至 4.3 kg CO_2/kg H_2，相比于传统 CTH 的减排幅度约为 80.6%。然而，考虑到煤制

---

① 此处未考虑煤炭开采过程中的 CH_4 排放。

氢能源转换效率和 CO_2 运输距离的不确定性，CTHCCUS 全流程碳足迹会在 2.2～8.9 kg CO_2/kg H_2 的较大范围内波动。

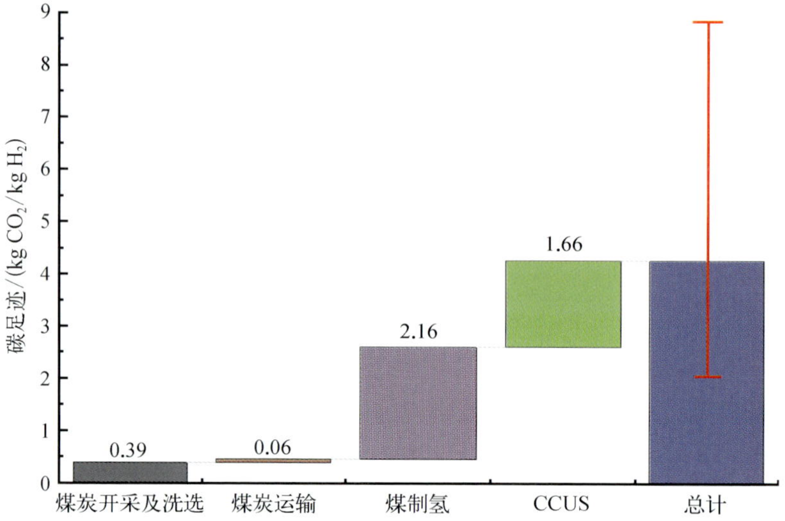

图 8-4 煤制氢 CCUS 改造全流程碳足迹构成图

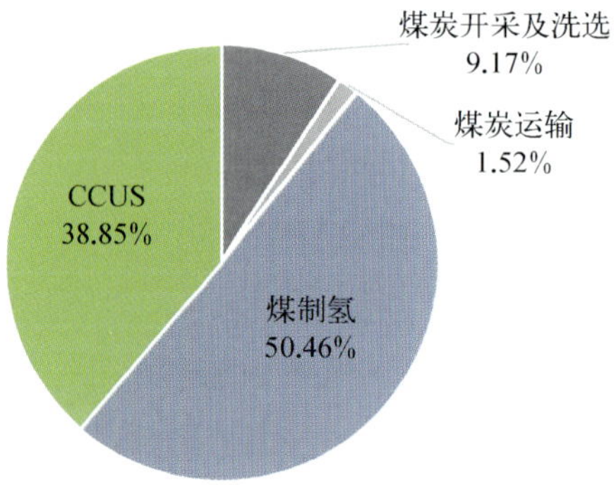

图 8-5 煤制氢 CCUS 改造各环节碳足迹贡献

图 8-5 展示了 CTHCCUS 技术流程中各环节的碳足迹及其贡献。由图可见，煤制氢环节对全流程碳足迹的贡献率最大，约为 50.5%；其次是 CCUS 环节，占比约为 38.9%；而煤炭开采及洗选、煤炭运输环节的碳足迹不变，但由于整体碳足迹降低，这些环节的占比反而有所上升。这表明，CTHCCUS 能够有效降低煤制氢环节的碳足迹，但 CCUS 环节自身会产生一定的额外碳足迹。因此，未来应采取相应措施(例如减少各环节能耗)以降低这部分的额外碳足迹，进而降低“蓝氢”的实际碳足迹。

3. 提升能源转化效率，合理控制 CO_2 运输距离能显著降低煤制氢碳足迹

煤制氢能源转化效率是影响单位氢气产量的关键因素。图 8-6 展示了不同煤制氢能源转化效率下的 CTH 碳足迹和 CTHCCUS 碳足迹。随着煤制氢能源转化效率由 44%提升至 75%，选定煤样的平均煤制氢碳足迹会由 29.4 kg CO_2/kg H_2 降低至 17.2 kg CO_2/kg H_2，降幅约为 41.3%[图 8-6(a)]，平均煤制氢 CCUS 改

造碳足迹则会由5.7 kg CO_2/kg H_2 降低至3.3 kg CO_2/kg H_2，降幅约为41.4％[图8－6(b)]。研究结果表明，提高能源转化效率对降低煤制氢碳足迹具有显著的正向效益(当仅考虑煤炭的平均低位热值和含碳量时，煤炭品质与能源转化效率呈正相关)。但由于所选煤样的碳足迹相对集中，当煤制氢能源转化效率为60％时，仍有超过72％的煤样的CTH碳足迹在21～23 kg CO_2/kg H_2 的区间内，而CTHCCUS碳足迹在4～5 kg CO_2/kg H_2 的范围内，超过85％的煤样制氢，侧面验证了评估结果的稳健性。

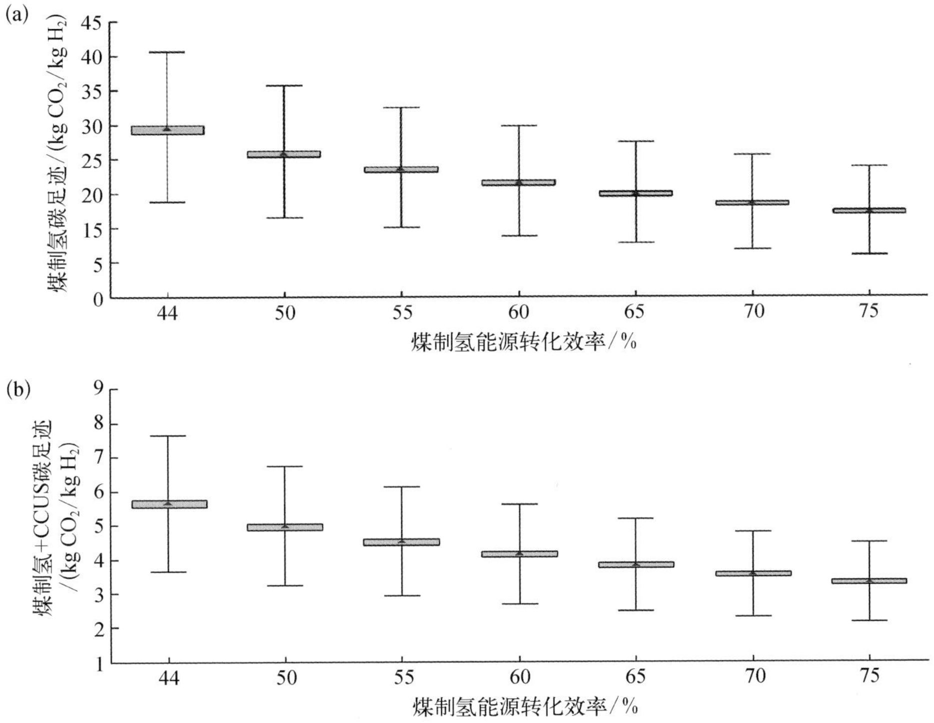

图8－6　煤制氢能源转化效率对煤制氢碳足迹和煤制氢CCUS改造碳足迹的影响

CCUS环节中的 CO_2 运输距离也是影响碳足迹的关键不确定因素之一。不同 CO_2 运输距离下的CTHCCUS碳足迹结果如图8－7所示。随着 CO_2 运输距离的增加，CTHCCUS碳足迹呈现出明显的上升趋势。当不考虑 CO_2 运输(运输距离为0 km)时，CTHCCUS平均碳足迹为2.7 kg CO_2/kg H_2。CO_2 运输距离每增加1 km，CTHCCUS平均碳足迹将增加约0.015 kg CO_2/kg H_2。当 CO_2 运输距离超过250 km时，需要建设额外的 CO_2 加压站，这将导致CTHCCUS碳足迹显著增加。因此，实际应用中合理控制 CO_2 运输距离是至关重要的。

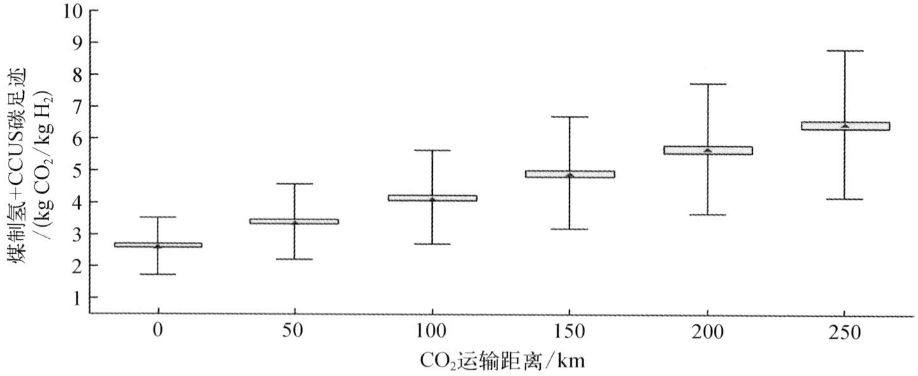

图 8-7 CO_2 运输距离对煤制氢 CCUS 改造碳足迹的影响

8.2 中国煤制氢 CCUS 成本效益①

近年来，全球可再生能源的发电成本迅速下降，2010—2019 年，太阳能光伏发电和陆上风电的发电成本分别下降了 82%和 40%左右(IRENA, 2020)，这意味着可再生能源电力制氢的竞争性正在不断提升。因此，探讨我国 CTHCCUS 和可再生能源电解水制氢的成本效益具有重要的现实意义。目前，电解水制氢技术主要分为三种：碱性电解(ALK)技术、质子交换膜电解(PEM)技术和固体氧化物电解(SOEC)技术。其中，ALK 技术与 PEM 技术相对成熟，已经步入商业应用阶段，而 SOEC 技术尚处于实验室研发阶段(中国氢能联盟，2019)。因此，本节重点关注 ALK 和 PEM 电解水制氢工艺的成本效益表现。

本节选取的制氢工艺包括 CTH、CTHCCUS 及可再生能源电解水制氢。为了确保不同工艺的成本计算具有可比性，本节对各工艺的研究边界进行了明确界定。对 CTH 工艺而言，本节纳入了从原材料入厂到氢气产品出厂的全流程(图 8-8)，主要包括原料的气化、水煤气转化、酸性气体去除和氢气净化过程。对 CTHCCUS 工艺而言，本节在 CTH 工艺研究边界的基础上增加了碳捕集环节，而碳捕集流程发生在酸性气体去除过程中，包含二氧化碳的捕集、运输及封存的全部流程。对可再生能

① 本节的主要内容已发表，详见：Fan J L, Yu P W, Li K, et al. A levelized cost of hydrogen (LCOH) comparison of coal-to-hydrogen with CCS and water electrolysis powered by renewable energy in China [J]. Energy, 2022, 242: 123003.

源电解水制氢工艺而言，本节仅讨论 ALK 和 PEM 的平准化成本表现。电解水制氢工艺的主要流程包括工业纯水的制备、电解槽电解、气体分离和氢气压缩净化环节（图 8-9）。此外，本节选取太阳能和风能作为具有代表性的可再生能源电解水制氢的能量来源，这是因为除水力发电外，它们分别占可再生能源发电并网总量的 9.5% 和 19.6%（中国标准化研究院等，2016）。尽管其他可再生能源发电也占有一定的比例，但应用并不广泛，所以本节并没有将其纳入考量范围。

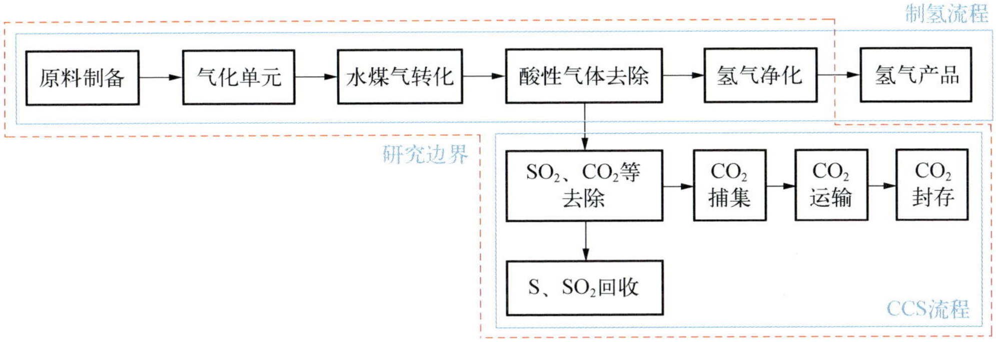

图 8-8　煤制氢 CCUS 工艺流程及研究边界

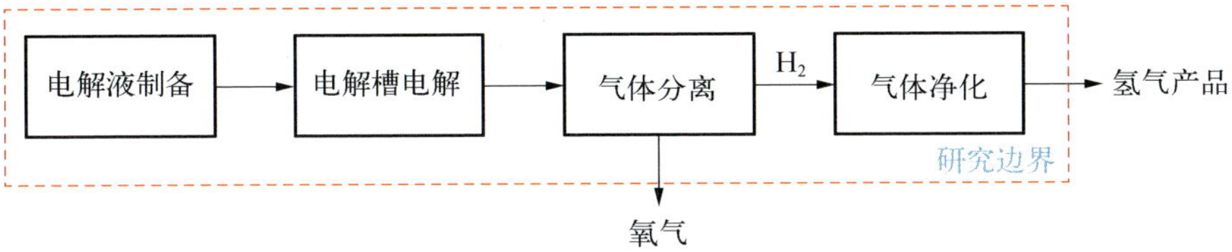

图 8-9　电解水制氢工艺流程及研究边界

为了使研究结果可以进行有效对比，本节提出以下假设：

（1）为了排除生产规模对制氢成本的潜在影响，假设煤制氢与可再生能源电解水制氢的产能均为 10 万吨 H_2/年，项目运行寿命均为 20 年。

（2）为了与 CTH 工艺进行比较，CTHCCUS 工艺的资本投资分为两部分进行计算：煤制氢环节的资本投资与 CTH 工艺的保持一致，CCUS 环节的资本投资则根据 CO_2 的单位投资计算得出。

（3）假设煤制氢厂利用 CCUS 技术减排的二氧化碳可通过碳交易市场获得相应的减排收益。

（4）由于低温甲醇洗技术是目前煤化工行业普遍采用的碳捕集技术之一，故假设煤制氢 CCUS 工艺采用低温甲醇洗技术捕集二氧化碳。

(5) 可再生能源电解水技术并非指可再生能源发电与电解水制氢耦合的一体化系统,因此仅考虑电解水制氢厂的资本投资。

(6) 电解水制氢生产过程中所需的电力为外购电力,电价采用的是上网电价与电力购销差价的差值,且电力来源保持单一来源的理想状态。

此外,氢气的生产成本还会受到诸多因素的影响。根据煤炭价格和 CO_2 运输距离两个重要成本参数的变动情况,本节设置了六种不同的情景(表 8-3)。首先,根据已有研究设置了三种煤炭价格水平:250 元/t,475 元/t,700 元/t(Li et al.,2018;Fan et al.,2019;Wang et al.,2019)。其中 250 元/t 为煤炭的较低价格(L),475 元/t 为煤炭的中间价格(M),700 元/t 为煤炭的较高价格(H)。其次,依据现有研究设置了两个最大运输距离:100 km(d)、250 km(D)。其中 100 km 是中国现有 CCUS 示范项目的最大 CO_2 输送距离(Zhang et al.,2014);考虑到 CO_2 运输的经济性,将 250 km 作为到中国 CO_2 封存点之间距离的上限(Dahowski et al.,2013)。最后,根据煤炭价格的变化设置了三个基准情景:CTH-L,CTH-M,CTH-H。

表 8-3 煤制氢 CCUS 改造技术的情景设置

	L(250 元/t)	M(475 元/t)	H(700 元/t)
100 km(d)	L-d	M-d	H-d
250 km(D)	L-D	M-D	H-D

在电解水制氢领域,不同工艺使用的电解槽设备的初始投资成本和电解效率存在较大差异。因此,本节根据电解水制氢中所使用工艺和所用电力来源的不同设置了六种不同的情景(表 8-4),分别为 ALK-C、ALK-W、ALK-P、PEM-C、PEM-W、PEM-P。其中,ALK-C 和 PEM-C 为电解水制氢的基础情景,旨在比较使用可再生能源电力进行电解水制氢的成本变化情况。

表 8-4 电解水制氢技术的情景设置

	煤电(C)	风电(W)	光伏(P)
碱性电解(ALK)	ALK-C	ALK-W	ALK-P
质子交换膜电解(PEM)	PEM-C	PEM-W	PEM-P

本节首先应用平准化成本模型（附录 F－2）对 CTH、CTHCCUS、ALK 和 PEM 四种工艺在不同情景下的生产成本进行定量对比分析，以确定在初期具有成本效益的低碳制氢工艺。由于煤制氢和煤制烯烃的前期生产流程相似，且两者的气化炉中原料气的 CO_2 浓度几乎相同（吴秀章，2013；Xiang et al.，2014），因此可以认为两者的 CO_2 捕集资本投入和能耗也大致相同（汪家铭，2016；Li et al.，2020）。目前，煤化工行业的 CO_2 捕集成本约为 160 元/kg。CO_2 运输成本、封存成本的经济数据详见表 8－5，不同电解工艺的投资数据详见表 8－6，煤制氢与 CCUS 运行数据详见表 8－7，电解水制氢技术消耗相关数据详见表 8－8。

表 8－5　CCUS 各个组分成本数据

组　成	数　值	单　位	数据来源
碳价	72.69	元/t	北京绿色交易所（2018 年至今）
单位 CO_2 排放量	16.39	t/t H_2	Wang 等（2019）
CO_2 捕集率	0.9		Liszka 等（2012）
CO_2 捕集成本	161	元/t	钟林发（2017）
CO_2 运输成本	1.1	元/（t·km）	科学技术部社会发展科技司和中国 21 世纪议程管理中心（2019）
CO_2 封存成本	60	元/t	科学技术部社会发展科技司和中国 21 世纪议程管理中心（2019）

表 8－6　电解水工艺的技术经济参数

组　成	碱性电解（ALK）	质子交换膜电解（PEM）	单　位
效率	51	58	kW·h/kg(electricity/H_2)
使用寿命	80 000	40 000	h
CAPEX	750	1 200	欧元/kW
OPEX	2% CAPEX	2% CAPEX	欧元/kW
CAPEX－电池组更换	340	420	欧元/kW

续 表

组 成	碱性电解(ALK)	质子交换膜电解(PEM)	单 位
常规输出压力	大气压力	30	bar
系统使用时长	20	20	a

注：CAPEX 为单位资本投资，OPEX 为运营支出；1 bar=0.1 MPa。
数据来源：FCH - JU(2017)，FCH - JU(2014)。

表 8-7 煤制氢与 CCUS 运行数据

消耗量及成本组成	数 值	单 位	数 据 来 源
煤炭消耗量	6.43	t/t H_2	Li 等(2018)
电力消耗量	0.66	kW·h/kg H_2	Wang 等(2019)
工业用水消耗量	191.57	t/t H_2	Wang 等(2019)
单位 CO_2 排放量	16.39～22	kg/kg H_2	水电水利规划设计总院(2020)；IEA(2019)
工业用电价格	0.6	元/(kW·h)	Wang 等(2019)
工业用水价格	2	元/t	Wang 等(2019)
运维成本	4%资本投资		Thengane 等(2014)

表 8-8 电解水制氢技术消耗量及其价格

消耗量及其价格	电解水工艺(ALK)	质子交换膜电解(PEM)	单 位	数 据 来 源
电力消耗量	51	58	kW·h/kg	IRENA(2018)
工业纯水消耗量	10	10	kg/kg H_2	Koj 等(2017)；Lee 等(2017)
KOH 消耗量	1.9	0	g/kg H_2	Koj 等(2017)
水蒸气消耗量	0.11	0	kg/kg H_2	
镍基催化剂消耗量	0.29	0	g/kg H_2	

续 表

消耗量及其价格	电解水工艺(ALK)	质子交换膜电解(PEM)	单 位	数据来源
光伏电价	0.655		元/(kW·h)	中国气象局(2021)
风力电价	0.324		元/(kW·h)	
工业纯水	76.2	—	元/t	Kuckshinrichs 等(2017)
KOH 单价	19 134.8	—	元/t	
水蒸气单价	76.2	—	元/t	
镍基催化剂单价	2 121.1	—	元/t	

接下来，本节通过成本结构分析对资金投入进行深入分解，以探寻降低成本的有效途径。最终，依据中国区域数据(表 8－9～表 8－11)识别出最具成本效益的制氢地区。

表 8－9 各个省级行政区的 CO_2 运输距离和煤炭价格

省级行政区	CO_2 运输距离/km	煤炭价格/(元/t)	省级行政区	CO_2 运输距离/km	煤炭价格/(元/t)
天津	100	477.14	江西	100	649.77
河北	100	459.375	山东	100	532.01
山西	100	332.52	河南	100	493.8
内蒙古	100	283.805	湖北	100	577.65
辽宁	100	541.48	湖南	100	602.28
黑龙江	100	542.07	广东	500	547.87
上海	100	509.22	广西	500	707.02
江苏	100	527.86	重庆	100	572.42
浙江	100	566.26	四川	100	557.34
安徽	100	564.18	贵州	100	503.88
福建	500	523.72	云南	100	446.17

续 表

省级行政区	CO_2 运输距离/km	煤炭价格/(元/t)	省级行政区	CO_2 运输距离/km	煤炭价格/(元/t)
陕西	100	383.5	宁夏	100	351.93
甘肃	100	482.87	新疆	100	263.35
青海	500	491.56			

数据来源：中国煤炭工业协会(2020)，IRENA(2016)。

在进行地区分析时，额外假设中国各个省级行政区制氢厂的规模均为 10 万吨 H_2/年，项目运行寿命均为 30 年。受限于数据的可获取性，本节讨论的地区不包括西藏自治区、香港特别行政区、澳门特别行政区和台湾省等地。在确定 CO_2 运输距离时，北京市和海南省由于在 800 km 范围内没有合适的封存地点而不纳入比较范围；青海、广西、广东和福建四省在 800 km 范围内虽然有合适的封存地点，但在 250 km 范围内没有合适的封存地点，故将 CO_2 运输距离设定为 500 km；对于 250 km 范围内有合适封存地点的燃煤电厂，CO_2 运输距离则设置为 100 km (Dahowski et al.，2013；Fan et al.，2020)，由此可以得到中国各个省级行政区 CO_2 封存所需要的平均距离。此外，由于煤炭价格与各个省级行政区的煤炭资源禀赋有关，而煤制氢对煤种没有特殊要求，故本节采用中国各个省级行政区的电煤指数来代替各个省级行政区煤炭的平均价格。

表 8-10　我国各个省级行政区光伏发电上网电价和购销差价

省级行政区	上网电价/[元/(kW·h)]	购销差价/[元/(kW·h)]	发电成本/[元/(kW·h)]	省级行政区	上网电价/[元/(kW·h)]	购销差价/[元/(kW·h)]	发电成本/[元/(kW·h)]
河北	0.862 64	0.153 75	0.708 89	上海	1.198	0.214 76	0.983 24
山西	0.921 54	0.094 89	0.826 65	江苏	1.113 42	0.195 84	0.917 58
内蒙古	0.804 535	0.117 79	0.686 745	浙江	1.136	0.198 2	0.937 8
辽宁	0.697 06	0.159 62	0.537 44	安徽	0.933 77	0.200 06	0.733 71
吉林	0.927 39	0.161 42	0.765 97	福建	0.980 54	0.146 65	0.833 89
黑龙江	0.667 21	0.154 57	0.512 64	江西	1.048 32	0.191 33	0.856 99

续　表

省级行政区	上网电价/[元/(kW·h)]	购销差价/[元/(kW·h)]	发电成本/[元/(kW·h)]	省级行政区	上网电价/[元/(kW·h)]	购销差价/[元/(kW·h)]	发电成本/[元/(kW·h)]
山东	0.798 67	0.189 26	0.609 41	四川	0.783 47	0.167 1	0.616 37
湖北	1.011 65	0.194 86	0.816 79	贵州	0.948	0.111 83	0.836 17
湖南	0.978 47	0.172 93	0.805 54	云南	0.734 32	0.072 58	0.661 74
广东	0.978 6	0.130 99	0.847 61	陕西	0.679 43	0.138 28	0.541 15
重庆	0.396 4	0.161	0.235 4	甘肃	0.856 57	0.129 88	0.726 69

表 8－11　我国各个省级行政区风力发电上网电价和购销差价

省级行政区	上网电价/[元/(kW·h)]	购销差价/[元/(kW·h)]	发电成本/[元/(kW·h)]	省级行政区	上网电价/[元/(kW·h)]	购销差价/[元/(kW·h)]	发电成本/[元/(kW·h)]
天津	0.521 56	0.189 54	0.332 02	湖北	0.613 59	0.194 86	0.418 73
河北	0.463 74	0.153 75	0.309 99	湖南	0.622 26	0.172 93	0.449 33
山西	0.611 6	0.094 89	0.516 71	广东	0.602 64	0.130 99	0.471 65
内蒙古	0.442 47	0.117 79	0.324 68	广西	0.607 19	0.138 56	0.468 63
辽宁	0.546 99	0.159 62	0.387 37	重庆	0.545 07	0.161	0.384 07
吉林	0.480 65	0.161 42	0.319 23	四川	0.562 01	0.167 1	0.394 91
黑龙江	0.499 84	0.154 57	0.345 27	贵州	0.534 15	0.111 83	0.422 32
上海	0.746 47	0.214 76	0.531 71	云南	0.455 88	0.072 58	0.383 3
浙江	0.733 4	0.198 2	0.535 2	陕西	0.559 47	0.138 28	0.421 19
安徽	0.605 55	0.200 06	0.405 49	甘肃	0.430 02	0.129 88	0.300 14
福建	0.589 53	0.146 65	0.442 88	青海	0.513 44	0.095 91	0.417 53
江西	0.674 34	0.191 33	0.483 01	宁夏	0.505 17	0.079 16	0.426 01
山东	0.615 09	0.189 26	0.425 83	新疆	0.457 72	0.120 87	0.336 85
河南	0.61	0.174 92	0.435 08	海南	0.607 45	0.206 6	0.400 85

1. 煤制氢 CCUS 和可再生能源电解水制氢比传统煤制氢 LCOH 高 2～5 倍，目前不具备市场竞争力

图 8－10 展示了 CTH 与 CTHCCUS 工艺的平准化成本研究结果。在不同煤炭价格水平下，CTH 工艺的 LCOH 具体数值如下：低煤价时为 7.2 元/kg H_2，中等煤价时为 8.7 元/kg H_2，高煤价时为 10.1 元/kg H_2。经过 CCUS 改造后，当 CO_2 运输距离为 100 km 时，CTHCCUS 工艺相对于 CTH 工艺的 LCOH 上涨了 57.6%～80.7%；当 CO_2 运输距离为 250 km 时，LCOH 则增加了 91.6%～128.3%。这表明，CO_2 运输成本对 CTHCCUS 工艺的总成本影响显著。具体而言，CO_2 运输距离由 100 km 增加到 250 km 将会导致 CTHCCUS 工艺的平准化成本上升 21.5%～26.3%。

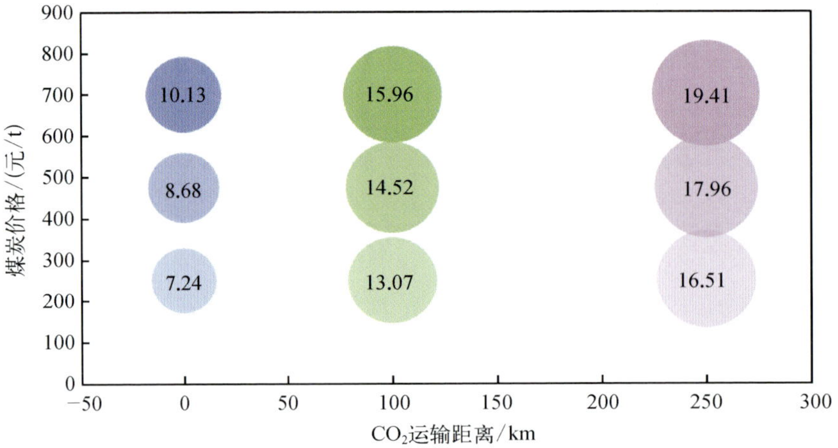

图 8－10 不同煤炭价格和 CO_2 运输距离下 CTH 与 CTHCCUS 工艺的 LCOH

在煤炭价格变动的影响下，当低煤价上升至中等煤价时，CTH 工艺的 LCOH 上涨约 20%，而在 100 km 和 250 km 的运输距离下，CTHCCUS 工艺的 LCOH 分别上涨了 11.7% 和 8.8%；当低煤价上升至高煤价时，CTH 工艺、100 km 和 250 km 的运输距离下 CTHCCUS 工艺的 LCOH 分别上涨了 40%、22.1%、17.5%；当中等煤价上升至高煤价时，相应 LCOH 的上涨幅度分别为 16.7%、10% 和 8.1%。总体而言，在不同煤炭价格情景下，CTHCCUS 工艺的 LCOH 最低为 13.1 元/kg H_2(L－d)，最高为 19.4 元/kg H_2(H－D)，两者之间存在较大差距。

图 8－11 展示了两种电解水制氢工艺在不同电力来源下的 LCOH。从工艺类型来看，新兴 PEM 工艺与传统 ALK 工艺相比，当使用燃煤电力、陆上风电和光伏

电力时，其LCOH分别增加了45.8%、33.5%和26.6%，这说明ALK电解更具有市场竞争力。此外，ALK煤电解的平准化成本是16.4元/kg H_2，可以同CTHCCUS工艺的CO_2长距离运输情景相竞争；而当使用陆上风电和光伏电力进行电解时，ALK工艺的平准化成本分别为26.6元/kg H_2和40.9元/kg H_2，相较于燃煤电力分别上涨了62.1%和149.0%，这表明当前条件下可再生能源电解水制氢工艺在制氢成本上无法与CTH和CTHCCUS工艺相匹敌。但如果风电和光电的发电成本能够降低到当前燃煤发电的水平[0.18元/(kW·h)]，可再生能源电解水制氢工艺的平准化成本有望与CTHCCUS工艺相抗衡。

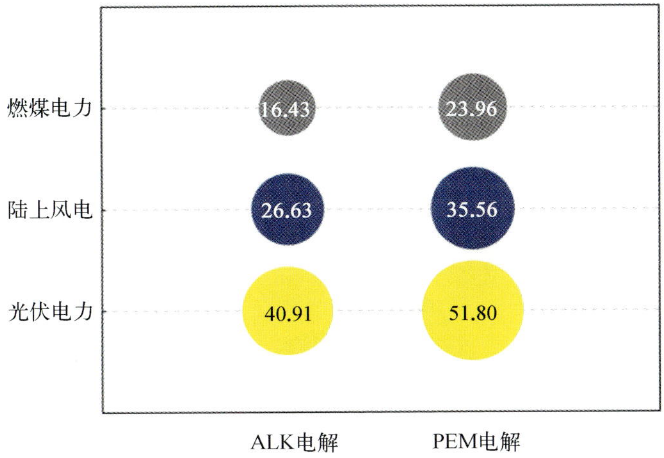

图8-11　不同电力来源下ALK与PEM工艺的LCOH(单位：元/kg)

2. 煤制氢CCUS及可再生能源电解水制氢的初始投资成本占比超过八成，是降低氢气生产成本的关键

图8-12展示了不同情景下CTH与CTHCCUS工艺的成本组成结构。在CTH-L、CTH-M和CTH-H情景下，内部饼图展示了资本成本、原料成本和运维成本的占比情况，外部饼图则展示了原料成本中主要消耗原料的投入占比情况。该图显示，CTH资本投入占比为75.80%～83.41%，原料成本占比为9.67%～17.91%，运维成本占比为6.29%～6.92%，因此，控制CTH工艺的初始投资能够大幅降低氢气生产成本。

相较于CTH工艺，CTHCCUS工艺中煤制氢和CCUS的成本投入在总成本投入中的占比情况应更值得关注。在CTHCCUS的成本构成中，L-d、M-d、H-d、L-D、M-D和H-D情景的内部饼图展示了整体资本投入和运行成本情

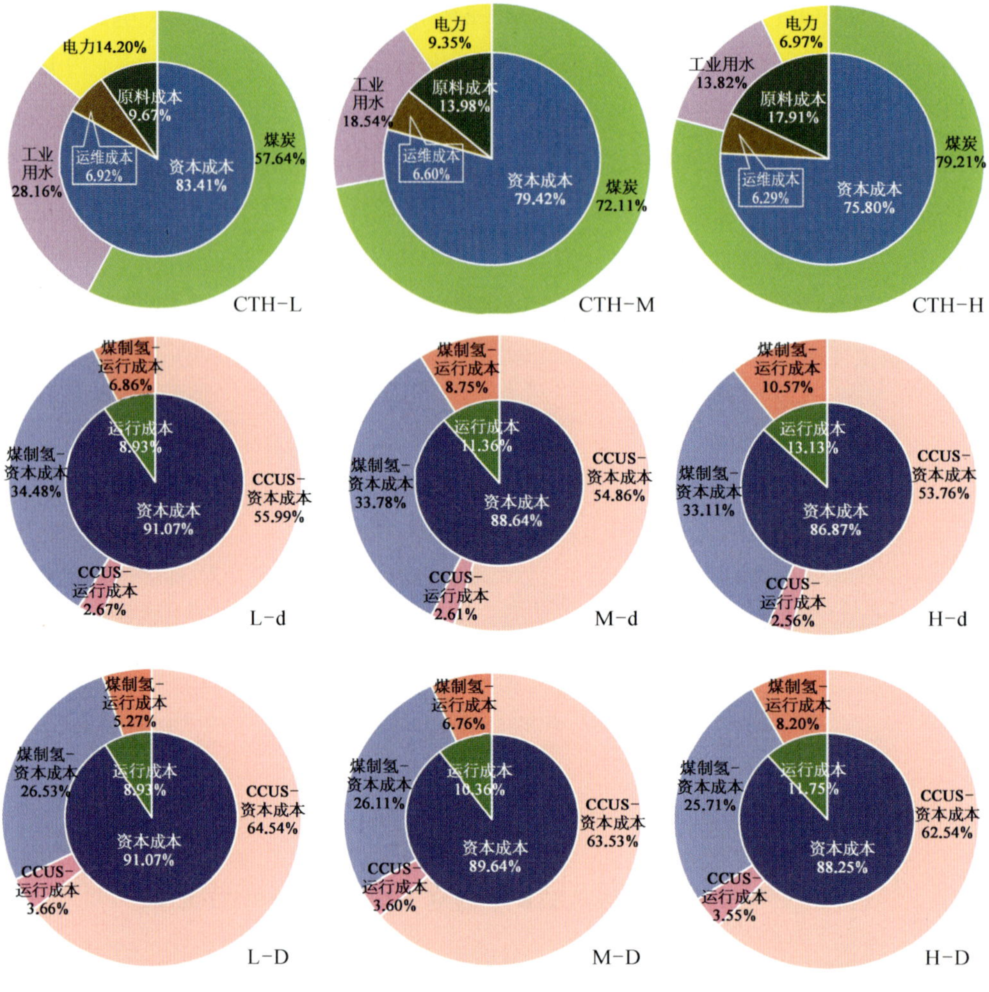

图 8-12 CTH 与 CTHCCUS 工艺的成本结构

况，外部饼图则展示了煤制氢与 CCUS 各自的资本投入和运行成本情况。不同情景下 CTHCCUS 的资本成本在总成本中的占比均较高，为 86.9%～91.1%，而运行成本随着煤炭价格的上涨而增加，占总成本的 8.9%～13.1%。在总资本成本中，煤制氢的资本成本占 29.1%～38.1%，CCUS 的资本成本占 61.9%～70.9%；而在总运行成本中，CCUS 的运行成本占 19.5%～41.0%，煤制氢的运行成本则占 59.0%～80.5%。因此，如何有效控制 CCUS 的初始投资成本，将是进一步优化 CTHCCUS 工艺成本的关键所在。

与 CTH 和 CTHCCUS 工艺相比，电解水制氢所涉及的成本投入和材料消耗更为简单(图 8-13)。总体而言，资本成本占总成本的比例为 60%～88%，并且随着发电成本的增加而降低;在运维成本中,电力消耗成本占比超过 92%。从工艺类型分析,ALK 工艺的资本成本占总成本的 58.8%~81.9%,运维成本占 6.4%~40.0%,而 PEM 工艺的总成本中资本成本占 71.3%~88.3%,运维成本占 9.9%~27.3%。这表明,电解水制氢的资本投入是制约其产品竞争力的主要因素,而电力来源的差异对运行成本的占比有着较大影响。因此,降低电解水制氢的初始资本投入和可再生能源发电成本,将能显著提升其竞争力。

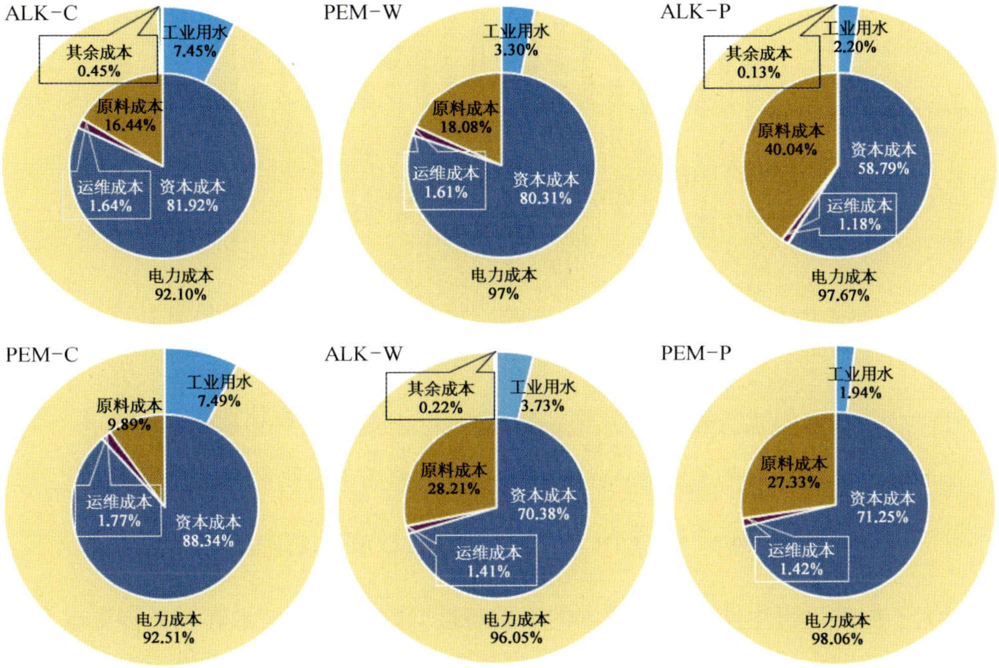

图 8-13 电解水制氢的成本结构

3. 当前煤制氢 CCUS 在西北及北部地区最具成本效益,其中新疆 LCOH 最低,约为 13 元/kg H_2

图 8-14 展示了 CTH 与 CTHCCUS 工艺在不同区域的 LCOH 表现情况。西北地区是中国 CTH 工艺生产的优势区域,而东南地区相对处于劣势。其中,新疆的 CTH 制氢成本最低(7.3 元/kg H_2),广西的最高(10.2 元/kg H_2)。同样,CTHCCUS 制氢成本在广西也最高(25.2 元/kg H_2),主要是由于该地区 CO_2 运输距离较远且煤炭价格较高,而西部及北部地区的 CTHCCUS 工艺成本较低,LCOH 为 13~14 元/kg H_2,其中新疆的仍然最低(13.2 元/kg H_2)。尽管耦合 CCUS 技术增加了平准化制氢成本,但 CTHCCUS 成本分布依然与传统 CTH 的

类似。此外，一些 LCOH 变化较大的省级行政区（如青海、福建等）主要是由于 CO_2 运输距离较远，进一步放大了该地区煤制氢工艺的劣势。

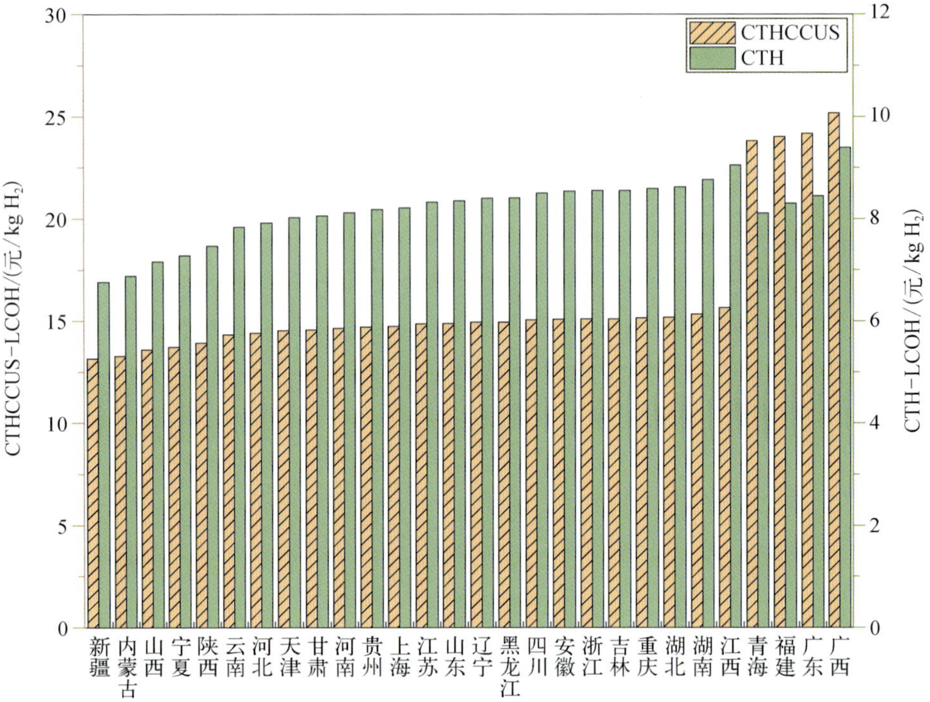

图 8-14 CTH 与 CTHCCUS 的 LCOH 区域分布

为了探究可再生能源制氢成本的区域特性，通过 ALK 技术和风光资源组合分别计算了 ALK-W 和 ALK-P 的 LCOH（图 8-15），其中柱状图展示了两种可再生能源制氢工艺与 CTHCCUS 工艺的 LCOH。

相较于 ALK-W 工艺，CTHCCUS 工艺在多数地区都更具成本优势，但优势程度有所不同[图 8-15(a)]。例如，宁夏、河北等地的成本优势最为明显（均在 15 元/kg H_2 以上），表明 CTHCCUS 工艺在这些省级行政区更适合作为未来低碳氢能生产的技术选择。而在青海等地，两种低碳制氢工艺的成本差异较小，仅为 4.5 元/kg H_2。尽管 CTHCCUS 工艺相对于 ALK-W 工艺更具有成本优势，但考虑到长期发展趋势和未来煤炭资源使用的限制，应综合考量更多因素并选择适合本地区发展的低碳制氢工艺。此外，新疆、甘肃等地的 ALK-W 工艺成本最低，其中甘肃 ALK-W 工艺的 LCOH 最低，仅为 22.3 元/kg H_2，这些地区同时也是中国风能资源较为丰富的地区，虽然现阶段这些地区风能电解工艺尚未显示出明显的发展优势，但随着国家控制煤炭消费力度的不断加强，CTHCCUS 工艺的优势可能会有所下降，因此这些地区风能电解制氢工艺的发展潜力值得进一步关注。

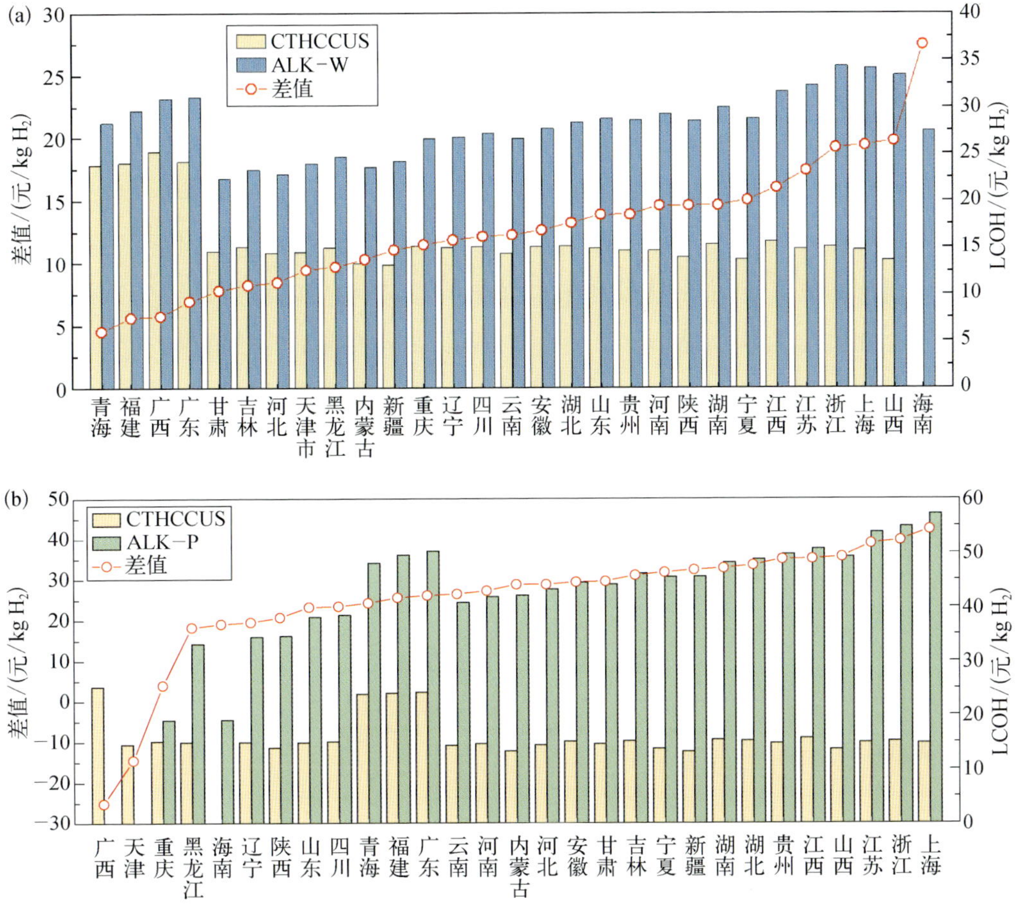

图 8－15　(a) 风电 ALK－W 工艺与 CTHCCUS 工艺的 LCOH 对比；
(b) 光电 ALK－P 工艺与 CTHCCUS 工艺的 LCOH 对比

CTHCCUS 工艺和 ALK－W 工艺的成本对比结果具有相似性，CTHCCUS 工艺在大部分地区较 ALK－P 工艺更具成本优势，且较 ALK－W 工艺的成本优势更为显著[图 8－15(b)]。如陕西、四川等地的 ALK－P 工艺成本较低，LCOH 为 19.0～38.0 元/kg H_2，可见发展优势明显；重庆也是 ALK－P 工艺发展较优的地区，LCOH 低至 19.0 元/kg H_2，与 CTHCCUS 工艺相比仅差 3.9 元/kg H_2，因此目前重庆市 ALK－P 工艺具备大规模发展的潜力。此外，新疆、吉林等地的两种工艺成本差异较大，高达 30～50 元/kg H_2，其中上海 ALK－P 工艺的 LCOH 最高，为 57.2 元/kg H_2。

8.3 中国煤制氢 CCUS 投资决策①

CCUS 成本与中国市场碳价是影响低碳煤制氢投资效益的两大关键不确定因素，它们既可能带来风险，也可能提供机遇。为此，本节根据目前 CCUS 技术成本和市场碳价水平，以及未来 CCUS 技术成本（科学技术部社会发展科技司等，2019）和市场碳价（Slater et al.，2020；冯永晟等，2021）的预测变化趋势设置了三种不同情景，分别为基准情景、未来情景和未来强化情景，其中后两种情景细分为初步阶段、发展阶段和推广阶段（表 8 - 12）。针对投资决策表现不佳的情景，本节还设计了三种政策补贴措施，分别为初始投资补贴、碳减排补贴和清洁燃料补贴（表 8 - 13）。为了深入分析不同市场和技术环境下中国低碳煤制氢技术的投资效益变化情况，以及不同政策补贴措施的激励效果，本节利用实物期权模型对上述情景进行了分析，并评估了其对中国低碳煤基氢能项目投资的激励作用，相关模型构建见附录 F - 3。本节的 CTHCCUS 投资决策模型基于如下假设：

表 8 - 12 非政策情景设置

情景设置		捕集成本/(元/t)	运输成本/[元/(t·km)]	封存成本/(元/t)	市场碳价/(元/t CO_2)
基准情景		177	1.1	60	72.69(Xiang et al.，2014)
未来情景	初步阶段	110	0.7	45	93
	发展阶段	60	0.55	32.5	130
	推广阶段	40	0.45	27.5	167
未来强化情景	初步阶段	90	0.4	40	100
	发展阶段	50	0.2	30	150
	推广阶段	30	0.15	25	200

① 本节的主要内容已发表，详见：Li Z Z，Yu P W，Xian Y J，et al. Investment benefit analysis of coal-to-hydrogen coupled CCS technology in China based on real option approach [J]. Energy，2024，294：130293.

表 8-13　政策补贴措施

补贴措施	描　述	补贴额度
初始投资补贴	以 CCUS 投资的初始投资金额为最高标准，按照一定比例进行补贴（Slater et al.，2020）	0%～100%
碳减排补贴	参考美国 45Q 税收抵免政策，确定最高补贴标准，按照一定比例进行补贴（Fan et al.，2020）	50 元/t CO_2，补贴 12 年
清洁燃料补贴	参照我国的脱硫脱硝电价，确定最高单位低碳产品的最高补贴标准，按照一定比例进行补贴（IRENA，2019；IRENA，2020；中国氢能联盟，2019）	3 元/kg

（1）主要研究 CCUS 成本和市场碳价变化对 CTHCCUS 投资效益的影响，因此除 CCUS 成本和市场碳价外，其他影响因素（如煤炭价格、氢气出厂价格等）在所研究的情景范围内保持不变。

（2）CTHCCUS 工厂最常用的生产工艺为水煤浆气化制氢工艺，其产能均为 10 万吨/年，寿命均为 30 年，项目建设期均为 1 年（Fan et al.，2020）。

（3）煤制氢行业产生的碳排放相较于电力、水泥等行业来说，具有浓度高、易捕集的特点，因此采用燃烧前捕集工艺。

（4）煤制氢厂捕获的 CO_2 减排量全部为核准减排量，可以用于碳交易且交易过程无费用产生。

（5）考虑到中国现有 CCUS 示范项目中 CO_2 的最大运输距离在 100 km 以内（蔡博峰等，2019），因此将 CO_2 运输距离设为 100 km。

此外，由于 CCUS 技术的成本高昂，并且碳市场上的碳价较低（Zhao et al.，2020），目前 CCUS 项目难以获得收益。相比之下，政策补贴措施可以提高 CCUS 的投资效率及 CTHCCUS 工厂的盈利能力（IRENA，2020），从而激励 CTHCCUS 工厂开展煤基低碳氢能投资活动等。

值得注意的是，清洁燃料补贴参考了中国脱硝（脱硫）电价补贴的形式（Lee，2020），即给予低碳制氢企业一定的清洁燃料补贴，补贴额度根据当前 CTHCCUS 工艺与传统煤制氢工艺的生产成本的平均差值确定。此外，政策补贴措施仅适用于投资决策结果不佳的情景阶段，对于能够立即进行低碳煤制氢项目投资的情景阶段，政府部门无须进行政策激励。

CTHCCUS 投资评价中所涉及的成本数据主要包括制氢和碳捕集两个环节，其中煤制氢环节涉及初始投资成本、原料成本和运维成本三部分，碳捕集环节主要包括初始投资成本和运维成本两部分，总的初始投资则为两个环节的资本投资之和。

CTHCCUS 原料消耗主要包括煤炭、工业用水、工业用电及其他工业原料等，其中煤炭消耗占比达到 36.9%（张正泽，2011），这说明原料价格可能对煤制氢 CCUS 的投资效益具有较大影响。因此，本节将原料成本划分为煤炭和其他原料两部分，具体的原料消耗数据及成本数据详见表 8-14。

表 8-14 煤制氢 CCUS 的原料消耗数据及成本数据

消耗量及成本	数 值	单 位	数据来源
煤炭消耗量	6.43	t/t H_2	Wang 等(2019)
蒸汽消耗量	4.56	t/t H_2	Wang 等(2019)
工业用水消耗量	191.57	t/t H_2	Wang 等(2019)
电力消耗量	0.66	kW·h/kg H_2	Li 等(2018)
煤炭消耗量	500	元/t	作者假定
蒸汽消耗量	42	元/GJ	Wang 等(2019)
电力消耗量	0.6	元/(kW·h)	Li 等(2018)
煤炭年耗成本	30 542.5	万元	根据以上数据得到
其他原料年耗成本	7 791.4	万元	

运维成本是指煤制氢厂运行过程中所产生的管理费用、维护费用及人员工资等各项成本。为简化数据处理流程，根据 Thengane 等(2014)的研究，煤制氢厂的运维成本约占固定投资成本的 4%。因此，本节假设煤制氢厂的年度运维成本同样为固定资本成本的 4%。煤制氢 CCUS 投资效益评价的其他数据详见表 8-15。

表 8-15 煤制氢 CCUS 的其他数据

参 数	数 值	单 位	数据来源
核准减排量	1 475 100	t	按照生产能力与捕集率计算得到
初始碳价	72.69	元/t	北京绿色交易所(2018 年至今)

续 表

参　数	数　值	单　位	数据来源
CO_2 价格波动率 σ	0.272 4		根据碳价及相关公式计算得到
CO_2 价格期望 μ	0.020 9		根据碳价及相关公式计算得到
期权年限	10	a	作者假定
基准折现率	10%		国家发展改革委建设部(2006)

1. 煤制氢CCUS投资效益提高需分析投资节点，组合政策补贴措施

当无政策补贴措施时，中国CTHCCUS项目的投资效益结果如图8-16所示。在基准情景下，净现值与总投资价值存在较大差距，现阶段应执行延迟期权的策略；而在未来情景下，初步阶段和发展阶段的投资效益相对基准情景有了显著提升，初步阶段的NPV和TIV结果相较于基准情景分别增长了57.68%和500%，但直至推广阶段才具备大规模部署的可行性。在未来强化情景下，投资效益得到

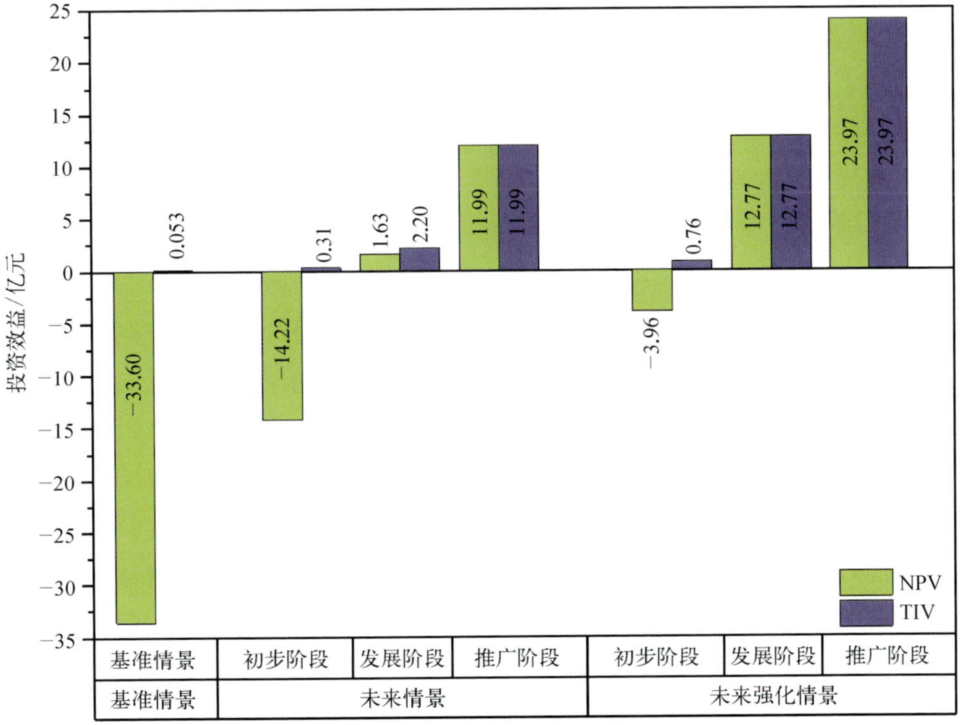

图8-16 不同情景下CTHCCUS项目的投资效益

了进一步改善，在发展阶段就能立即投资。在未来情景下，与立即投资的大规模部署条件[CO_2 捕集成本为 40 元/t，CO_2 运输成本为 0.45 元/(t・km)，CO_2 封存成本为 27.5 元/t，市场碳价为 167 元/t CO_2]相比，未来强化情景下进行大规模部署的技术条件与碳市场条件得到了有效的改善[CO_2 捕集成本为 50 元/t，CO_2 运输成本为 0.2 元/(t・km)，CO_2 封存成本为 30 元/t，市场碳价为 150 元/t CO_2]。故短期内 CTHCCUS 项目都不适合进行立即投资，需要持续完善中国的碳市场体系，扩大碳交易范围，逐步提高 CO_2 的市场价格，增强 CCUS 应用企业的风险抵御能力。

图 8－17 展示了当投资决策表现不佳时，政策补贴下三种政策补贴措施对 CTHCCUS 工艺投资效益的影响情况。在基准情景下，即使三种政策补贴措施的补贴比例都达到 100%，仍不能改变投资决策。但在未来情景的初步阶段，如果初始投资补贴达到 100%、清洁燃料补贴达到 70%、碳减排补贴达到 50%，投资决策就能转变为立即投资。相较于未来强化情景，各项补贴强度分别降低了 50%、60%和 57%。这说明，随着 CCUS 技术的发展和规模效应的显现，其推广应用的技术成本得以降低，从而有效减少了政府的整体补贴支出。值得注意的是，在未来情景的发展阶段，各项补贴仅需达到 10%就能够实现大规模立即投资。

为了深入探究 CTHCCUS 项目大规模推广部署的市场准入条件，图 8－18 展示了不同情景及政策补贴下能够立即投资的临界碳价结果。在基准情景下，当无政策补贴措施时，立即投资的临界碳价为 353.3 元/t CO_2，约是当前平均市场碳价(72.7 元/t CO_2)的 5 倍。在未来情景的初步阶段，当无政策补贴措施时，临界碳价降至 214.1 元/t CO_2，比基准情景降低了 39.4%，但仍然高出该情景阶段下可能达到的市场平均碳价(93 元/t CO_2)大约 1.3 倍。相比之下，在未来强化情景下的初步阶段，无政策补贴措施时的临界碳价降至 139.5 元/t CO_2，比该阶段可能达到的市场平均碳价(100 元/t CO_2)高出 39.5%，此时初始投资补贴达 50%即可达到该情景平均市场碳价(100 元/t CO_2)，若要实现同等的激励效果，碳减排补贴只需 20%，清洁燃料补贴则需 30%。在未来情景的发展阶段，无政策补贴措施时的临界碳价为 134.8 元/t CO_2，相比于基准情景降低了 61.8%，相比于未来情景的初步阶段降低了约 40%，这主要得益于该阶段 CCUS 成本和市场碳价水平更为理想。与该阶段下可能达到的市场平均碳价(130 元/t CO_2)相比，临界碳价相差无几，此时三种政策补贴措施只需达到各自补贴最高额度的约 10%，就可以激励项目立即

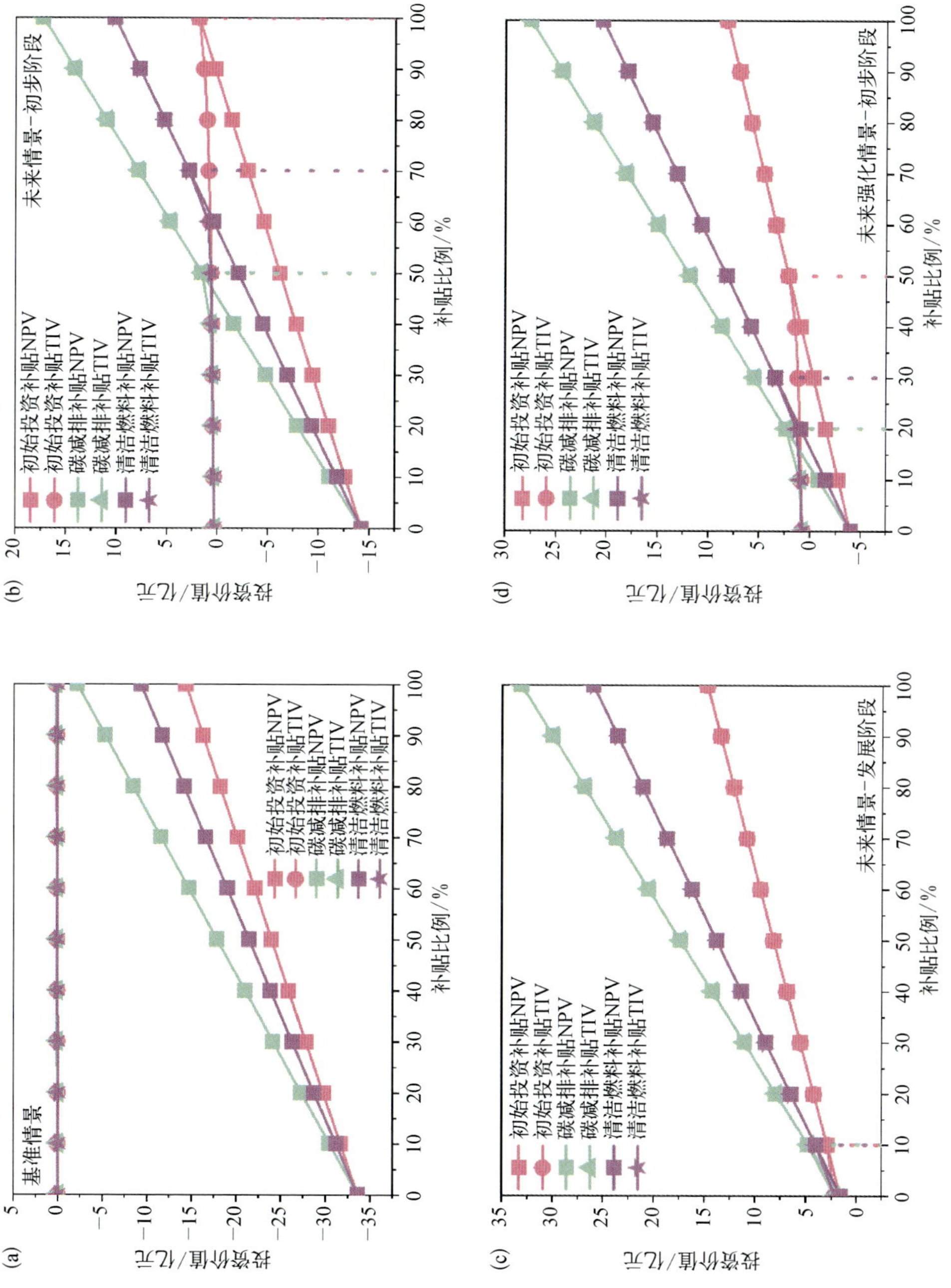

图 8-17　政策补贴下 CTHCCUS 项目的投资效益

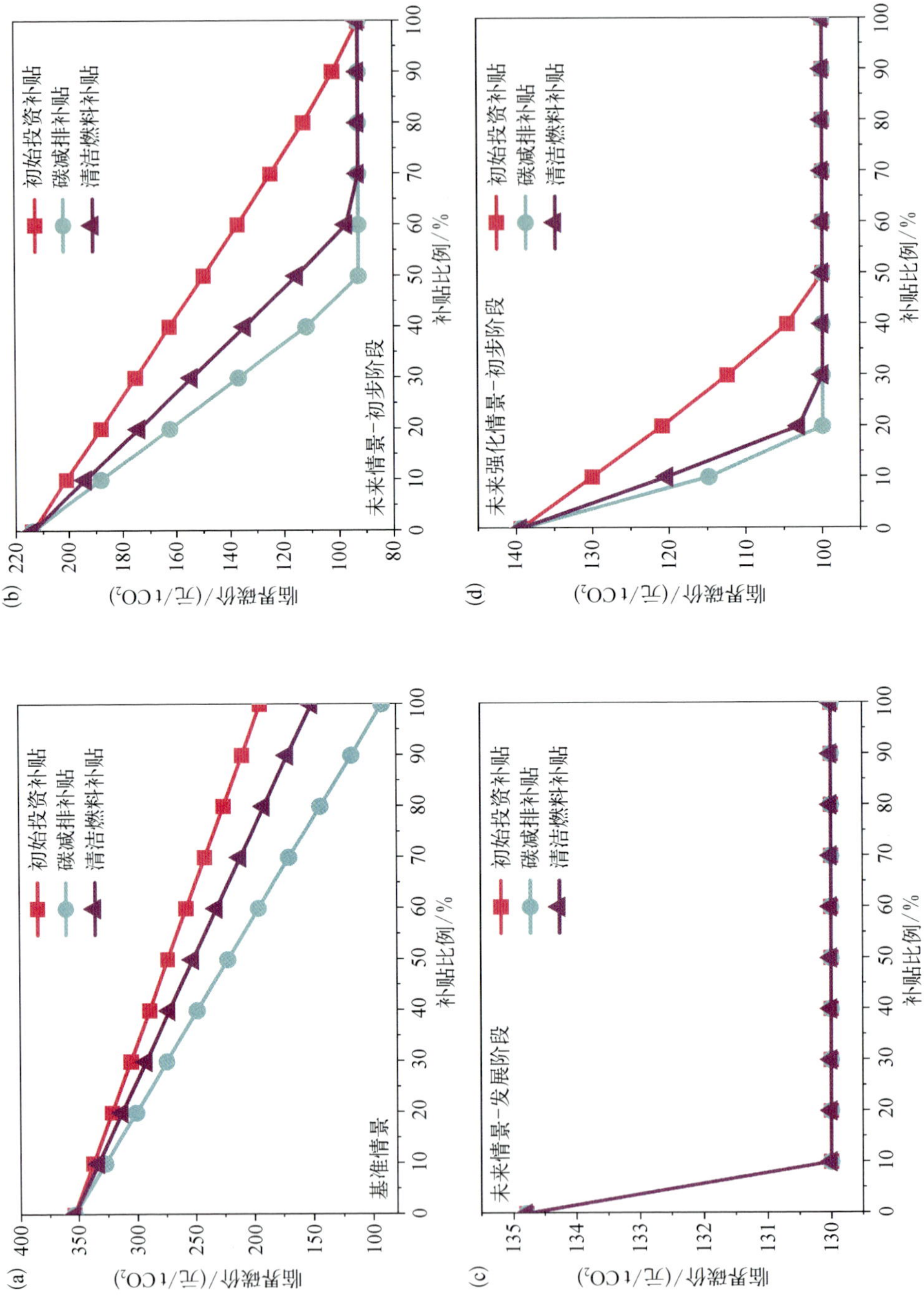

图8-18 不同情景及政策补贴下CTHCCUS项目的临界碳价

投资(临界碳价即市场碳价)。

2. 高 CCUS 成本-低碳价煤制氢 CCUS 改造项目需延迟投资，对于中 CCUS 成本-中碳价煤制氢 CCUS 改造项目，北部地区可立即投资

图 8-19 展示了中国各个省级行政区当前 CTHCCUS 项目的投资效益分析结果，左轴和右轴分别表示项目的 NPV 和 TIV。目前，各个省级行政区的 NPV 均为负值，TIV 均为正值，这意味着当前全国范围内需要执行延迟期权，等待投资机会，该结论与中国当前的实际情况相符。值得注意的是，煤炭资源丰富的山西、内蒙古等地的 NPV 和 TIV 都较高，因此可能成为未来煤基低碳氢能发展的优势区域；相反，资源相对匮乏的福建、广东等地的 NPV 和 TIV 都较低，且短距离内没有合适的 CO_2 封存地，故此需要探索新的低碳制氢方式。总体而言，现阶段投资 CTHCCUS 存在市场风险，为了提升投资效益，需要进一步发展和完善 CCUS 技术及碳市场，或由政府给予一定的补贴支持。

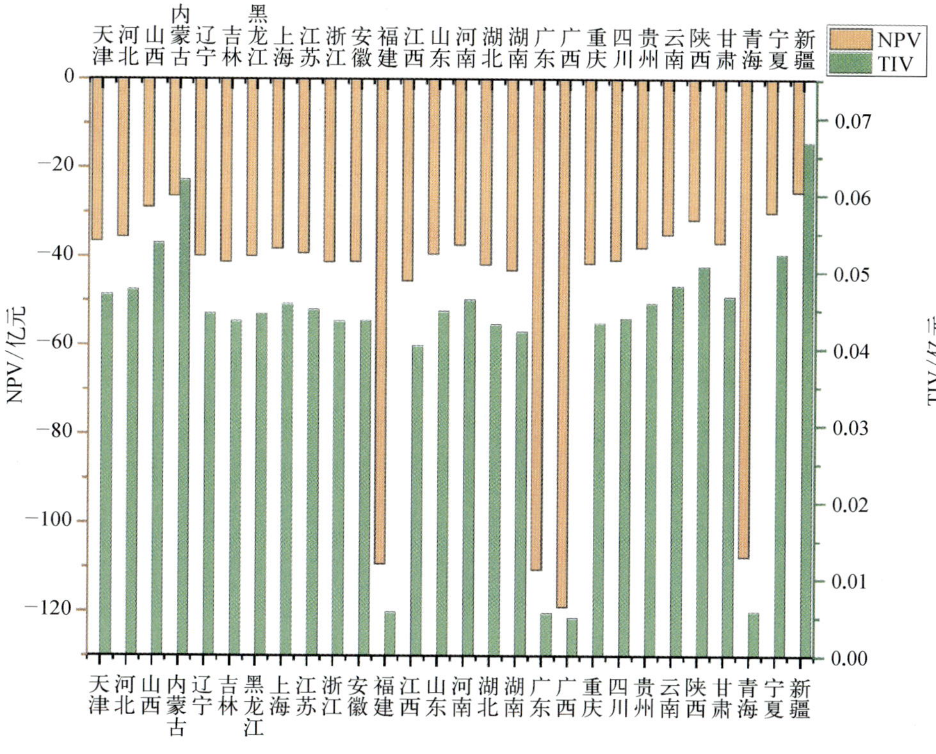

图 8-19　基准情景下各个省级行政区 CTHCCUS 项目的投资效益比较

图 8-20 展示了在未来情景及未来强化情景下的 CTHCCUS 投资决策和优势区域的变化情况。在未来情景的初步阶段，CTHCCUS 无法立即投资。虽然未来情景的发展阶段在整体上仍不适合大规模投资，但新疆、内蒙古等地已经具备立即投资的条件和提前部署的经济优势，且这些省级行政区占所研究省级行政区的 5/28，若其产能可以满足中国氢能产业发展初期的市场需求，即表明 CTHCCUS 项目此时已具备市场竞争条件，则北部地区就是低碳煤基氢能先发区域。在未来情景的推广阶段，具备立即投资条件的省级行政区占所研究省级行政区的 21/28，若该阶段的 CTHCCUS 成本有所降低，中国氢能产业将迈入快速发展期，新疆、内蒙古等北部地区依然是投资回报的最优区域。在未来强化情景下，整体情况更加乐观，初步阶段有新疆和内蒙古等地即可立即投资，发展阶段有超过半数的省级行政区可立即投资，推广阶段几乎所有省级行政区都具备立即投资的条件。因此，CTHCCUS 项目在初步投资阶段需要满足以下条件：煤炭价格在 263～384 元/t 内，全流程 CO_2 减排成本为 147.5 元/t CO_2，以及碳价为 130 元/t CO_2 的相同或类似的市场和技术环境。

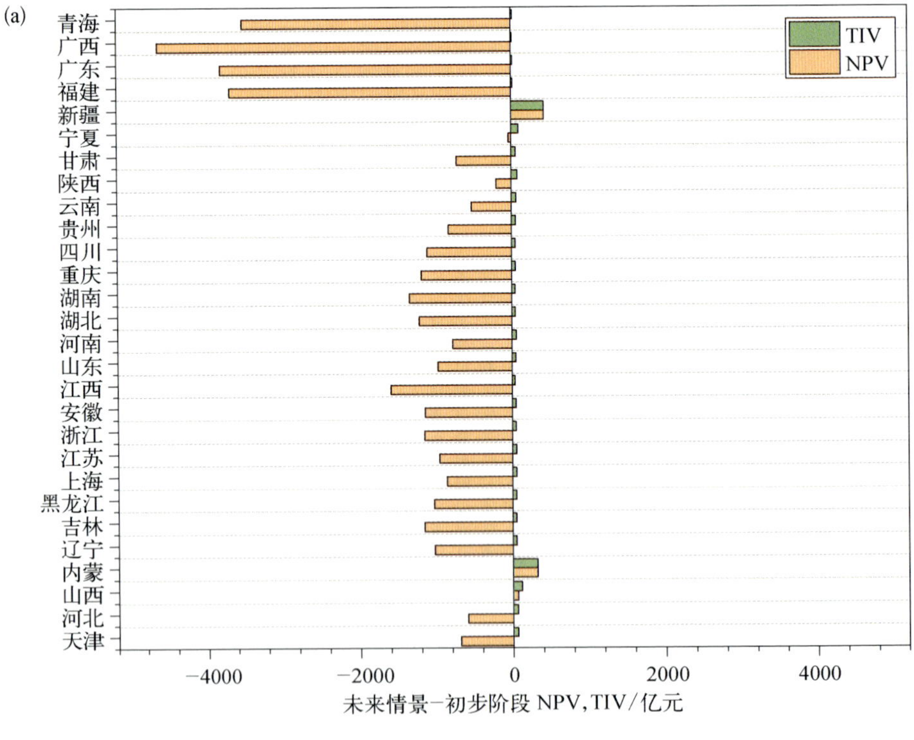

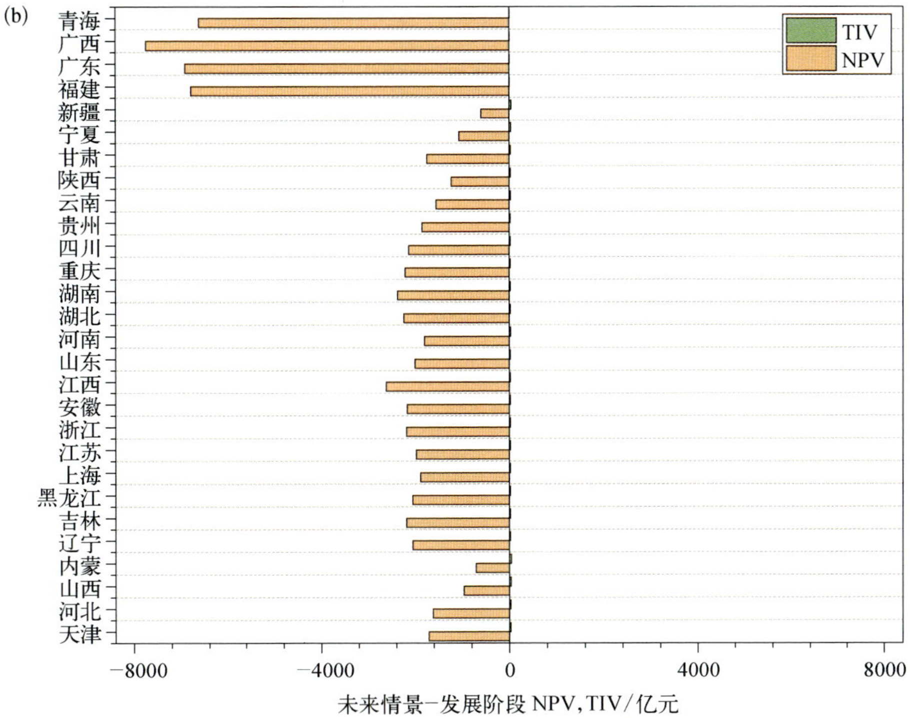
(b)
青海
广西
广东
福建
新疆
宁夏
甘肃
陕西
云南
贵州
四川
重庆
湖南
湖北
河南
山东
江西
安徽
浙江
江苏
上海
黑龙江
吉林
辽宁
内蒙
山西
河北
天津
TIV
NPV
−8000
−4000
0
4000
8000
未来情景−发展阶段 NPV,TIV/亿元

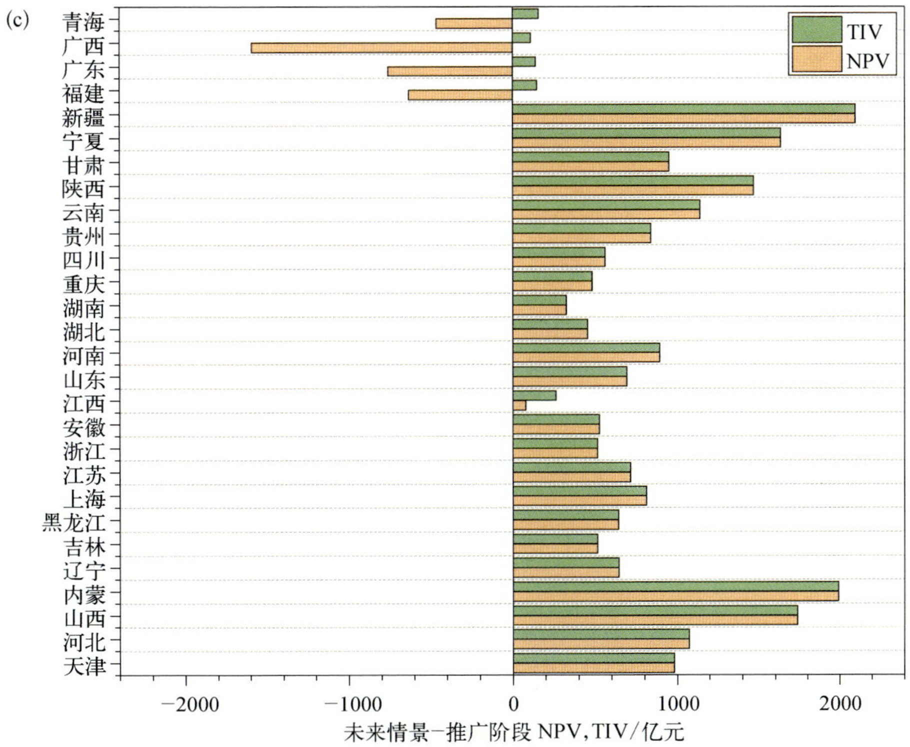
(c)
青海
广西
广东
福建
新疆
宁夏
甘肃
陕西
云南
贵州
四川
重庆
湖南
湖北
河南
山东
江西
安徽
浙江
江苏
上海
黑龙江
吉林
辽宁
内蒙
山西
河北
天津
TIV
NPV
−2000
−1000
0
1000
2000
未来情景−推广阶段 NPV,TIV/亿元

(d)

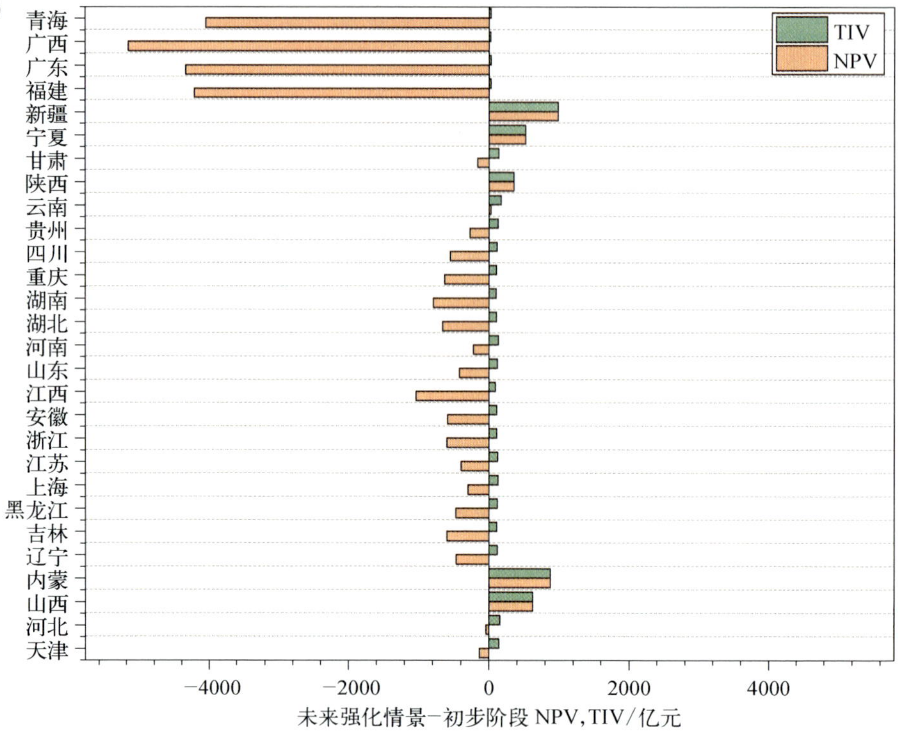
青海
广西
广东
福建
新疆
宁夏
甘肃
陕西
云南
贵州
四川
重庆
湖南
湖北
河南
山东
江西
安徽
浙江
江苏
上海
黑龙江
吉林
辽宁
内蒙
山西
河北
天津
TIV
NPV
−4000
−2000
0
2000
4000
未来强化情景−初步阶段 NPV,TIV/亿元

(e)

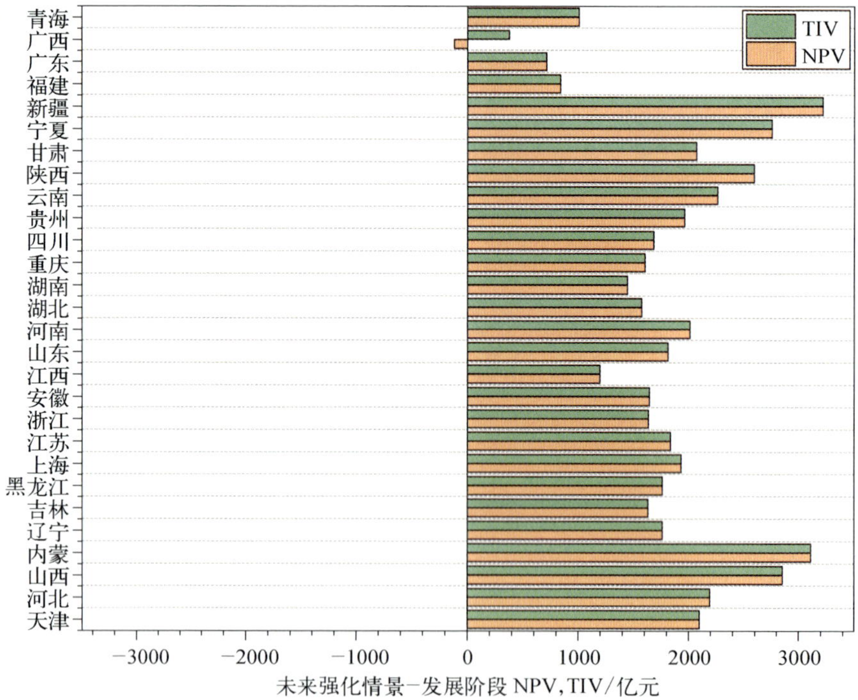
青海
广西
广东
福建
新疆
宁夏
甘肃
陕西
云南
贵州
四川
重庆
湖南
湖北
河南
山东
江西
安徽
浙江
江苏
上海
黑龙江
吉林
辽宁
内蒙
山西
河北
天津
TIV
NPV
−3000
−2000
−1000
0
1000
2000
3000
未来强化情景−发展阶段 NPV,TIV/亿元

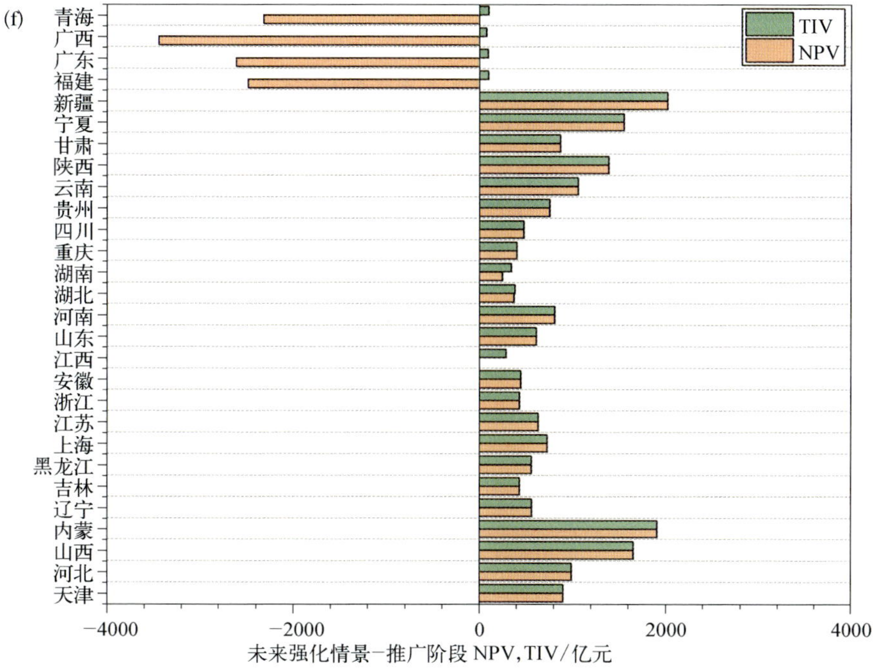

图 8－20　未来发展趋势下 CTHCCUS 项目的投资决策区域表现

3. 未来中 CCUS 成本低碳价情景下补贴超过 40%，全国约七成区域可立即投资

图 8－21 展示了初始投资补贴对基准情景以及未来情景初步阶段和发展阶段

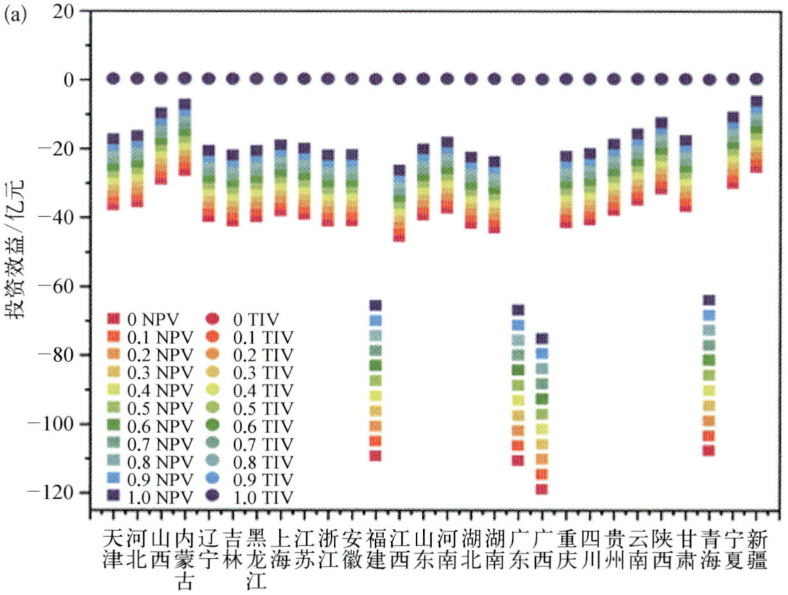

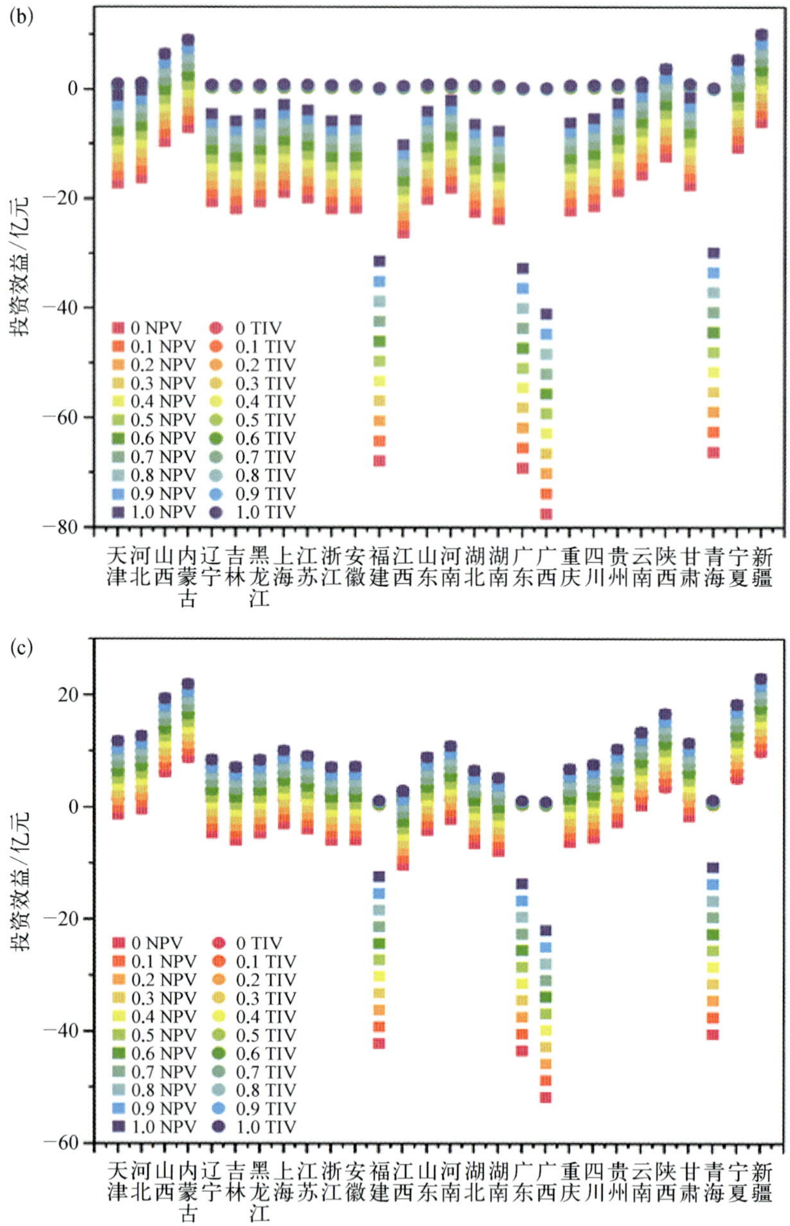

图 8-21　不同初始投资补贴下基准情景(a)、未来情景的初步阶段(b)和未来情景的发展阶段(c)的 CTHCCUS 项目投资的 NPV 与 TIV

下 CTHCCUS 项目投资效益的影响。在基准情景下，即使三类补贴均达到 100%，也无法改变各区域的投资决策结果。然而，在未来情景的初步阶段，当初始投资补贴达 50%～100%时，全国能够立即投资的省级行政区占比将由 1/28 增加至

5/28，这些省级行政区主要集中在北部地区。在未来情景的发展阶段，当资本补贴达到 50%时，全国有一半的省级行政区可以进行立即投资，而当补贴比例达到 60%时，全国能够立即投资的省级行政区占比将会提高到 21/28，达到最优激励效果。

图 8－22 展示了清洁燃料补贴对投资效益的影响。在未来情景的初步阶段，

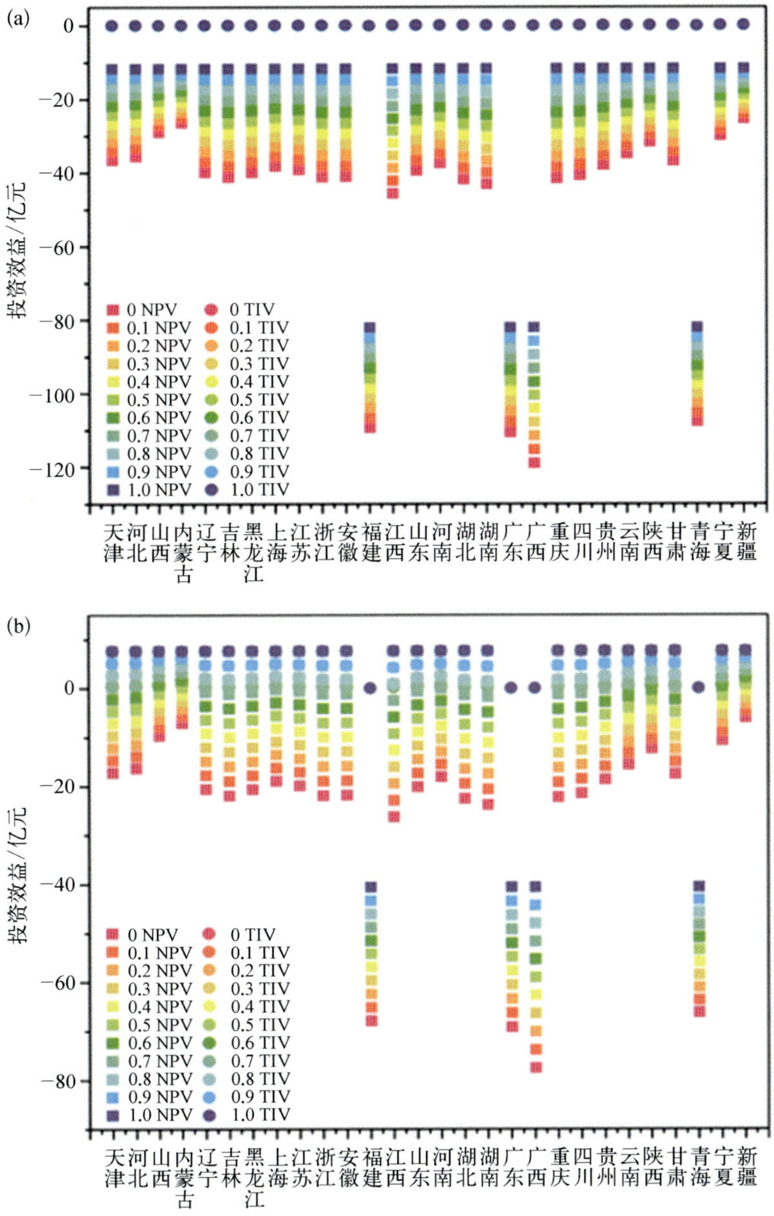

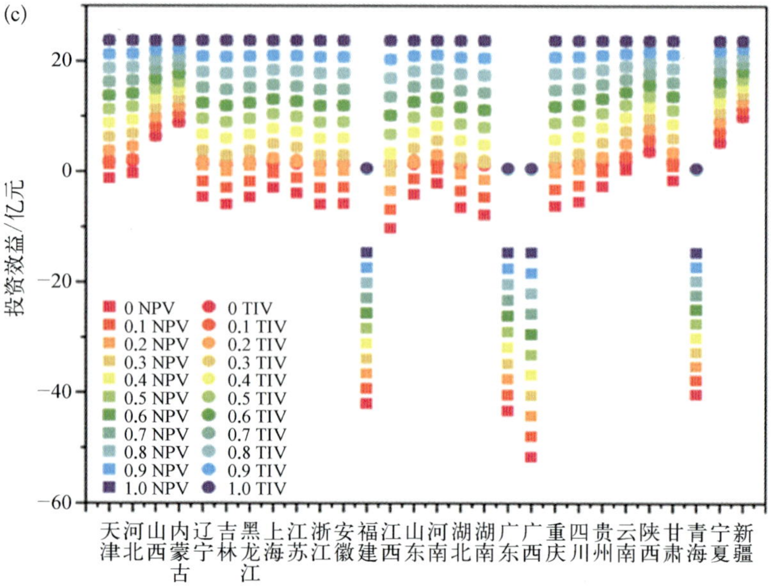

图 8－22　不同清洁燃料补贴下基准情景(a)、未来情景的初步阶段(b)和未来情景的发展阶段(c)的 CTHCCUS 项目投资的 NPV 与 TIV

当清洁燃料补贴达到 50%～80%时，全国能够立即投资的省级行政区占比将由 1/28 增加至 21/28，但大部分省级行政区仍然需要 80%以上的清洁燃料补贴才能改变其投资决策。而在未来情景的发展阶段，当清洁燃料补贴达到 20%时，全国接近一半的省级行政区都可以进行立即投资；而当补贴比例进一步提高至 40%时，全国能够立即投资的省级行政区占比将会提高到 21/28，达到最优激励效果。

图 8－23 展示了不同碳价补贴的影响结果。在基准情景下，即使碳减排补贴增至 100%，也无法改变任何区域对 CTHCCUS 项目的投资决策。在未来情景的初步阶段，当碳减排补贴达到 30%～60%时，全国能够立即投资的省级行政区占比由 1/28 增加至 22/28。而在未来情景的发展阶段，当碳减排补贴达到 20%时，全国接近一半的省级行政区都可以进行立即投资；而当补贴比例进一步提高至 40%时，全国能够立即投资的省级行政区占比将会提高到 22/28，达到最优激励效果。

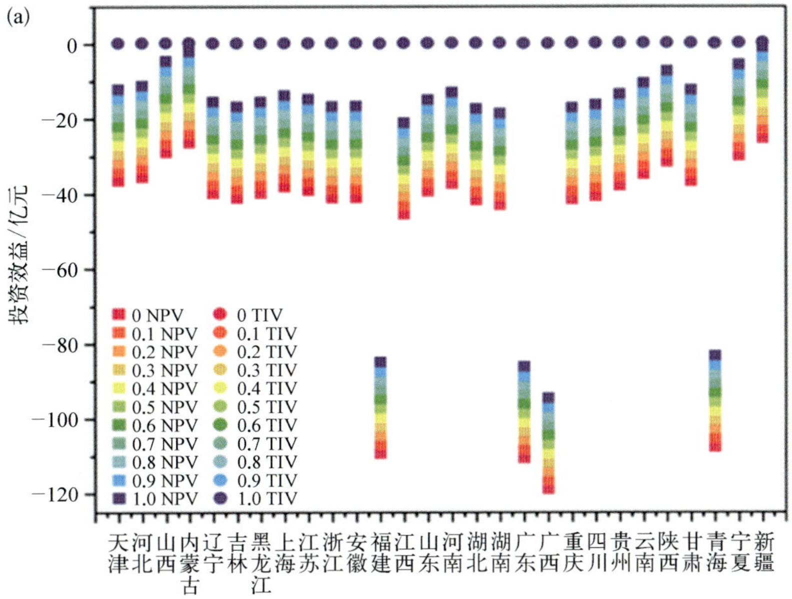
(a)
投资效益/亿元
0
−20
−40
−60
−80
−100
−120
0 NPV
0.1 NPV
0.2 NPV
0.3 NPV
0.4 NPV
0.5 NPV
0.6 NPV
0.7 NPV
0.8 NPV
0.9 NPV
1.0 NPV
0 TIV
0.1 TIV
0.2 TIV
0.3 TIV
0.4 TIV
0.5 TIV
0.6 TIV
0.7 TIV
0.8 TIV
0.9 TIV
1.0 TIV
天津 河北 山西 内蒙古 辽宁 吉林 黑龙江 上海 江苏 浙江 安徽 福建 江西 山东 河南 湖北 湖南 广东 广西 重庆 四川 贵州 云南 陕西 甘肃 青海 宁夏 新疆

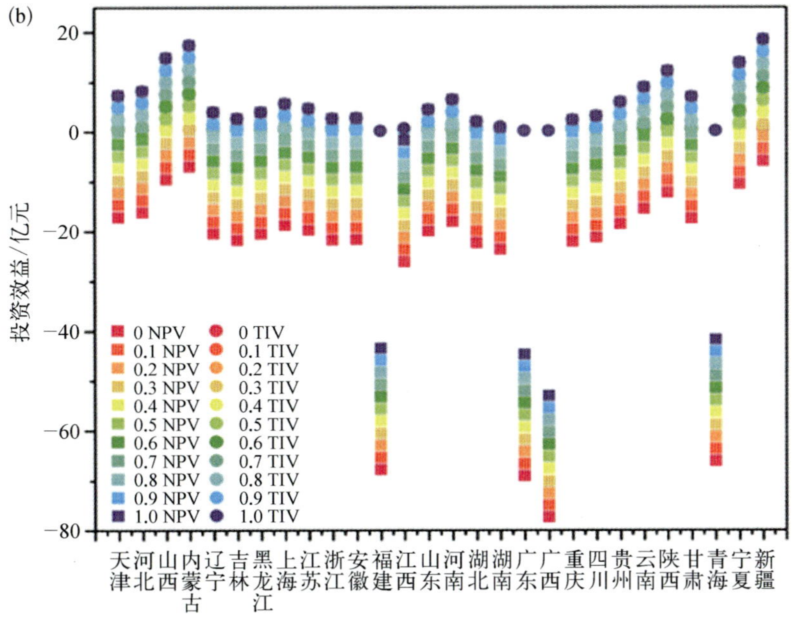
(b)
投资效益/亿元
20
0
−20
−40
−60
−80
0 NPV
0.1 NPV
0.2 NPV
0.3 NPV
0.4 NPV
0.5 NPV
0.6 NPV
0.7 NPV
0.8 NPV
0.9 NPV
1.0 NPV
0 TIV
0.1 TIV
0.2 TIV
0.3 TIV
0.4 TIV
0.5 TIV
0.6 TIV
0.7 TIV
0.8 TIV
0.9 TIV
1.0 TIV
天津 河北 山西 内蒙古 辽宁 吉林 黑龙江 上海 江苏 浙江 安徽 福建 江西 山东 河南 湖北 湖南 广东 广西 重庆 四川 贵州 云南 陕西 甘肃 青海 宁夏 新疆

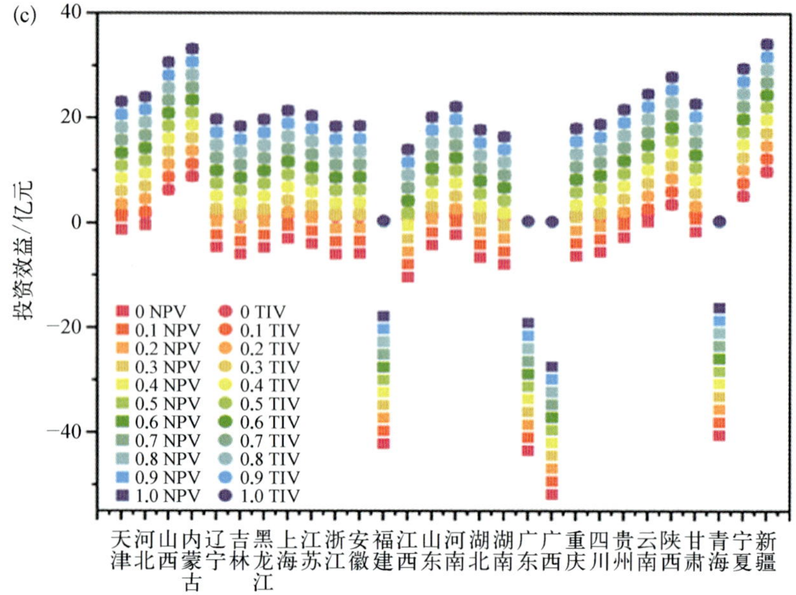

图 8-23 不同碳价补贴下基准情景(a)、未来情景的初步阶段(b)和未来情景的发展阶段(c)的 CTHCCUS 项目投资的 NPV 与 TIV

第 9 章

中国 CCUS 技术与水资源协同发展——以煤电行业为例

能源产业已成为世界上最大的水资源消耗产业。预计到 2050 年,全球能源需求将增长三分之一,相应的能源生产需水量将整体增加 11.2%(IEA, 2016)。因此,水资源问题成为继大气污染排放和温室气体排放后,能源与工业领域面临的又一重要环境挑战。在实现碳中和目标过程中,CCUS 被认为是一项不可或缺的重要技术选择。然而,CCUS 技术所需的额外发电需求会导致电厂冷却过程中消耗大量水资源。此外,建设生态文明社会和落实可持续发展战略对 CCUS 技术的水耗提出了更高要求。中国目前面临着严峻的碳减排压力和水资源短缺的双重挑战。因此,评估水资源利用水平是否满足煤电行业 CCUS 改造需求,并在水资源约束下如何选择合适的 CCUS 技术改造路径,成为亟须解决的现实问题。本章以煤电行业为例,评估该行业 CCUS 改造的水资源利用趋势及其在未来水资源约束下的技术改造路径,并重点分析黄河流域煤电行业,评估其 CCUS 技术减排潜力、二氧化碳驱替深部咸水(CO_2 - EWR)技术增采水资源贡献及相应成本。

9.1 中国煤电 CCUS 改造的水资源利用特征①

煤电 CCUS 技术涉及电厂发电和 CCUS 改造全过程,包括燃料开采与加工、

① 本节的主要内容已发表,详见:Yang L, Lv H D, Jiang D L, et al. Whether CCS technologies will exacerbate the water crisis in China? —A full life-cycle analysis [J]. Renewable and Sustainable Energy Reviews, 2020, 134: 110374.

燃料运输、能源转换、CO_2 运输和 CO_2 封存等环节，每个环节都涉及水资源的消耗（IEAGHG，2010）。当前的耗水趋势表明，水资源将对中国未来CCUS技术的大规模应用形成巨大约束，因此，如何降低CCUS改造过程中的耗水量成为亟待解决的问题。为了解决煤电CCUS改造过程中的“水-能”关系矛盾，本节立足CCUS全流程技术特征，基于CCUS改造的水资源核算体系（附录G-1），对燃煤电厂加装CCUS改造的单位取水量和单位耗水量进行归纳分析，以揭示CCUS改造的不同技术环节对于水资源的需求和影响程度。

1. 煤炭开采和运输阶段的耗水量取决于机组改造方式和技术方案

煤炭开采包括露天开采和井工开采，运输方式包括火车运输、汽车运输和泥浆管道运输（朱孟珏等，2018）。在这些过程中，井工开采由于应用降尘设备和机械设备，将消耗更多水资源。Meldrum 等（2013）收集和筛选了大量关于燃料生产和发电用水的文献，燃料供应用水系数以吨煤立方米用水（m^3/t）的形式表示。通过应用综合环境控制模型（IECM），对目标发电厂燃料生产的用水量进行估计，计算方式是基于质量或体积的用水因素与发电燃料的质量或体积流量的乘积。假设燃煤机组净效率为35.4%，燃料热值为21 MMBtu/t①，结果显示，煤炭井工开采的取水量和耗水量②近似相等，平均为0.222 9 m^3/t，均大于露天开采的耗水需求。加工处理过程中水资源消耗量约为0.148 6 m^3/t。泥浆管道运输的需水量远高于火车运输，达0.909 6 m^3/t。表9-1展示了煤炭生产过程中燃料供应耗水量的最小值、中间值和最大值。

表9-1　煤炭供应阶段的水资源利用

阶段		单位取水量/(m^3/t)（最小值，中间值，最大值）	单位耗水量/(m^3/t)（最小值，中间值，最大值）
煤炭开采	露天开采	(0.004 1, 0.024 8, 0.107 3)	(0.004 1, 0.024 8, 0.107 3)
	井工开采	(0.065 9, 0.222 9, 1.485 7)	(0.065 9, 0.222 9, 1.485 7)
煤炭加工		(0.074 3, 0.148 6, 8.259 2)	(0.074 3, 0.148 6, 8.259 2)

① MMBtu是百万英制热量单位。

② 取水量是指从某一特定水源中抽取的总水量，被抽出的水既可以被消耗，也可以被排放回水源或其他水体中；耗水量用来描述用/排水的损失。

续 表

阶 段		单位取水量/(m^3/t) (最小值,中间值,最大值)	单位耗水量/(m^3/t) (最小值,中间值,最大值)
煤炭运输	火车运输	(0.004 1, 0.008 3, 0.016 5)	(0.000 8, 0.004 1, 0.008 3)
	泥浆管道运输	(0.826 2, 0.909 6, 3.384 5)	(0.826 2, 0.909 6, 3.384 5)

注：由于缺乏数据和用水性质,假设耗水量等于取水量。最大值与最小值是因为受煤炭类型的影响,本节所参考的为中间值。在生态文明建设的思想下,为保证资源开发中生态环境的友好与可持续,假设煤炭开采方式为地下开采;同样地,为了便于案例研究计算,运输方式假设全部通过火车运输。

数据来源：Meldrum 等(2013),Ou 等(2016)。

根据 CCUS 技术与煤耗关系的研究(Petrescu et al., 2017),普通电厂单位发电小时的煤炭需求量平均为 158.3 t,经 CCUS 改造后增加至平均 200.4 t/h,增量为 42.1 t/h。CCUS 改造前后最大耗煤需求量的差异为 21%～31%,具体取决于电厂机组改造方式以及煤炭开采和煤炭运输等因素。根据煤炭生命周期的标准耗水量计算,在整个煤炭供应阶段,CCUS 改造前后电厂单位发电小时数的总耗水量如表 9-2 所示。由于在煤炭运输过程中,平均取水量和耗水量相差不大,因此在核算煤炭供应周期标准耗水量时,可假设两者的耗水量相近。总体来看,煤电 CCUS 技术改造过程中,煤炭供应阶段的取水量和耗水量分别增加了 15.96 m^3/h 和 15.78 m^3/h。

表 9-2 煤炭供应周期标准耗水量核算

	无 CCUS	CCUS	Δ(增加值)
单位取水量/(m^3/h)	60.11	76.07	15.96
单位耗水量/(m^3/h)	59.46	75.24	15.78

2. CO_2 捕集阶段耗水量主要受捕集方式和电厂冷却方式影响

能源转换阶段包含碳捕集和电厂发电过程(包括 CCUS 设施设备改造过程)。CO_2 捕集包括 3 个核心工艺环节,分别为 CO_2 烟气预处理、CO_2 吸收和解吸、压缩并液化处理(图 9-1)。对于燃煤电厂,取水和耗水主要受锅炉补给水、烟气脱硫补给水及电厂冷却水的影响,而零部件制造和电厂建设耗水量主要取决于电厂规模、电厂结构和工艺设计(Gu et al., 2016)。根据 NETL 假设(NETL, 2010),无论有无 CCUS 改造，基准燃煤电厂净装机容量均为 550 MW，容量因子为 85%，运行寿命为 60 年。基于以上研究成果，燃煤发电厂设备的耗水量如表 9-3 所示。

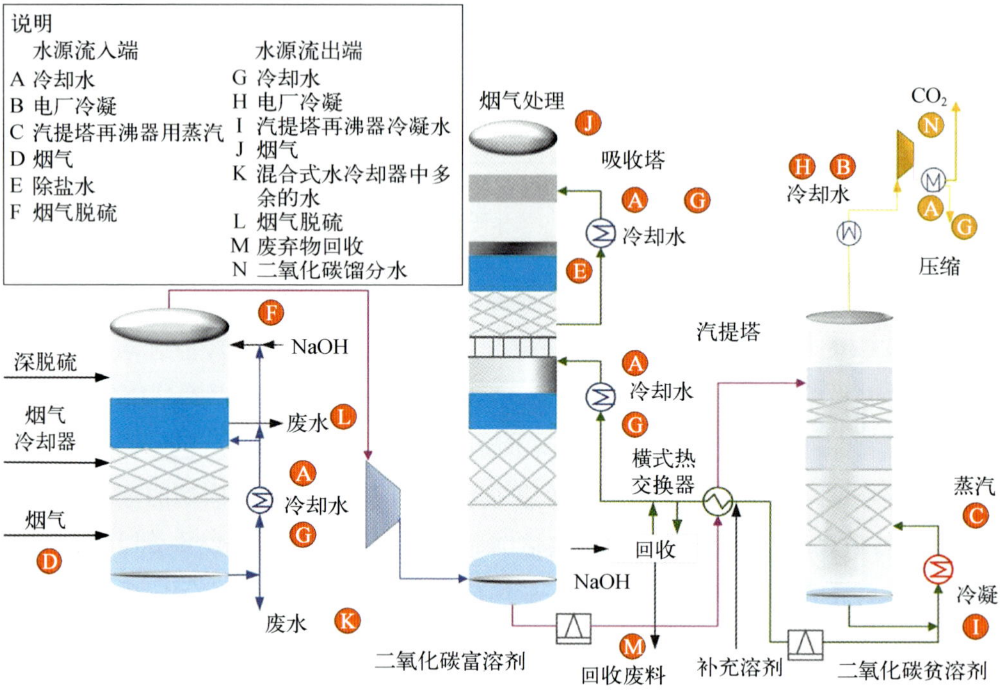

图 9-1 碳捕集过程中水资源流动简图

［数据来源：Hylkema 和 Read (2014)］

表 9-3 燃煤发电厂设备的耗水量评估

取水量/[m³/(MW·h)]	耗水量/[m³/(MW·h)]	其他细节
0.005 5～0.061 8	0.003 4～0.010 8	（仅设备安装部分）
0.008～0.117 1	0.006～0.021	CCUS 改造（仅设备安装部分）

注：由于燃煤机组的类型不同，包括普通亚临界、超临界和超超临界，因此基础设施的改造耗水有较大差距。

数据来源：Meldrum 等(2013)，NETL (2010)，Ou 等 (2016)。

CCUS 捕集阶段的耗水量受捕集方式和电厂冷却方式的影响。对于燃烧后 CO_2 捕集技术，所选用的捕集溶剂在一定程度上影响 CCUS 全流程的耗水量。Sharma 和 Mahapatra(2018)以印度燃煤电厂为研究对象，通过建模仿真分析了在不同捕集溶剂（胺基捕集、氨基捕集和膜基捕集）配置下的燃煤电厂平均单位发电的需水量和耗水量(表 9-4)。研究表明,尽管胺基捕集剂作为主流的捕集技术,平均取水量约为 42.49 m^3/(MW·h),但其耗水量较大,最小也有 1.95 m^3/(MW·h)。相比而言,膜基捕集技术的耗水量最小,平均仅为 0.81 m^3/(MW·h)。

表 9-4　不同捕集溶剂配置下的燃煤电厂取水量和耗水量

捕集溶剂配置	取水量/[m^3/(MW·h)]			耗水量/[m^3/(MW·h)]		
	最小值	平均值	最大值	最小值	平均值	最大值
无捕集	23.16	23.17	23.18	0.81	0.81	0.82
胺基捕集	42.05	42.49	44.23	1.95	1.99	2.02
氨基捕集	54.65	55.07	55.50	1.56	1.58	1.60
膜基捕集	48.17	48.44	48.79	0.81	0.81	0.82

除捕集模式与类型外,电厂的冷却系统也是影响水资源消耗的重要因素之一(表 9-5)。传统电厂通常使用直流冷却和冷却塔冷却两种冷却方式。直流冷却一般是从河流或湖泊取水,在电厂发电后再将其排回河流或湖泊中;冷却塔冷却通常是循环利用冷却水,一次取水,多次利用。冷却塔在运行中会有一定量的水分蒸发,因此要比直流冷却平均多用 30%～70% 的水(Newmark et al.,2010)。Sharma 和 Mahapatra(2018)比较了不同冷却系统对燃煤电厂需水量的影响,结果表明,CCUS 技术在燃煤电厂的应用将导致耗水量的增加。具体而言,采用循环冷却系统的电厂,其取水量和耗水量的平均增幅达 79.9%。因此,在高度缺水的情况下,空冷式冷凝器比湿式冷却塔更节水。

表 9-5　不同冷却系统条件下燃煤电厂耗水量的统计(有/无 CCUS 改造)

冷却技术	取水强度/[m^3/(MW·h)]		耗水强度/[m^3/(MW·h)]	
	无 CCUS	有 CCUS	无 CCUS	有 CCUS
直流冷却	109.39	—	0.50	—
循环冷却	2.21	4.16	1.87	3.21
混合冷却(湿-干)	1.31	3.52	1.11	2.71
干式空气冷却	0.33	2.77	0.28	2.13

数据来源:采用直流和循环冷却系统的电厂取水率和耗水率数据均来源于 Macknick 等(2012)的研究成果;冷却系统水提取率的计算依据 IECM 中的修正因子(Lim-Wavde et al.,2018)。

3. CO_2 运输阶段的耗水量较小，运输方式和运输距离影响明显

目前，管道运输是 CCUS 中 CO_2 运输的主要途径。参考天然气运输的基本参数（表 9－6），假设单位取水量和耗水量和天然气运输阶段类似，分别取标准值 2.33 m^3/MMscf① 和 1.76 m^3/MMscf。通过单位换算，最终得到 CCUS 管道运输中取水和耗水结果，如表 9－7 所示。CO_2 运输阶段，尤其是管道运输的单位取水量和耗水量存在差异，耗水量的最大值比取水量小，这可能是由于管道运输过程中部分水资源能被回收或更有效利用。由表 9－7 可知，CO_2 管道运输的水资源需求相对较低，取水量为 0.042 4 m^3/t CO_2，耗水量更低，为 0.031 8 m^3/t CO_2，水资源的压力较小。

表 9－6　天然气供应阶段的水资源利用

阶　段	单位取水量/(m^3/MMscf)	单位耗水量/(m^3/MMscf)
	(最小值，中间值，最大值)	(最小值，中间值，最大值)
天然气加工	(0.29，0.29，0.29)	(0.29，0.29，0.29)
天然气管道运输	(2.33，2.33，9.59)	(0.58，1.75，3.50)

注：由于缺乏数据和用水性质，耗水量等于取水，在处理阶段只统计一个值。根据 Meldrum 等（2013）的研究，最小值和中间值是相等的。本节所参考的便是中间值。

表 9－7　CCUS 中 CO_2 管道运输的水资源需求评估

	水量/(m^3/t CO_2)
取水量	0.042 4
耗水量	0.031 8

数据来源：Meldrum 等（2013）。

4. CCUS 技术环节用水特征差异显著，捕集阶段占比超过 85%

研究表明，在 CCUS 技术的全生命周期中，各个阶段的耗水量存在差异。对燃煤电厂加装 CCUS 技术前后，各环节的取水量和耗水量进行统计核算（表 9－8）。结果显示，无论是在 CCUS 加装前还是在 CCUS 加装后，煤炭供应、设施改造和捕集过程均有用水需求。

① MMscf，即 million standard cubic feet，表示百万标准立方英尺。

表9-8 燃煤电厂加装CCUS技术前后全生命周期耗水量

CCUS技术阶段	单 位	取水量			耗水量		
		无CCUS	有CCUS	Δ	无CCUS	有CCUS	Δ
煤炭供应	m^3/h	60.11	76.07	15.96	59.46	75.24	15.78
能源转换							
设施改造	$m^3/(MW·h)$	0.033 7	0.062 5	0.028 9	0.007 1	0.013 5	0.006 4
燃烧后捕集(循环冷却)	$m^3/(MW·h)$	2.21	4.16	1.95	1.87	3.21	1.33
燃烧后捕集(混合冷却)	$m^3/(MW·h)$	1.31	3.52	2.21	1.11	2.71	1.61
燃烧后捕集(空气冷却)	$m^3/(MW·h)$	0.33	2.77	2.45	0.28	2.13	1.86
CO_2 运输	$m^3/t\ CO_2$	—	0.042 4	0.042 4	—	0.031 8	0.031 8
CO_2 封存	$m^3/t\ CO_2$	—	−1.50	−1.50	—	−1.50	−1.50

注：假设每种电厂的 CO_2 运输与 CO_2 封存的性能一样，因此这两个阶段的数据保持一致。

具体而言，捕集阶段的取水量和耗水量占全流程耗水的比重最大，分别为88.5%和87.8%，平均占比达88.2%，这表明捕集阶段是CCUS耗水增加的关键阶段。此外，在湿法脱硫技术的应用下，不同冷却系统对取水量和耗水量的影响显著。至于 CO_2 的运输和封存环节，其水资源的消耗主要取决于所采取的运输方式和封存途径。综上，CCUS技术对水资源的消耗有显著影响，需要在整个生命周期内进行综合考虑和评估。这不仅有助于优化水资源管理，也是实现CCUS技术可持续应用的关键。

9.2 中国煤电CCUS改造的水资源利用趋势与路径①

CCUS技术处于不断发展的动态环境中，面临技术、成本和政策等诸多不确定

① 本节的主要内容已发表，详见：Yang L, Lv H D, Wei N, et al. Dynamic optimization of carbon capture technology deployment targeting carbon neutrality, cost efficiency and water stress: Evidence from China's electric power sector [J]. Energy Economics, 2023, 125: 106871.

因素，其减排潜力和运营风险受技术进步、部署规模影响显著。特别是在干旱地区，CCUS 改造可能会加剧水资源压力。因此，在评估 CCUS 技术的长期可持续性和成本效益时，需要评估水资源限制和技术更新。本节以 CCUS 源汇匹配结果为基础，核算 CCUS 改造的静态水资源压力（附录 G－1）。同时，基于学习曲线模型和成本优化模型（附录 G－2），进一步核算 2021—2050 年第一代和第二代① CCUS 技术的取水量和耗水量。

1. 技术进步驱动下 CCUS 改造的水资源利用将在 2045 年后逐年减少

随着技术进步和第二代 CCUS 技术的逐步应用，未来 CCUS 技术的水资源消耗趋势将发生显著变化（图 9－2）。第一代技术将逐步被第二代技术替代，整体耗水量将减少，尤其是 CO_2－EWR 技术在缓解水耗方面将发挥关键作用。2021—

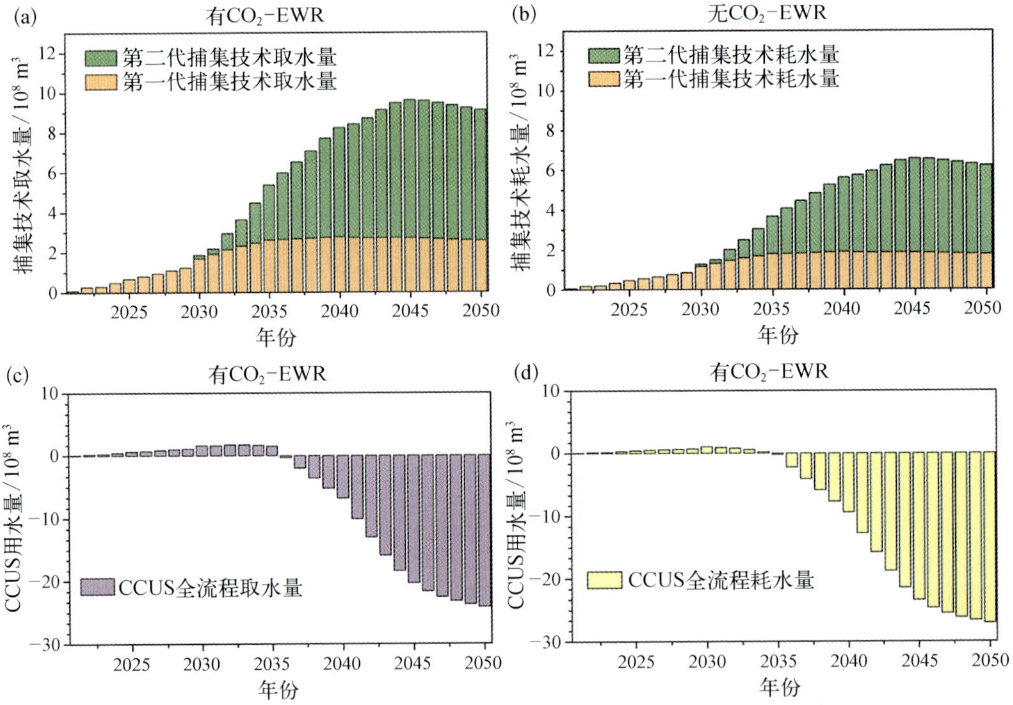

图 9－2 2021—2050 年 CCUS 捕集过程[(a)(b)]和 CCUS 全过程[(c)(d)]的年取水量和耗水量

---

① 参考 2013 年碳收集领导人论坛（CSLF）发布的 CCUS 路线图报告。第一代技术是指已经能够进行大规模示范的技术集群，包括胺类吸收剂、低温法空气分离、常压富氧燃烧等，已在电厂获得了商业应用。第二代技术表示当前仍有部分技术组件尚在研发过程中的技术，在第一代技术基础上降低应用成本和能耗，主要包括基于新型吸收剂的 CO_2 化学吸收技术、基于金属有机框架的 CO_2 吸附技术、增压富氧燃烧技术等。

2030 年，第一代 CCUS 技术的取水量和耗水量预计分别达到 1.69 亿立方米和 115 亿立方米，呈现持续增长趋势。尽管第二代 CCUS 技术在初期捕集规模较小，取水量和耗水量分别为 1 800 万立方米和 1 200 万立方米，但随着第二代技术在未来逐步实现大规模商业应用的推广，水资源利用量将在 2035 年后逐渐增加。第一代技术由于成本高、能耗大、耗水多，将逐步被淘汰，而第二代技术的总取水量和耗水量可能逐年增加，最终超过第一代技术。具体来说，预计第一代 CCUS 技术将在 2040 年达到取水量和耗水量的峰值，分别为 2.78 亿立方米和 1.89 亿立方米，而第二代技术将在 2045 年达到其峰值，预计取水量为 6.9 亿立方米，耗水量为 4.7 亿立方米。

此外，CO_2 - EWR 技术在节约用水方面将发挥重要作用。预计从 2035 年开始，将累计提供 241.4 亿立方米的新增水资源供应，到 2050 年将增至 270.5 亿立方米。因此，随着 CCUS 技术的不断进步和捕集规模的调整，未来 CCUS 全流程的耗水量将呈下降趋势。

2. 合理设定水资源政策放松比例是评估 CCUS 改造窗口期的关键

CCUS 技术的实际应用潜力取决于其单位取水量能否符合国家煤电产业的通用取水定额标准。结合火电机组的取水定额标准，可以明确进行 CCUS 改造的燃煤电厂单位取水量 P 的先决条件，见表 9-9。

表 9-9　不同政策放松比例下煤电 CCUS 转换单位用水配额

P	5%	10%	20%	30%	40%	50%	60%	70%	80%
用水配额 /[m^3/(MW · h)]	2.467 5	2.585	2.82	3.055	3.29	3.525	3.76	3.995	4.23

在确保煤电可用水耗水量定额设定的科学性和合理性的基础上，选取一定程度的政策放松比例(设为 $P_{总}$)，通过调整不同政策放松比例，明确基于水资源约束下适合 CCUS 商业化改造的时间节点，并评估达到水资源约束临界点时的 CCUS 改造潜力。2020 年火力发电量为 52.8 亿兆瓦时，假设初始单位发电取水量和耗水量分别为 2.21 m^3/(MW · h)和 1.87 m^3/(MW · h)。因此，可将 CCUS 商业化改造的煤电取水总量定额和耗水总量定额分别设置为 116.69 亿立方米和 98.73 亿立方米。按照表 9-9 不同政策放松比例下单位取水定额，确定了基于燃煤电厂可用水总量政策放松比例的定额，如表 9-10 所示。

表 9-10 基于政策放松比例的燃煤电厂 CCUS 改造可用水总量定额

$P_{总}$	5%	10%	15%	20%	25%	30%	35%
取水总量定额/亿立方米	122.52	128.36	134.19	140.03	145.86	151.70	157.53
耗水总量定额/亿立方米	103.67	108.60	113.534	118.48	123.41	128.35	133.29

取水和耗水总量定额放松比例直接影响 CCUS 商业化改造的时间节点和潜力。同时，CO_2-EWR 技术的应用可进一步提升 CCUS 改造的环境效益。根据 2021—2050 年 CCUS 改造的动态取水总量和耗水总量，结合燃煤电厂可用水总量的政策放松比例和相应定额，明确了适合燃煤电厂 CCUS 改造的可行时间节点(图 9-3)。在不采用水资源总量定额的情况下，CCUS 商业化改造条件满足的时间节点为 2030 年，此时的改造潜力分别为 564.90 GW(投资回收期为 10 年)和 477.82 GW(投资回收期为 15 年)。当取水和耗水总量定额放松比例为 5%时，适合 CCUS 改造的时间将提前至 2029 年，改造潜力分别增加至 569.11 GW(投资回收期为 10 年)和 503.92 GW(投资回收期为 15 年)。此外，在放松比例为 5%的情况下，CO_2-EWR 技术对水资源总量限额的影响不明显，改造机会的时间仍为 2029 年。随着时间的推移，采用 CO_2-EWR 技术的 CCUS 全流程改造机会和环境效益将逐渐增加。

3. 水资源约束政策调整将避免约 50 GW 的 CCUS 改造潜力损失

根据《中国 CCUS 技术发展路线图(2019 版)》(科学技术部社会发展科技司等，2019)提出的 CCUS 商业化改造目标，本节进一步分析在不同取水和耗水总量定额放松比例下，满足 CCUS 改造条件的时间节点和潜力，如表 9-11 所示。

随着取水和耗水总量定额放松比例的提升，满足煤电 CCUS 改造的水资源条件的时间节点将提前，从而减少改造潜力损失。在 10%～30%的放松比例区间内，虽然早期 CCUS 改造的总取水量和耗水量较低，满足了商业化改造的水资源约束条件，但在单位取水量和定额方面尚未完全达到 CCUS 改造的先决条件。这是由于近年来 CCUS 技术仍处于示范阶段，改造项目较少、捕集规模有限，使 CCUS 改造时间节点提前。

表 9-11 中的结果表明，当取水和耗水总量定额放松力度较小时，满足 CCUS 改造耗水总量条件的时间节点较晚。相反，随着耗水总量定额放松比例的增加，满

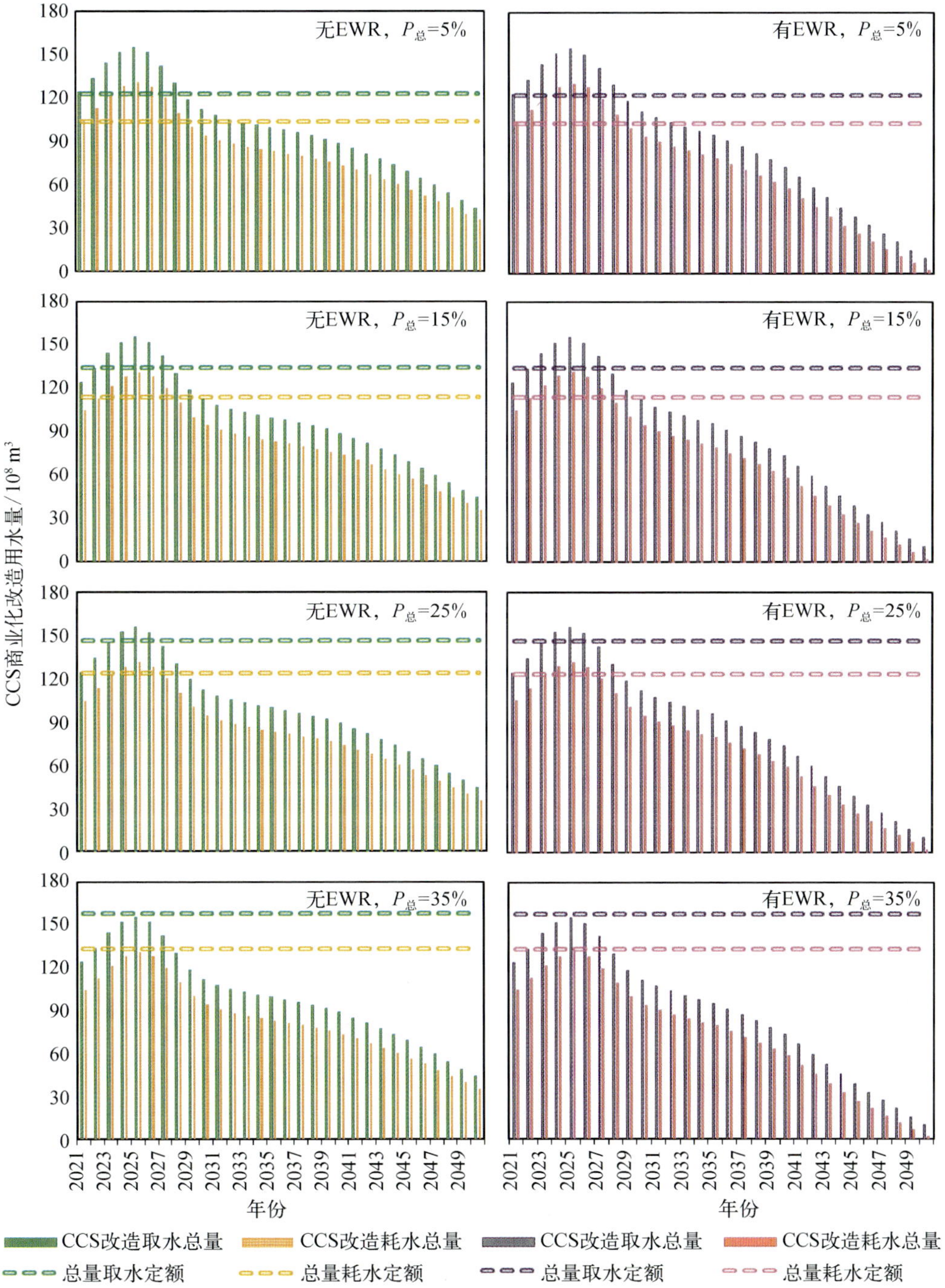

图 9－3　燃煤电厂 CCUS 技术改造取水和耗水总量与定额约束

表 9-11　不同定额放松比例下满足 CCUS 改造条件的时间节点和潜力

[IRP=10 年,IRP=15 年]　单位：GW							
年份	5%	10%	15%	20%	25%	30%	35%
2021	○	[65.02，135.6]	[65.02，135.6]	[65.02，135.6]	[65.02，135.6]	[65.02，135.6]	●
2022	○	○	[65.02，119.28]	[65.02，119.28]	[65.02，119.28]	[65.02，119.28]	●
2023	○	○	○	○	[65.02，111.15]	[65.02，111.15]	●
2024	○	○	○	○	○	[65.02，91.29]	●
2025	○	○	○	○	○	○	●
2026	○	○	○	○	○	[48.52，63.32]	●
2027	○	○	○	○	[32.2，49.38]	●	●
2028	○	○	[24.07，45.54]	[24.07，45.54]	●	●	●
2029	[4.21，26.1]	[4.21，26.1]	●	●	●	●	●
2030	●	●	●	●	●	●	●
2031	●	●	●	●	●	●	●
2032	●	●	●	●	●	●	●
2033	●	●	●	●	●	●	●
2034	●	●	●	●	●	●	●
2035	●	●	●	●	●	●	●

注：表中数据来自作者计算，表示在该年份耗水总量定额放松比例下预计减少的改造潜力损失；[IRP=10 年，IRP=15 年]表示 CCUS 改造投资回收期为 10 年和 15 年时的改造潜力变化量；“●”表示在该年份 CCUS 改造取水量和耗水量满足煤电可取水总量和可耗水总量的限额条件，具备 CCUS 改造机会；“○”表示在该年份不具备 CCUS 改造的水资源可用条件和改造机会。

足 CCUS 改造水资源约束条件的时间节点将更早到来，这意味着燃煤电厂有更多的机会实施 CCUS 改造，从而减少潜力损失。例如，当取水总量定额和耗水总量定额放松比例从 5%提高到 20%时，CCUS 商业化改造的可行时间提前至 2028 年，减少了 24.07 GW(投资回收期为 10 年)和 45.54 GW(投资回收期为 15 年)的潜力损失。当放松比例达到 30%时，CCUS 商业化改造的可行时间提前至 2026 年，进一步减少了 48.52 GW(投资回收期为 10 年)和 63.32 GW(投资回收期为 15 年)的潜力损失。若将耗水定额比例放松至 35%，煤电厂的取水和耗水总量限额将不再对 CCUS 改造造成约束。

9.3　水资源约束下中国黄河流域煤电 CCUS 改造机遇与可行性①

CO_2 强化深部咸水层开采(CO_2 - EWR)作为一种有效的减排手段，不仅可以减少 CO_2 排放，还可以回收深部咸水资源，以缓解区域水资源压力，同时保证能源供应和社会经济发展。然而，CCUS 结合 CO_2 封存阶段的 EWR 技术(CCUS - EWR)的环境效益和应用成本受技术水平、地质条件等各种不确定因素影响。鉴于中国黄河流域燃煤电厂众多但水资源相对匮乏的实际情况，本节选取该区域作为研究对象，分析黄河流域 236 座燃煤电厂在水资源约束下面临的挑战。通过采用最优源汇匹配模型和技术经济评估模型(附录 G - 3)，评估黄河流域 CCUS 最优布局下的改造潜力和水资源增采贡献；同时，结合成本、市场、政策等不确定因素探讨 CCUS - EWR 项目投资成本与改造机遇。本节假设黄河流域 9 个省级行政区所有发电厂都将实施 CCUS - EWR 技术改造(图 9 - 4)，现有发电厂将采用基于化学吸收的燃烧后捕集技术(Yu, 2018)，并通过管道进行 CO_2 运输并封存在陆上咸水层(IEA, 2016; Zhou et al. ,2018)。CCUS - EWR 技术的效益包括通过节约水费或出售淡水获得的收入，同时发电厂还能通过碳市场实现减排效益。

黄河流域 9 个省级行政区内 840 座发电厂的总装机容量为 328.19 GW。然

---

① 本节的主要内容已发表，详见：Xu M, Zhang X, Shen S, et al. Assessment of potential, cost, and environmental benefits of CCS-EWR technology for coal-fired power plants in Yellow River Basin of China [J]. Journal of Environmental Management, 2021, 292: 112717.

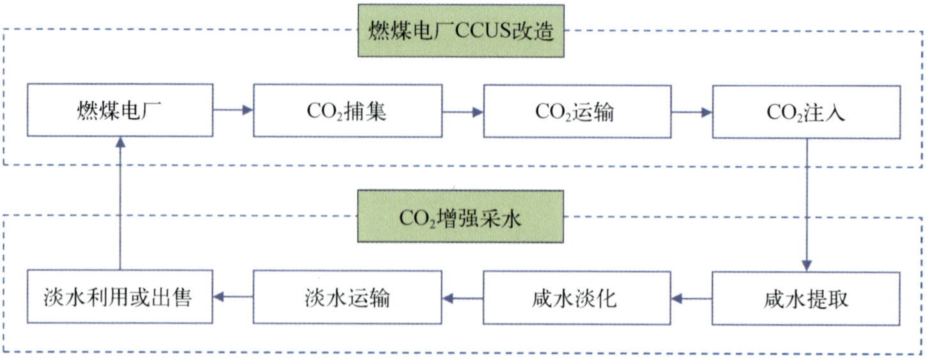

图 9-4 基于燃煤电厂的 CCUS-EWR 技术的组成

而，根据国际能源署 2016 年提出的 CCUS 改造标准，适合 CCUS 改造的发电机组装机容量应大于或等于 300 MW。根据此标准筛选后，符合条件的发电机组有 586 台，装机容量约为 250.53 GW，分布在 236 座发电厂。假设这些发电厂的整体使用寿命为 40 年(Seto et al.，2016)，那么它们的剩余使用年限范围为 14～40 年(图 9-5)。发电设备每年运行时间和耗煤量取省内各电厂的平均值，这些数据来源于中国电力企业联合会。

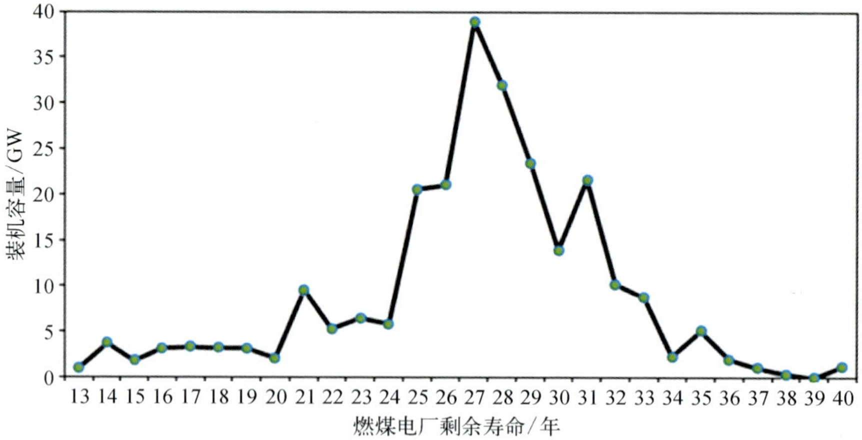

图 9-5 燃煤电厂的剩余寿命分布

发电厂的自耗电率为 6.01%，为 2016 年中国 6 000 kW 及以上火电机组平均值(中国电力企业联合会，2017)。原煤的低热值和碳含量分别为 20.908 MJ/kg (国家统计局，2018)和 25.8 kg/GJ(IPCC，2006)。原煤的氧化率为 92%(Liu et al.，2015)，原煤转标准煤当量的转换系数为 0.714 3(国家统计局，2018)。

咸水层的地理面积数据、储层的构成总厚度和孔隙度等信息均来源于中国地质调查局和《中国含油气盆地地图集》(李国玉等,2002);咸水层对 CO_2 的封存效率因子设置为 2.4%(Bachu, 2015)。

在中国实施 CCUS－EWR 技术的经济性分析中,关键因素包括 CO_2 捕集、运输和封存成本,以及咸水开采、淡化和运输成本。此外,碳价和工业用水价格也是重要的影响因素。本节构建的模型假设与预处理如下:

(1) CO_2 捕集、运输和封存

根据中国 CCUS 示范项目的实践经验,目前燃煤发电厂 CO_2 捕集成本约为 300 元/t。通过管道输送 CO_2 是最经济的方式,成本约为 1.0 元/(t・km)。CO_2 封存在陆上咸水层的成本约为 60 元/t,包括注气井关闭后 20 年的监测成本。随着技术的发展,这些成本预计将下降。本节考虑的 2025—2050 年 CO_2 捕集、运输和封存成本变化情况,具体数据参考表 9－12。值得注意的是,尽管规划年限为 2025—2050 年,部分发电机组可能运行至 2060 年。根据 CCUS 成本下降趋势,本节假设 2050—2060 年 CO_2 捕集、运输和封存成本下降率与 2040—2050 年保持一致。

表 9－12　2020—2050 年的 CO_2 捕集、运输和存储成本

项　　目	2020 年	2025 年	2030 年	2035 年	2040 年	2050 年
CO_2 捕集成本/(元/t)	300	280	220	180	165	135
CO_2 运输成本/[元/(t・km)]	1.0	0.8	0.7	0.6	0.55	0.45
CO_2 封存成本/(元/t)	60	60	50	40	30	30

(2) 咸水开采、淡化与运输

咸水开采需要建造额外的咸水井及泵送设备,也需要承担相应的操作成本、维护成本及其他成本。早前研究显示,当前咸水提取成本约为 11 元/t,而 CO_2 和咸水的置换比为 1∶1～1∶2(Fang et al., 2014;翟明洋等,2016)。因此,本节假设每吨注入咸水层的 CO_2 可以提取 1.1 t 咸水。对于咸水淡化,可以采用多种技术,包括结晶法、蒸馏法、反渗透技术、电渗析法和离子交换法等,不同技术适用于不同水质。其中,反渗透技术是大部分咸水(0～50 g/L)淡化最合适的技术(Li et al.,2015)。基于反渗透技术的淡化咸水的成本约为 4.7 元/t(翟明洋等,2016)。考虑到咸水处理和淡水运输对效率的影响,本节假设淡水回收率为 60%。淡化后的淡水需要通过管道运回发电厂,成本约为 0.05 元/(t·km)(翟明洋等,2016)。

碳价和工业用水价格也是影响 CCUS-EWR 项目经济性的重要因素。目前,中国尚未正式实施国家碳市场,因此本节采用平均碳价为 50 元/t(Fan et al.,2018;Fan et al.,2019)。此外,黄河流域 9 个省级行政区的工业水价格存在一定差异(图 9-6),该因素也要考虑在内。最后,本节考虑的贴现率为 5%(Yang et al.,2019)。综合考虑以上这些因素,可以更准确地评估 CCUS-EWR 技术在中国的经济可行性和实施潜力。

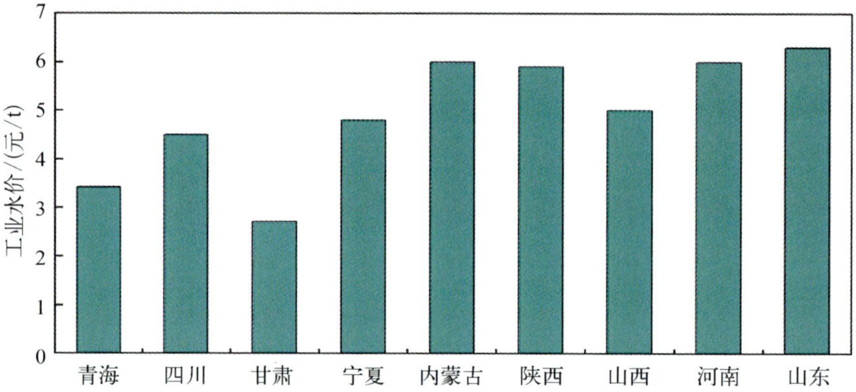

图 9-6 黄河流域 9 个省级行政区的工业水价①

(数据来源:中国水网)

1. 黄河流域燃煤电厂面临水资源短缺和 CO_2 排放约束双重挑战

黄河是中国第二长河流,全长 5 400 km,流经青海、四川、甘肃、宁夏、内蒙古、山西、陕西、河南和山东等 9 个省级行政区。这些地区是中国重要的化石能源基地。2017 年,74%以上的化石能源(煤、原油和天然气)来自黄河流域(国家统计局,2018)。然而,动力煤的基础产业格局也带来了严重的水资源短缺问题。研究表明,人类活动很大程度影响了黄河流域水资源供给平衡(Xie et al.,2019)。21 世纪初,黄河源头区天然径流总体呈下降趋势(Si et al.,2019),整个流域的地下水储量也在 2002—2016 年显著下降(Lin et al.,2019)。因此,开发新的水源来满足

① 各个省级行政区的工业水价等于其下属城市的平均工业水价,不考虑没有水价的城市。

当地农业、工业和生活用水需求，已成为一个迫切问题。

2019 年 9 月，习近平总书记强调，黄河流域发展必须以水资源为约束，坚持生态优先的理念，推动绿色发展。这一要求使得黄河流域面临水资源短缺和 CO_2 排放双重挑战。作为应对这一局面的潜在方案，CCUS - EWR 技术引起广泛关注。2011—2014 年，中国在内蒙古成功实施了第一个 CO_2 强化深部咸水层开采的示范项目——神华鄂尔多斯 CCUS 项目，注入 30 000 吨 CO_2 以验证技术方案可行性(Li et al. ,2017)。

2. *黄河流域 CO_2 捕集与咸水层封存潜力巨大，CCUS 改造机遇显著*

CCUS - EWR 技术在黄河流域的应用，尤其是在水资源紧张的省级行政区，可以显著增加淡水供应，缓解区域水压力，同时还具有高 CO_2 捕集潜力。黄河流域的最大年 CO_2 捕集潜力高达 7 389. 8 Mt/a，其中内蒙古、山东、河南和山西凭借其丰富的煤炭资源和较大的煤电装机规模，年 CO_2 捕集潜力位居全国前列。此外，黄河流域发电厂在其剩余使用年限内累计 CO_2 排放量将超过 22. 1 Gt(图 9 - 7)，具备约 19. 9 Gt[①] 的咸水层封存潜力。

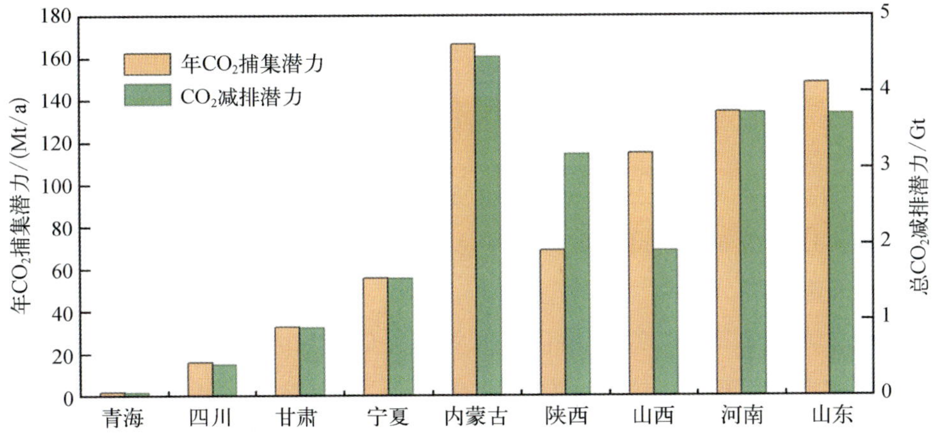

图 9 - 7　黄河流域 9 个省级行政区燃煤电厂的年 CO_2 捕集潜力和总 CO_2 减排潜力

CCUS - EWR 技术在黄河流域的应用不仅能够提高 CO_2 捕集潜力，还能从咸水层中增采约 21. 9 Gt 咸水，进而转换为约 13. 1 Gt 淡水。这意味着，这些发电厂每年可以为黄河流域提供超过 469 Mt 淡水(按流域内燃煤电厂的平均服役寿命 28

① 由附录 G - 3 中 CO_2 和咸水的置换比(1∶1～1∶2)计算得出，本节假设每吨注入咸水层的 CO_2 可以提取 1. 1 t 咸水。

年计算)，约占 2018 年黄河流域工业耗水总量的 2.5%。在 9 个省级行政区中，青海、四川、甘肃和宁夏的 EWR 潜力相对较低，主要是由于这些省级行政区发电厂数量较少。相比之下，甘肃、宁夏、内蒙古、陕西、山西、河南和山东等地的水资源紧张问题，则可以通过 CCUS - EWR 技术在一定程度上得到缓解(图 9 - 8)。因此，CCUS - EWR 技术更适合在甘肃、宁夏、内蒙古、陕西、山西、河南和山东等水资源紧张的省级行政区进行早期部署和应用。

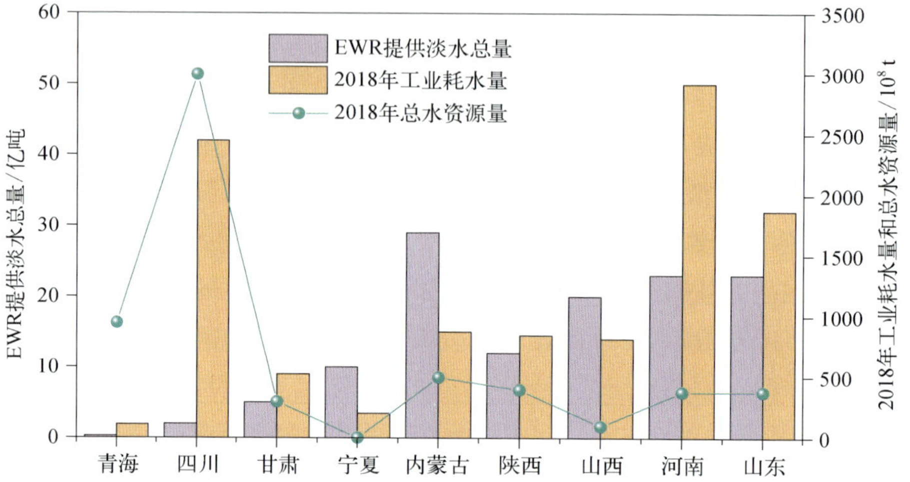

图 9 - 8 黄河流域 9 个省级行政区的 EWR 潜力、工业耗水量和总水资源量

3. 黄河流域煤电 CCUS 示范项目投资具备可观的低成本和市场潜力

(1) CCUS - EWR 项目经济可行性受 CCUS 与 EWR 成本、区域差异、碳交易和淡水利用影响

黄河流域的 CCUS - EWR 项目成本主要由 CCUS 成本和 EWR 成本构成，其中 CCUS 成本占比较大。这些成本受到如发电厂的剩余使用年限、技术进步水平及源汇距离等多种因素影响。不考虑任何利润，黄河流域 9 个省级行政区 CCUS - EWR 项目成本范围如下：甘肃，145～243 元/t CO_2；河南，142～256 元/t CO_2；内蒙古，131～365 元/t CO_2；宁夏，162～409 元/t CO_2；青海，190 元/t CO_2(只有一例)；山东，154～292 元/t CO_2；山西，127～304 元/t CO_2；陕西，170～281 元/t CO_2；四川，143～203 元/t CO_2。在水资源短缺的地区，人们可能更愿意支付更高的水价来满足用水需求。在这种情况下，低成本的 EWR 将更有吸引力。从短期来看，高水价的区域通过 EWR 技术驱替深部咸水并淡化利用，可获取一定的盈利空间。此外，淡水出售和碳交易可以抵消部分 CCUS - EWR 项目的部署成本，平均约为

27 元/t CO_2，其中大部分收益来自碳交易。淡水价格差异主要是因为各省工业水价格远低于咸水提取、运输和淡化处理的成本。

总体来看，黄河流域有 187 个潜在的 CCUS - EWR 项目成本低于 200 元/t CO_2。其中，成本范围为 140～200 元/t CO_2 的项目中，河南、山西和内蒙古的比例分别为 84.8%、73.3%和 59.2%，这些地区的低成本项目较多。虽然山东、四川和宁夏也可以开展低成本 CCUS - EWR 项目，但是从电厂数量来看，这些省级行政区并没有太大优势。

(2) CCUS - EWR 技术在黄河流域仍具备丰富的低成本机会

通过黄河流域燃煤电厂 CCUS - EWR 部署成本函数曲线(图 9 - 9)可知，每条成本曲线包含 236 座发电厂，其每年 CO_2 排放量范围为 0.87～19.4 Mt/a，平均为 3.5 Mt/a。从减排成本角度看，在不考虑任何利益的情况下，这些发电厂部署的潜在 CCUS 项目，其减排潜力超过 4.9 Gt CO_2，平均成本低于 150 元/t CO_2。如果将碳交易纳入考虑，可以以平均成本低于 150 元/t CO_2 的价格实现超 15.9 Gt CO_2 的咸水层封存潜力。

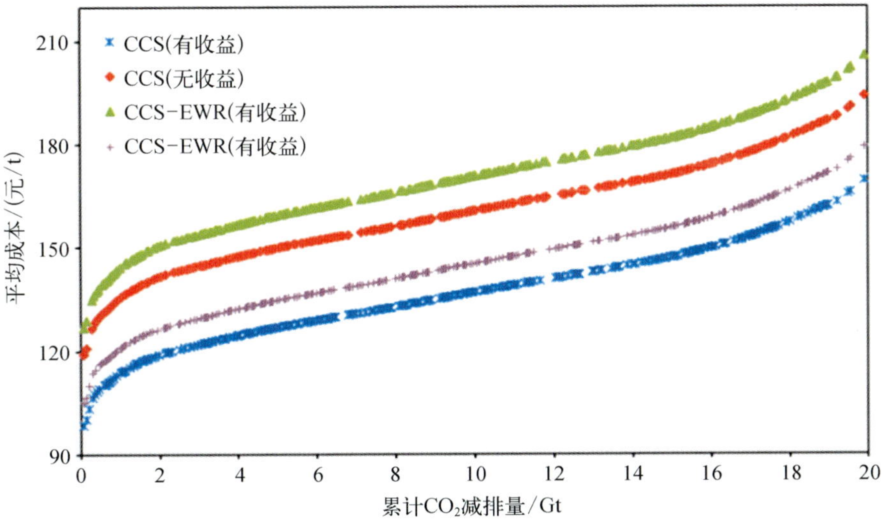

图 9 - 9 潜在 CCUS 全流程 CCUS - EWR 项目成本曲线与累计 CO_2 减排量关系[①]

全流程 CCUS～EWR 技术平均成本范围为 127～206 元/t CO_2，而 CCUS 的平均成本为 119～194 元/t CO_2。尽管 CCUS - EWR 技术成本较高，但在黄河流

① CCUS 利益来源为碳交易，CCUS - EWR 利益来源为碳交易和淡水利润。

域有较丰富的低成本减排机会，即以平均成本约 200 元/t CO_2 计算，可减排超过 19.2 亿吨 CO_2。考虑到 CCUS－EWR 成本效益，黄河流域的 236 座发电厂可通过平均成本 180 元/t CO_2 实现 90%的减排。结果表明，CCUS－EWR 技术在黄河流域的发电厂中具有广泛的应用前景和实用性。

4. 个别因素对黄河流域煤电 CCUS 示范项目经济效益影响程度存在差异

(1) 运输距离和发电厂运行年限是 CCUS－EWR 项目成本的关键影响因素

根据源汇匹配结果，黄河流域发电厂至 CO_2 封存场地平均运输距离约为 106.6 km，远低于 250 km 界限(Dahowski et al.，2013)。山西和内蒙古的平均运输距离分别为 75.5 km 和 153.3 km(图 9－10)。相反，成本最高的 CCUS－EWR 项目通常对应发电厂离合适的 CO_2 封存场地较远，20 个成本最高项目的平均运输距离大于 294 km(最大值为 671.4 km)；或发电厂剩余使用年限较短，平均剩余年限低于 24 年(最小值为 13 年)。

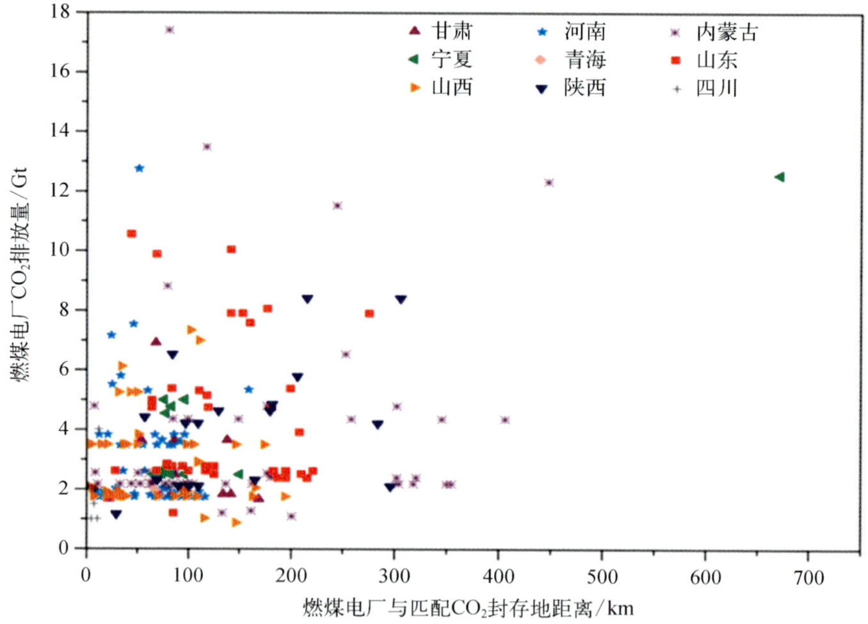

图 9－10 发电厂与配对 CO_2 封存场地之间距离分布

(2) 捕集成本和相关市场价格政策对 CCUS－EWR 项目经济效益影响程度有限

捕集成本对 CCUS－EWR 成本影响有限。总体来看，CO_2 捕集是 CCUS－EWR 技术的初始过程，也是成本最高的环节，需要研究 CO_2 捕集成本变化对

CCUS－EWR 成本的影响。结果显示，CO_2 捕集成本和 CCUS－EWR 成本同向变化(图 9－11)，不同发电厂的 CO_2 捕集成本变化对 CCUS－EWR 成本影响程度不同。具体来说，当 CO_2 捕集成本变化 5%时，CCUS－EWR 成本变化范围为 1.7%～4.7%，主要因为不同项目 CO_2 捕集成本占比存在差异。CO_2 捕集成本小幅变化对黄河流域发电厂 CCUS－EWR 成本影响不大，印证了结果的稳健性。

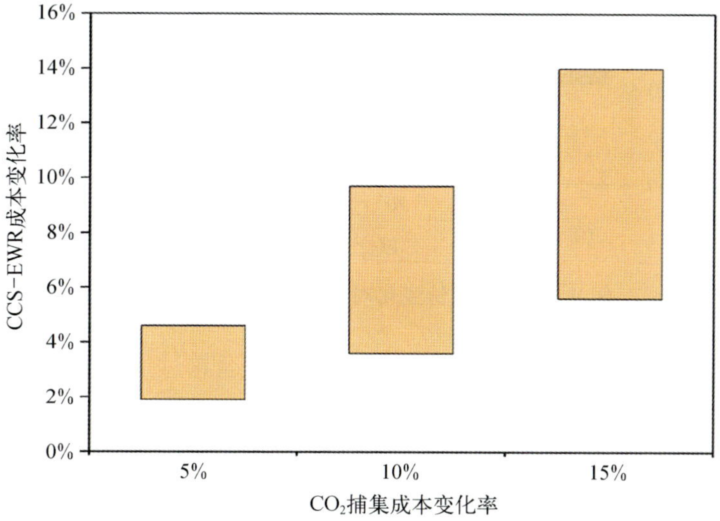

图 9－11　CO_2 捕集成本变化对 CCUS－EWR 成本影响①

当前中国碳价水平对 CCUS－EWR 成本影响有限，可能限制其有效推广。尽管 CCUS 技术目前还未纳入中国碳市场，但碳交易被认为是 CCUS－EWR 项目未来获取减排利益的重要途径。以碳价 50 元/t CO_2 为参考(Fan et al.，2018)，CCUS－EWR 成本在 105～383 元/t CO_2 内(平均成本为 173 元/t CO_2)。随着碳价的提高，CCUS－EWR 成本的下降幅度将趋于平稳(图 9－12)。这表明，在当前的碳市场条件下，碳交易难以有效降低 CCUS－EWR 技术的应用成本，从而推动中国 CCUS－EWR 技术的部署。

黄河流域的 CCUS－EWR 项目成本分析还考虑了未来“以水定产”政策下工业水价格上涨的影响。尽管水价上涨可以提高 CCUS－EWR 项目利润，降低实际减排成本，但这种激励效果并不明显。对黄河流域 236 座燃煤电厂而言，每吨工业水价上升 1 元，CCUS－EWR 技术实际应用成本仅下降 0.29～0.50 元/t CO_2(图

① 这里没有考虑碳市场带来的收益。

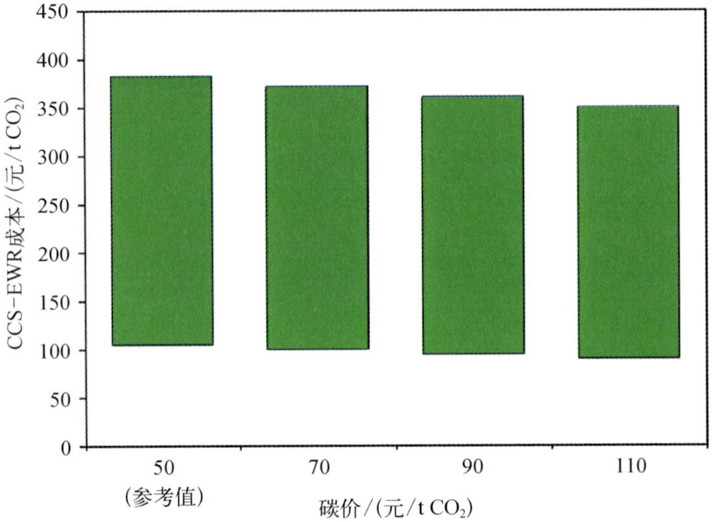

图 9-12　碳定价变化对 CCUS-EWR 成本影响

9-13)。水资源在许多行业中的实际经济价值远远超过之前分析的直接经济价值,例如,在节水技术和咸水淡化处理技术发展下,1 吨淡水的经济价值远高于全链 CCUS-EWR 技术成本。随着这些技术的发展,CCUS-EWR 技术产生的水资源经济效益将更加显著。

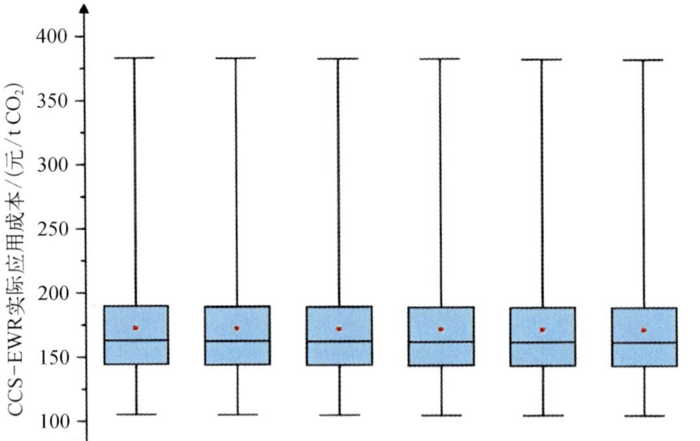

图 9-13　CCUS-EWR 在不同工业水价条件下的实际应用成本范围

第 10 章
碳中和目标下中国 CCUS 发展与展望

10.1 碳中和目标下中国 CCUS 发展机遇

随着全球气候变化日益严峻，CCUS 已成为不可或缺的关键减排技术。长期以来，中国持续推进 CCUS 技术领域的发展应用，不仅关乎自身的绿色转型和可持续发展目标，也对全球碳减排和气候变化应对产生深远影响。尽管现阶段仍面临多方面挑战，距离大规模商业化运行仍有一定的距离，未来通过加速 CCUS 技术的研发和推广，在国家政策支持、产业投资融资、国际合作共享等方面具备独特的发展机遇。

1. 国家政策大力支持 CCUS 技术发展

随着碳达峰碳中和"1＋N"政策体系的建立，中国 CCUS 政策体系初具雏形。截至 2023 年年底，中国已发布 80 个与 CCUS 相关的政策文件，涉及规划、标准、路线图、技术目录等，旨在推进规模化 CCUS 技术的研发、示范和产业化应用。其中，国家发展改革委、国家能源局发布的《煤电低碳化改造建设行动方案(2024—2027 年)》将 CCUS 技术列为三大核心改造和建设方式之一。其他如《关于推进中央企业高质量发展做好碳达峰碳中和工作的指导意见》，明确提出引领中央企业建设低成本、全流程的 CCUS 示范项目，以促进技术经验的集成；《国家发展改革委 国家能源局关于完善能源绿色低碳转型体制机制和政策措施的意见》强调了对火电领域 CCUS 技术研发和试验示范项目支持，以及扩大二氧化碳驱油技术应用，探索利用油气开采形成地下空间进行碳封存。总的来说，这些政策文件不仅强化了 CCUS 技术推广和示范，还为企业的能源绿色低碳转型指明了方向。在更多国家政策大力支持下，未来全流程、集成化、规模化的CCUS示范项目将加快建设部署。

此外，碳市场的建立也对CCUS技术发展起到了重要推动作用。自2021年开启全国统一碳交易市场以来，当前已覆盖电力行业，并计划逐步扩展至水泥、电解铝等高排放行业，进而推出碳排放配额等有偿分配制度。碳中和目标下，CCUS技术也有望被纳入碳排放交易体系，通过经济杠杆提升碳价，大幅降低CCUS技术应用成本，激励更多企业采用CCUS技术，从而实现降本增效与绿色转型双赢局面。

2. 国家投融资机构促进CCUS产业发展

国家投融资机构对CCUS技术关注和支持力度逐年提升，为CCUS产业发展提供了有力的资金支持。近年来《政府工作报告》明确强调了绿色金融在支持扩大内需、支持现代化产业体系建设与支持发展方式绿色转型等方面的重要作用。2023年，中国人民银行印发通知，强调将“延续实施碳减排支持工具等三项货币政策工具”，包含“继续并行实施碳减排支持工具和支持煤炭清洁高效利用专项再贷款，在保障能源供应安全的同时支持经济向绿色低碳转型，助力科学有序实现碳达峰碳中和目标”等。金融投资机构既是实体经济参与实现碳中和目标的重要推动者，也是为绿色低碳发展提供资金支持的重要力量。因此，金融投融资机构的参与能够有效弥补我国CCUS技术研发与示范的资金缺口，促进中国CCUS产业持续发展。

3. 国际合作加速CCUS项目经验共享

中国积极倡导与美国、欧盟、日本等主要国家和地区开展合作，充分借鉴国外大规模、全流程CCUS项目示范经验，包括加强产学研深度融合、建立CCUS枢纽中心和合作共享机制，以及打造大规模CCUS产业集群等。2023年11月，中、美两国发表的《关于加强合作应对气候危机的阳光之乡声明》重点提及两国争取到2030年各自推进至少5个工业和能源等领域CCUS大规模合作项目。同年，我国高校牵头成立了CCUS科技创新国际合作联盟，联合了来自中国、加拿大、英国等17个国家和地区的百余所高校、企业和研究机构，旨在搭建CCUS领域多边国际交流合作平台。通过加快国际合作与经验共享，加强重点行业、关键技术、项目示范和人才培养等全方位合作交流，有助于提升中国学术竞争力和国际影响力，共同助力实现全球气候目标。

10.2　碳中和目标下中国 CCUS 发展挑战

除诸多机遇外，中国的 CCUS 技术在实现碳中和目标过程中也面临一系列重要挑战。首先，CCUS 技术仍存在高成本和高能耗的严峻问题，必须通过持续创新降低技术的经济门槛，增强其市场竞争力。其次，CCUS 技术的长远有序发展还需要社会的广泛认可与支持。此外，面对国际竞争，中国 CCUS 技术及产业目前仍与欧美发达国家存在一定差距，亟须深化国际合作，积极吸收先进经验，加速技术创新和产业转化。

1. CCUS 技术的研发及创新力度有待提升

中国 CCUS 技术总体已达到国际先进水平，但部分关键技术仍需要加强研发和创新。根据德温特国际专利数据库，中国在全球 CCUS 专利市场中占据最大份额，但技术演化路径主要集中在传统工艺的局部改进，缺乏对关键技术和高质量专利的突破，特别是缺乏大规模应用型专利。同时，CCUS 专利保护范围较为分散，相互引用较少，未能有效支持专利保护体系建设和竞争力提升。虽然中国 CCUS 技术总体成熟度与国外相当，但在一些关键技术，如捕集环节中潜力最大的燃烧后化学吸收法、运输环节中潜力最大的管道运输技术，以及封存环节中经济效益更好的 CO_2 强化采油技术，与国外相比仍存在明显差距。例如，2023 年国家能源集团和中国石油合作启动了 300 万吨级 CCUS 全链条工艺示范。但与国外已进入成熟的商业应用阶段的全链技术相比，中国仍需提升关键技术创新和规模应用的力度。

2. CCUS 技术的财税激励机制有待强化

与国外发达国家相比，中国在推动 CCUS 技术应用方面缺乏有力的财税激励机制，这在一定程度上限制了其在中国的广泛应用。国际上许多发达国家通过财税政策激励企业应用 CCUS 技术。例如，美国 45Q 税收抵免法案为 CO_2 捕集企业提供税收补贴，并进行了多次修订持续强化激励力度，预计将促进 2 亿～22 亿吨的 CO_2 封存和每天 40 万桶石油增采；英国在电力市场改革、设立公共资金、扶持重点项目以及强制淘汰高碳设备等政策基础上，引入了差异化上网电价合同、基本碳价和排放绩效标准三种政策工具，并于 2023 年发布了《CCUS 净零排放投资路线图》，成功推动了 CCUS 技术的商业化发展。然而，中国目前尚未针对 CCUS 技术制定类似的财税激励政策，金融融资渠道相对匮乏，极大限制了 CCUS 技术创新与推广应用。

3. CCUS 产业的上下游合作机制有待协调

CCUS 技术链条复杂，相关产业涉及电力、石油、运输、煤炭、化工、钢铁、食品等众多行业。这导致 CCUS 项目的投资决策协调困难，需要建立长效合作机制。虽然中国已经建成一些全流程示范项目，但其规模和数量仍然有限。当前 CCUS 跨行业合作模式尚不成熟，示范工程的气源供应与输运去向也不明确、不透明。现阶段，中国 CCUS 示范工程主要由国有企业或者大型综合企业作为参与方，其他类型企业参与积极性相对较低，这也制约了 CCUS 技术的全面发展。

4. CCUS 项目的法规标准体系有待完善

当前中国 CCUS 相关法律法规尚不完善，缺少科学全面的建设、运营、监管和终止标准体系。在技术开发、商业化应用和环境影响评估等方面，缺乏明确的法律框架，使得 CCUS 项目在项目审批、运营监管和责任追究等方面缺乏法律依据，不利于技术的稳定推广和产业的长期发展。此外，中国还缺乏针对 CCUS 技术具体操作的详细国家标准，包括运营监管、技术研发规范、环境风险评价和安全风险评估等。CCUS 技术涉及多个环节的工程技术和设备要求，缺乏统一的技术标准和认证制度，可能导致不同项目之间技术实施差异大，难以实现成本和效益的统一评估。

5. CCUS 集群的公共基础设施建设有待加快

当前中国 CCUS 集群的公共基础设施建设相对滞后。美国已经建成超过 8 000 千米的 CO_2 运输管网，欧洲等发达国家已经形成数个大规模碳封存产业基地。相比之下，中国尚未形成大规模的 CO_2 运输管网和封存中心，基础设施投资力度相对较弱，相关设施管理水平有待提高，缺乏设施合作共享机制。因此，中国需加快相关基础设施建设，加强对已有资源的优化整合，推动 CCUS 技术与其他低碳技术领域的耦合集成，提高 CCUS 技术共享经济和综合效益。

6. CCUS 技术的宣传教育工作有待深入

当前中国社会各界对 CCUS 技术认知度和接受度相对较低，因此加强宣传工作尤为重要。与可再生能源技术相比，CCUS 技术存在较高捕集能耗、运输和封存过程中存在泄漏等安全隐患，引发了社会公众对未来 CCUS 技术大规模部署的担忧。此外，由于 CCUS 技术涉及行业众多、技术流程复杂，超出了公众对一般减排技术了解的范围，增加了公众对其安全性评估的困难。因此，公众接受度不足已经成为目前制约中国 CCUS 技术规模化发展的一大问题。要推动 CCUS 技术在中国的广泛应用，关键在于通过加强宣传教育，提升公众对其安全性的理解和信任，以推动其规模化发展。

10.3　碳中和目标下中国 CCUS 发展政策建议

在国家层面，《关于推进中央企业高质量发展做好碳达峰碳中和工作的指导意见》等顶层指导文件明确了“推动建设低成本、全流程、集成化、规模化的二氧化碳捕集利用与封存示范项目”。多个部委也出台了相关规划和意见，如国家发展改革委、国家能源局发布的《煤电低碳化改造建设行动方案（2024—2027 年）》，生态环境部办公厅发布的《国家重点推广的低碳技术目录（第四批）技术简介》，科技部等九部门发布的《科技支撑碳达峰碳中和实施方案（2022—2030 年）》，这些文件均将 CCUS 技术研发放在重点领域，给予充分关注与研究。在地方层面，全国大多数省级行政区均已出台了 CCUS 技术相关政策，将其纳入绿色低碳技术创新及产业发展的重点方向。此外，各大企业积极探索 CCUS 技术作为自身低碳转型的重要解决方案，规划建设更大规模的 CCUS 示范项目。综上，中国未来应从“实现中国碳中和目标技术组合的重要组成部分”这一新定位出发，协同耦合能源结构、电力系统、工艺流程、绿碳原料和负排放技术这五个维度，构建科学系统的 CCUS 技术发展路径，并提出相应的政策建议。

1. 明晰 CCUS 技术战略新定位，创新技术发展新路径

首先，明晰 CCUS 技术作为“碳中和技术组合的重要组成”这一战略新定位，推动国家及地方层面的重大战略规划。其次，需要创新与碳中和目标相匹配的 CCUS 技术发展新路径，持续更新《中国 CCUS 技术发展路线图》，涵盖能源、电力、工艺、绿碳、负排放等不同维度的技术发展路径与产业化进程，并将 CCUS 技术纳入国家科技计划研发布局，促进其在各领域的深度应用，确保创新技术研发与国家科技计划紧密结合。最后，构建完整、系统、多元化的 CCUS 技术体系，聚焦 CCUS 耦合新兴能源和工业系统，培育 CCUS 发展的新技术经济范式，识别 CCUS 与可再生能源和储能系统集成可行性，规划 CCUS 与负排放技术的综合发展布局等。

2. 推动 CCUS 大规模集群示范，部署新一代低成本技术

一是加快大规模 CCUS 全链条示范。目前中国已有的 CCUS 项目建设规模无法满足碳中和目标下的减排需求，应充分把握 CCUS 技术改造的最佳窗口期，以

驱油/气、固废矿化、化工利用等为牵引，争取建成 3～5 个百万吨级 CCUS 全链条示范项目，以避免技术锁定，实现最大减排效益。二是加大基础设施投入，推进 CCUS 产业化集群建设。与欧美发达国家相比，中国 CCUS 公共基础设施建设相对滞后，未来应从全新定位和不同维度出发，合理规划布局 CCUS 产业集群及基础设施建设，争取到 2030 年建设千万吨级 CCUS 产业集群，充分发挥产业集群在基础设施共享、项目系统集成、能量资源交互、工业示范与商业应用衔接等方面的优势。三是超前部署新一代低成本、低能耗 CCUS 技术验证，以及负排放技术研发示范，超前开展管网基础设施建设。未来应重点突破特大型反应器、大规模管道输送等全流程核心工艺，争取到 2035 年初步实现商业化应用，到 2050 年在多个行业广泛应用。

3. 健全 CCUS 政策机制与法规标准，优化商业模式及产业发展环境

一是建立持续有效的财税激励机制。借鉴美国 45Q 法案，制定面向碳中和目标的 CCUS 税收减免和差异化补贴等激励政策，使超前部署的新一代低成本、低能耗 CCUS 技术享有与可再生能源同等的激励，从而形成投融资增加和成本降低的良性循环，以激励企业积极投入 CCUS 技术的研发与应用。二是找准政策发力点，完善政策法规和标准规范。重点明确和细化政策法规，包括项目属性定位、各参与方职责、长期监管责任、封存许可制度、安全监管、风险评价、减排量核算等政策法规，以及科学合理的建设、运营、监管、终止标准规范。三是探索跨行业、跨部门的新型商业模式。由于许多企业面临投融资渠道匮乏、产业链上下游对接不畅等商业化等难题，未来应将 CCUS 技术纳入中国产业和技术发展目录，提高企业和金融机构对 CCUS 产业发展信心；着力打通金融融资渠道，建立 CCUS 专项基金，为 CCUS 产业优先授信和优惠贷款，解决各投资机构面临的投融资难题；发挥碳市场交易机制对绿色能源配置、风险管理和市场定价的重要作用，加速推动 CCUS 技术商业化步伐。

4. 加强 CCUS 国际合作，促进多边合作、创新平台与知识共享

当前中国 CCUS 关键技术发展仍滞后于欧美，尚未形成完整的技术链体系，应加强国际技术交流，深化多双边合作与知识共享。一是加强双边合作。持续推动中国与美国、英国、丹麦、挪威等国家开展双边技术交流与合作，联合发起 CCUS 等战略性低碳技术创新示范及项目建设。二是促进多边合作。积极参与碳收集领导人论坛(CSLF)、清洁能源部长级会议(CEM)、创新使命部长级会议(MI)、油气行业气候倡议组织(OGCI)等多边机制下的交流磋商，深化与 IEA、GCCSI 等专业性

国际组织和机构的务实合作。三是创新合作平台、深化知识共享。依托中美清洁能源联合研究中心、中英(广东)CCUS 中心、技术转移南南合作中心等国际合作平台,开展以联合构建 CCUS 知识体系为重点的技术合作,不断深化知识共享,促进技术转移,进一步建设具有国际竞争力的合作平台,吸引全球优秀科研机构和企业参与,形成有利于 CCUS 技术发展多方共赢机制。

附　　录

附录A　中国盆地地质封存潜力及县域原位封存潜力的计算方法

附录A-1　CCUS地质封存潜力及注入能力计算方法

1. 咸水层封存潜力计算

根据封存潜力的计算方法（Goodman et al.，2011；Wei et al.，2013；Fan et al.，2020；Fan et al.，2021；Fan et al.，2023），利用储层面积、储层厚度、储层孔隙度、有效封存系数和CO_2密度等参数，计算各储层的CO_2封存潜力，见式（A-1）。

$$SP_{BA,R,SI}=A_{BA,R}\times h_{BA,R,SI}\times \phi_{BA,R}\times E^{saline}\times \rho_{BA,R}^{CO_2} \tag{A-1}$$

式中，$SP_{BA,R,SI}$是盆地BA储层R的CO_2封存潜力，t；$A_{BA,R}$是盆地BA储层R的面积，m^2；$h_{BA,R,SI}$是盆地BA储层R的厚度，m；$\phi_{BA,R}$是盆地BA储层R的孔隙度；E^{saline}是CO_2咸水层封存效率，取2.4%（Bachu et al.，2015）；$\rho_{BA,R}^{CO_2}$是盆地BA储层R中的CO_2密度，kg/m^3，见式（A-2）。

$$\rho_{BA,R}^{CO_2}=0.4649\times \ln(p_{BA,R}^{pre}/T_{BA,R}^{tem})+1.2417 \tag{A-2}$$

式中，$p_{BA,R}^{pre}$是给定储层的压力，Pa；$T_{BA,R}^{tem}$是给定储层的温度，℃。

2. 油田封存潜力计算

利用OOIP、油田深度、EOR封存效率、API等参数，计算每个油田的CO_2-EOR封存潜力（Dahowski et al.，2005；Fan et al.，2021），见式（A-3）。

$$SP_j^{EOR}=\sum_j[OOIP_j/\rho_j^{oil}\times V^{oil}\times E^{oil}\times ER_j\times(P_j^{LCO_2}\times R^{LCO_2}+P_j^{HCO_2}\times R^{HCO_2})] \tag{A-3}$$

$$\rho_j^{oil} = 141.5/(API_j + 131.5) \tag{A-4}$$

$$ER_j = \begin{cases} 5.3\% & (API_j \leqslant 31) \\ (1.3 \times API_j - 35)\% & (31 < API_j < 41) \\ 18.3\% & (API_j \geqslant 41) \end{cases} \tag{A-5}$$

式中，SP_j^{EOR} 是 j 油田通过 EOR 的总 CO_2 封存潜力，t；$OOIP_j$ 是 j 油田的原油储量，m^3；ρ_j^{oil} 是原油密度，是由 API 和密度换算公式得到的，见式(A-4)；V^{oil} 是原油从标准状况下到原位地层条件下的体积换算系数，取 1.18(Diao et al.，2017)；E^{oil} 是封存效率，取平均值 75%(Li et al.，2009)；ER_j 是额外采收率，见式(A-5)；$P_j^{LCO_2}$ 和 $P_j^{HCO_2}$ 分别是 ER_j 的最小概率和最大概率，见附表 A-1(Li et al.，2009)；R^{LCO_2} 和 R^{HCO_2} 是定值，分别为 2.113 t/m^3 和 3.522 t/m^3(Li et al.，2009)；API 是石油重度。

附表 A-1　四个具有不同深度和石油重度(API)的 EOR 案例(Li et al.，2009)

深度/m	API	P^{LCO_2}	P^{HCO_2}
<2 000	>35	100%	0%
	≤35	66%	33%
>2 000	>35	33%	66%
	≤35	0%	100%

3. 咸水层和油田注入能力计算

与计算封存潜力不同，咸水层和油田的注入能力均采用达西定律进行计算(Baik et al.，2018；Fan et al.，2021)，每个特定储层注入点的注入速率的计算见式(A-6)。

$$Q_{BA,R,SI} = \frac{2\pi \times \gamma_{BA,R} \times h_{BA,R,SI} \times \Delta P_{BA,R}}{\mu^{CO_2} \times \ln(r_{BA,R}^{e}/r^{w})} \tag{A-6}$$

式中，$Q_{BA,R,SI}$ 是盆地 BA 储层 R 的注入点的注入速率，m^3/s；$\gamma_{BA,R}$ 是盆地 BA 储层 R 的渗透率，mD；$\Delta P_{BA,R}$ 是盆地 BA 储层 R 的注入井的压差，Pa，见式(A-7)；μ^{CO_2} 是 CO_2 的动态黏度，取 6.8×10^{-5} Pa·s；$r_{BA,R}^{e}$ 是盆地 BA 储层 R 的压力影响半径，m，见式(A-8)；r^{w} 是井筒半径，取 0.1 m。

盆地 BA 储层 R 的注入井的压差是由静水压力及其最大允许压差的 50%确定的：

$$\Delta P_{BA,R} = \rho^{water} \times g \times d_{BA,R} \times 50\% \tag{A-7}$$

式中，ρ^{water} 是水的密度，取 1 000 kg/m^3；g 是重力加速度，取 9.81 m/s^2；$d_{BA,R}$ 是地表到盆地 BA 储层 R 中心的深度，m。

$$r_{\mathrm{BA,\,R}}^{\mathrm{e}}=\left(\frac{2\times\gamma_{\mathrm{BA,\,R}}\times \mathrm{TS}}{\phi_{\mathrm{BA,\,R}}\times\mu^{\mathrm{CO_2}}\times c^{\mathrm{r}}}\right)^{\frac{1}{2}} \tag{A-8}$$

式中，TS是注入时间，取9.5×10^8 s(约30a)；c^{r} 是岩石的可压缩性，取1×10^{-9} Pa^{-1}(Baik et al.,2018)。每个特定储层注入点的年注入能力的计算见式(A-9)。

$$\mathrm{IJC}_{\mathrm{BA,\,R,\,SI}}^{\mathrm{r}}=Q_{\mathrm{BA,\,R,\,SI}}\times \mathrm{TS}/30\times\rho_{\mathrm{BA,\,R}}^{\mathrm{CO_2}} \tag{A-9}$$

盆地注入能力是利用ArcGIS软件将储层划分为5 km×5 km网格之后进行空间计算而得到的。在网格划分后，采用不同的方法计算各咸水层网格($\mathrm{IJC}_{\mathrm{BA,\,G}}^{\mathrm{DSA}}$)和油田网格($\mathrm{IJC}_{\mathrm{G}}^{\mathrm{EOR}}$)的注入能力。对于咸水层，利用不同地层的加权平均注入能力作为中国咸水层中每个CO_2封存点的约束，如式(A-10)所示。对于油田，选取网格内注入能力最大的油田作为代表，将单个油田内的所有储层视为一个整体，并假设每个油田只有一个注入能力，如式(A-11)所示。

$$\mathrm{IJC}_{\mathrm{BA,\,G}}^{\mathrm{DSA}}=\frac{\sum_{\mathrm{R}}(\mathrm{IJC}_{\mathrm{BA,\,R,\,G}}^{\mathrm{DSA}}\times \mathrm{SP}_{\mathrm{BA,\,R,\,G}}^{\mathrm{DSA}})}{\sum_{\mathrm{R}}\mathrm{SP}_{\mathrm{BA,\,R,\,G}}} \tag{A-10}$$

$$\mathrm{IJC}_{\mathrm{BA}}^{\mathrm{c}}=\max_{\mathrm{SI}\in \mathrm{BA}}\mathrm{IJC}_{\mathrm{BA,\,SI}}^{\mathrm{b}} \tag{A-11}$$

式中，$\mathrm{IJC}_{\mathrm{BA,\,R,\,G}}^{\mathrm{DSA}}$ 和 $\mathrm{SP}_{\mathrm{BA,\,R,\,G}}^{\mathrm{DSA}}$ 分别是咸水层内储层的网格级注入能力和封存潜力。

附录A-2 县域原位封存潜力计算方法

县域内不同方式对应的CO_2封存潜力是该行政区域内存在的所有网格的CO_2封存潜力之和。当一个县域有cs个($cs=1, 2, \cdots, u$)咸水层封存网格和co个($co=1, 2, \cdots, v$)油田封存网格时，县域地质封存潜力(SP^{C})是这些网格封存潜力的总和，如式(A-12)至式(A-14)所示。

$$\mathrm{SP}^{\mathrm{C\text{-}DSA}}=\sum_{cs}^{u}\mathrm{SP}_{\mathrm{BA,\,G}}^{\mathrm{DSA}} \tag{A-12}$$

$$\mathrm{SP}^{\mathrm{C\text{-}EOR}}=\sum_{co}^{v}\mathrm{SP}_{\mathrm{G}}^{\mathrm{EOR}} \tag{A-13}$$

$$\mathrm{SP}^{\mathrm{C}}=\sum_{cs}^{u}\mathrm{SP}_{\mathrm{BA,\,G}}^{\mathrm{DSA}}+\sum_{co}^{v}\mathrm{SP}_{\mathrm{G}}^{\mathrm{EOR}} \tag{A-14}$$

式中，$\mathrm{SP}^{\mathrm{C\text{-}DSA}}$ 和 $\mathrm{SP}^{\mathrm{C\text{-}EOR}}$ 分别是该县域的咸水层和油田封存潜力；$\mathrm{SP}_{\mathrm{BA,\,G}}^{\mathrm{DSA}}$ 和 $\mathrm{SP}_{\mathrm{G}}^{\mathrm{EOR}}$ 分别是该县域内咸水层网格和油田网格的CO_2封存潜力。

一个城市(县域)的CO_2排放量是该行政区域内四种工厂(燃煤电厂、钢铁厂、水泥厂、煤化工厂)的CO_2排放量总和，如式(A-15)所示。

$$E_{City}=\sum_{r=1}^{s}E_{CO_2\text{-}r}+\sum_{g=1}^{t}E_{CO_2\text{-}g}+\sum_{n=1}^{u}E_{CO_2\text{-}n}+\sum_{m=1}^{v}E_{CO_2\text{-}m} \tag{A-15}$$

式中，E_{City} 是某一城市四种工厂的 CO_2 排放量；$E_{CO_2\text{-}r}$ 是该城市燃煤电厂的 CO_2 排放量；$E_{CO_2\text{-}g}$ 是该城市钢铁厂的 CO_2 排放量；$E_{CO_2\text{-}n}$ 是该城市水泥厂的 CO_2 排放量；$E_{CO_2\text{-}m}$ 是该城市煤化工厂的 CO_2 排放量；s 是燃煤电厂的个数；t 是钢铁厂的个数；u 是水泥厂的个数；v 是煤化工厂的个数。对于单个燃煤电厂、钢铁厂、水泥厂、煤化工厂，计算分别由本书第 4 章至第 7 章给出。

附录 B　中国煤电行业 CCUS 减排潜力和投资效益评价模型

附录 B-1　中国煤电行业 CCUS 源汇匹配优化模型

1. 源汇匹配优化模型

按照陆上油田、海上油田、陆上咸水层和海上咸水层的匹配顺序，源汇匹配优化模型如下式所示：

$$TS_{CO_2}=F_1+F_2+F_3+F_4 \tag{B-1}$$

$$TT_{CO_2}=F_5+F_6+F_7+F_8 \tag{B-2}$$

式中，TS_{CO_2} 是 CO_2 总封存量，Mt；$F_1\sim F_4$ 分别是陆上油田、海上油田、陆上咸水层和海上咸水层的 CO_2 封存量，Mt；TT_{CO_2} 是 CO_2 总运输当量；$F_5\sim F_8$ 分别是通过陆上油田封存、海上油田封存、陆上咸水层封存和海上咸水层封存等封存方式得到的 CO_2 运输当量。

综上，该模型以在保证 CO_2 总封存量最大的前提下尽可能减小 CO_2 运输当量为目标。分别设置目标函数，如下式所示：

$$\begin{cases}F_x=\max\sum_{i=1}^{n}\sum_{j=1}^{mx}X_{ij}S_{ij}\text{, } x=1, 2, 3, 4\\ F_y=\min\sum_{i=1}^{n}\sum_{j=1}^{mx}X_{ij}D_{ij}S_{ij}\text{, } y=5, 6, 7, 8\end{cases} \tag{B-3}$$

式中，i 表示燃煤电厂（排放源）；j 表示封存地；n 是燃煤电厂的个数；$m1$、$m2$、$m3$ 和 $m4$ 分别是陆上油田、海上油田、陆上咸水层和海上咸水层的网格个数；X_{ij} 是一个二进制变量，当源 i 与汇 j 匹配成功时，$X_{ij}=1$，否则 $X_{ij}=0$；S_{ij} 是源 i 与汇 j 匹配成功时燃煤电厂 i 的 CO_2 排放量，Mt；D_{ij} 是源 i 和汇 j 之间的距离，m。具体约束条件如下：

$$\begin{cases}\sum_{i=1}^{n}X_{ij}S_{ij}\leqslant SP_j,\ \forall j\in[1,mx],\ x=1,2,3,4\\ 0\leqslant X_{ij}D_{ij}\leqslant D^*,\ \forall i\in[1,n],\ \forall j\in[1,mx],\ x=1,2,3,4\\ \sum_{i=1}^{n}\frac{X_{ij}S_{ij}}{R_i}\leqslant I_j,\ \forall i\in[1,n],\ \forall j\in[1,mx],\ x=1,2,3,4\end{cases} \tag{B-4}$$

式中，SP_j 是汇 j 的 CO_2 封存潜力，Mt；D^* 是 CO_2 最大运输距离，m；R_i 是燃煤电厂 i 的剩余运营年限，a；I_j 是汇 j 的 CO_2 注入能力，Mt/a。按照陆上油田、海上油田、陆上咸水层和海上咸水层的顺序依次进行匹配，每个阶段需要匹配的排放源为上个阶段匹配失败的燃煤电厂，匹配的方法一致，直到所有排放源都匹配到相应的封存地或者四个阶段的匹配完成为止。

2. 燃煤电厂碳排放

燃煤电厂的碳排放计算如下：

$$CER_s = IC \times RT_t \times CEF \times EF_c \times CR \tag{B-5}$$

式中，CER_s 是燃煤电厂的 CO_2 减排量，Mt；IC 是燃煤电厂的装机容量，MW；RT_t 是燃煤电厂的年运行时间，h；CEF 是供电煤耗，g/(kW·h)；EF_c 是标准煤排放系数；CR 是 CCUS 改造后燃煤电厂的 CO_2 捕集率。EF_c 的计算公式如下：

$$EF_c = LHV_c \times CC_c \times \frac{OR_c}{\varphi} \times \frac{44}{12} \tag{B-6}$$

式中，LHV_c 是原煤的平均低位热值，kJ/kg；CC_c 是原煤的单位热值含碳量，kg/kJ；OR_c 是原煤的氧化率；φ 是原煤折标准煤系数。

附录 B-2　中国煤电行业平准化度电成本计算

平准化度电成本（LCOE）是目前常用的计算燃煤电厂发电成本的参数，先对 CCUS 项目生命周期内的总成本和发电量进行平准化处理，再计算该燃煤电厂的发电成本，计算公式如下：

$$LCOE_{CFPP} = \frac{COST_{Initial} + \sum_{t=1}^{N}\frac{CFPP_{Other}}{(1+r)^t}}{\sum_{t=1}^{N}\frac{Q_e}{(1+r)^t}} \tag{B-7}$$

式中，$LCOE_{CFPP}$ 是燃煤电厂的 LCOE，元/(MW·h)；$COST_{Initial}$ 是燃煤电厂的建设成本，元；$CFPP_{Other}$ 是燃煤电厂生命周期内的其余所有成本，主要包括运营维护成本、燃料成本等，元；Q_e 是燃煤电厂的年发电量，MW·h。

对于 CCUS 改造后的燃煤电厂，假设在第 τ_1 年启动投资，建设期为 1 年，在第

(τ_1+1) 年开始运营，捕集设备的剩余运行寿命为 τ_2 年，其 LCOE 的计算公式如下：

$$LCOE_{CCS}=\frac{COST_{Initial}+COST_{CCS}+\sum_{t=\tau_1+2}^{\tau_2}\frac{CFPP_{Other}+CCS_{Other}}{(1+r)^t}}{\sum_{t=\tau_1+2}^{\tau_2}\frac{Q_e}{(1+r)^t}} \tag{B-8}$$

式中，$LCOE_{CCS}$ 是 CCUS 改造后燃煤电厂的 LCOE，元/(MW · h)；$COST_{CCS}$ 是 CCUS 项目的建设成本，元；CCS_{Other} 是 CCUS 项目生命周期内的其余所有成本，主要包括运营维护成本、捕集所产生的额外能耗成本、CO_2 运输成本、CO_2 封存成本等，元。

如采用连续复利的方式，用 $e^{r_0}-1$ 代替式(B-8)中的 r，化简后可以得到：

$$LCOE_{CCS}=\frac{COST_{Initial}+COST_{CCS}+(CFPP_{Other}+CCS_{Other})\times\frac{e^{-r_0}-e^{r_0(\tau_1-\tau_2)}}{e^{r_0}-1}}{Q_e\times\frac{e^{-r_0}-e^{r_0(\tau_1-\tau_2)}}{e^{r_0}-1}} \tag{B-9}$$

成本构成如下：

$$\begin{cases}COST_{Initial}=IC\times UC_{CFPP}\\ CFPP_{Other}=IC\times CFPP_{O\&M}+IC\times RT_t\times r_{coal}\times P_{coal}\\ COST_{CCS}=CER_s\times UC_{CCS}\times e^{-\alpha\cdot\Delta t}\\ CCS_{Other}=CCS_{O\&M}+T_C+S_C+Q_{energy}\end{cases} \tag{B-10}$$

式中，IC 是燃煤电厂的装机容量，MW；UC_{CFPP} 是燃煤电厂的单位建设成本，元/MW；$CFPP_{O\&M}$ 是燃煤电厂的单位运营维护成本，元/MW；RT_t 是燃煤电厂的年运行时间，h；r_{coal} 是供电煤耗，g/(kW · h)；P_{coal} 是煤炭价格，元/t；CER_s 是 CCUS 改造后燃煤电厂的 CO_2 减排量，t；UC_{CCS} 是捕集设备的单位投资成本，元/t；α 是 CCS 成本受技术进步的影响，取 2.02%；$CCS_{O\&M}$ 是捕集设备的运营维护成本，元；T_C 是 CO_2 运输成本，元；S_C 是 CO_2 封存成本，元；Q_{energy} 是捕集所产生的额外能耗成本，元。其中，CCS_{other} 构成如下：

$$\begin{cases}CCS_{O\&M}=IC\times RT_t\times UC_{O\&M}\\ T_C=L\times CER_s\times UT_C\\ S_C=CER_s\times US_C\\ Q_{energy}=P_{power}\times UC_{power}\times CER_s\end{cases} \tag{B-11}$$

式中，$UC_{O\&M}$ 是捕集设备的单位运营维护成本，元/(kW · h)；L 是 CO_2 运输距离，m；UT_C 是 CO_2 单位运输成本，元/(m · t)；US_C 是单位咸水层封存成本，元/t；P_{power} 是电

价，元/(kW·h)；UC_{power} 是捕集造成的单位额外电力损耗，kW·h/t。

当考虑 CCUS 项目带来的收益时，CCS_{other} 构成如下：

$$\begin{cases} CCS_{other} = CCS_{O\&M} + T_C + S_C + Q_{energy} - R_{EOR} - P_{cer} \times CER_s - P'_e \times Q_e \\ R_{EOR} = P_{oil} \times O_{oil} = P_{oil} \times CER_s \times R_{oil} \times 4 \end{cases} \tag{B-12}$$

式中，R_{EOR} 是驱油产生的收益，元；P_{cer} 是碳价，元/t；P'_e 是脱碳电价补贴，元/(kW·h)；P_{oil} 是油价，元/桶；R_{oil} 是吨和桶的置换比例，取 7.3 吨/桶。根据中国胜利油田测算二氧化碳和石油的驱替比，取 4∶1。

当考虑额外发电小时数补贴时，CCUS 改造后燃煤电厂的 LCOE 计算如下：

$$LCOE_{CCS} = \frac{COST_{Initial} + COST_{CCS} + \sum_{t=\tau_1+2}^{\tau_2} \frac{CFPP_{Other} + CCS_{Other} + EE - P_{power} \times Q'_e}{(1+r)^t}}{\sum_{t=\tau_1+2}^{\tau_2} \frac{Q_e}{(1+r)^t}} \tag{B-13}$$

式中，EE 是因增加额外发电小时数而额外消耗能源（包括燃煤电厂和捕集设备）所产生的成本，元；Q'_e 是因获得额外发电小时数而增加的年发电量，kW·h。

当考虑美国 45Q 补贴（从 CCUS 设备首次投入使用之日起，符合条件的项目可以申请 12 年的 45Q 税收抵免）时，CCUS 改造后燃煤电厂的 LCOE 计算如下：

$$LCOE_{CCS} = \frac{COST_{Initial} + COST_{CCS} - \sum_{t=\tau_1+2}^{\tau_1+14} \frac{CER_s \times Q_S}{(1+r)^t} + \sum_{t=\tau_1+2}^{\tau_2} \frac{CFPP_{Other} + CCS_{Other}}{(1+r)^t}}{\sum_{t=\tau_1+2}^{\tau_2} \frac{Q_e}{(1+r)^t}} \tag{B-14}$$

式中，Q_S 是补贴额度，元/t。

附录 B-3 中国煤电行业 CCUS 投资决策模型

1. 净现值计算

首先，通过计算燃煤电厂加装 CCUS 后的现金流入和现金流出来计算总收益 R。其中，现金流入包括碳排放权收益和 EOR 收益，现金流出包括 CCUS 总改造成本、运营维护成本、捕集 CO_2 导致电力损耗的成本、CO_2 运输成本、CO_2 封存成本等。

$$R = CER_s \times P_{cer} + R_{EOR} - I_{CCS} - CCS_{O\&M} - Q_a \times P_a - T_C - S_C - Q_c \times P_e \tag{B-15}$$

式中，CER_s 是改造后燃煤电厂的 CO_2 减排量，t；P_{cer} 是碳价，元/t；R_{EOR} 是 EOR 收益（若采用咸水层封存，则无这项收益），元；I_{CCS} 是捕集设备的投资成本，元；$CCS_{O\&M}$ 是捕集设备的运营维护成本，元；Q_a 是捕集每吨 CO_2 所需的胺溶液消耗量，t；P_a 是胺溶液价格，元/t；T_C 是 CO_2 运输成本，元；S_C 是 CO_2 封存成本，元；Q_c 是捕集 CO_2 导致的额外电力损耗，kW·h；P_e 是煤电上网电价，元/(kW·h)。

然后，计算燃煤电厂加装 CCUS 后的净现值 NPV。假设燃煤电厂在第 τ_1 年启动投资，建设期为 1 年，在第 (τ_1+1) 年开始运营，捕集设备的剩余运行寿命为 τ_2 年，捕集设备的残值为 0，对燃煤电厂进行 CCUS 改造后的净现值表达式如下：

$$\begin{aligned}\mathrm{NPV}_{\tau_1} = & \sum_{t=\tau_1+2}^{\tau_2}\left[(\mathrm{CER_s}\times P_{cer}+R_{EOR})\times(1+r_0)^{\tau_1-t}-I_{CCS}\times \mathrm{e}^{-\alpha t}\right]- \\ & \sum_{t=\tau_1+2}^{\tau_2}\left[(\mathrm{CCS_{O\&M}}+Q_a\times P_a+T_C+S_C+Q_c\times P_e)\times(1+r_0)^{\tau_1-t}\right]\end{aligned} \tag{B-16}$$

如采用连续复利的方式，用 $e^{r0}-1$ 代替式(B-16)中的 r_0，化简后如下：

$$\begin{aligned}\mathrm{NPV}_{\tau_1} = & \left[\mathrm{CER_s}\times P_{cer}+R_{EOR}-\mathrm{CCS_{O\&M}}-Q_a\times P_a-T_C-S_C-Q_c\times\right. \\ & \left.P_e-I_{CCS0}\times \mathrm{e}^{(r_0-0.0202)\tau_1}\right]\times\frac{\mathrm{e}^{-r_0}-\mathrm{e}^{r_0(\tau_1-\tau_2)}}{\mathrm{e}^{r_0}-1}\end{aligned} \tag{B-17}$$

2. 实物期权模型

进一步地，构建实物期权模型。项目投资是一个受多种不确定性因素影响的随机过程。在实际的投资过程中，投资者可以通过量化不确定性因素来规避投资风险，因此在实物期权法中，项目投资过程中的不确定性因素的价值被认为是项目投资价值的一部分。因此，CCUS 项目投资的总价值计算如下：

$$\mathrm{TIV}=\mathrm{NPV}+\mathrm{ROV} \tag{B-18}$$

式中，TIV 是延迟期权下 CCUS 项目投资的总价值，元；NPV 和 ROV 分别是 CCUS 项目投资的净现值和不确定性条件下灵活投资的价值。

假设碳价遵循几何布朗运动，服从以下方程：

$$\mathrm{d}P=rP\mathrm{d}t+\sigma P\mathrm{d}W \tag{B-19}$$

式中，r 和 σ 分别是碳价变化率的期望值和碳价的波动率。

当采用三叉树模型计算实物期权下 CCUS 项目投资的总价值时，假设允许碳价上升、下降或者保持不变，它们的概率分别为 P_u、P_d 和 P_m。因此，如果当前的碳价是 S，那么在下一个时间节点，碳价将是 S_u、S_d 或 S。假设碳价与移动的顺序无关，即 $u\times d=1$，得到以下公式：

$$u = I + \sqrt{I^2 - 1} \tag{B-20}$$

$$d = I - \sqrt{I^2 - 1} \tag{B-21}$$

$$P_u = \frac{e^{r\Delta t}(1+d) - e^{(2r+\sigma^2)\Delta t} - d}{(d-u)(u-1)} \tag{B-22}$$

$$P_m = \frac{e^{r\Delta t}(u+d) - e^{(2r+\sigma^2)\Delta t} - 1}{(1-d)(u-1)} \tag{B-23}$$

$$P_d = \frac{e^{r\Delta t}(1+u) - e^{(2r+\sigma^2)\Delta t} - u}{(1-d)(d-u)} \tag{B-24}$$

式中，$I = \frac{e^{r\Delta t} + e^{(3r+3\sigma^2)\Delta t} - e^{(2r+\sigma^2)\Delta t} - 1}{2[e^{(2r+\sigma^2)\Delta t} - e^{r\Delta t}]}$；$r$ 是无风险利率，选取 1990 年 4 月—2021 年 4 月中国人民银行一年期定期存款平均利率。

通过应用净现值公式并结合碳价，可以得到延迟期权下每个节点处的净现值，将每个节点处的净现值与 0 做比较，若节点处的净现值大于 0，则取该净现值，若节点处的净现值小于 0，则取 0。

$$IV_{(i,j)}^{ccs} = \max\{0,\ NPV_{(i,j)}^{CCS}\}\ (0 \leqslant i \leqslant n,\ i \leqslant j \leqslant 2i+1) \tag{B-25}$$

式中，$IV_{(i,j)}^{ccs}$ 是节点(i,j)处的投资值，元；$NPV_{(i,j)}^{CCS}$ 是节点(i,j)处的净现值，元。对每个节点进行比较，然后根据最后节点处的投资值向前推导，按照式(B-26)对每个节点进行决策，直至最初，所求得的值即延迟投资实物期权条件下的 CCUS 项目投资价值。

$$TIV_{i,j} = \max\{IV_{(i,j)}^{CCS},\ [P_u \times IV_{i+1,j} + P_m \times IV_{i+1,j+1} + P_d \times IV_{i+1,j+2}]e^{-r\Delta t}\}$$
$$(0 \leqslant i \leqslant n,\ i \leqslant j \leqslant 2i+1) \tag{B-26}$$

附录 C　中国钢铁行业 CCUS 减排潜力和投资效益评价模型

附录 C-1　中国钢铁行业 CCUS 源汇匹配优化模型

根据排放源和封存地的位置，在 GAMS 软件中进行求解，得到源汇匹配优化模型。在源汇匹配求解的过程中，从每个钢铁厂捕集到的 CO_2 可以封存到任何一个封存区块，同时每个封存区块也会根据自身的注入能力和封存潜力接收来自不同钢铁厂的 CO_2。

将目标函数定义为使项目运行周期内的整体成本最小，即

$$T=\min\left\{\sum_{n=1}^{N}\left[\mathrm{COST}_{\text{capture-}n}+\sum_{x=x_0+2}^{X}\frac{\mathrm{OM}_{\text{capture-}n,\,x}}{(1+r_0)^x}\right]+\right.$$
$$\sum_{i=1}^{I}\left[\mathrm{COST}_{\text{pipeline-}i}+\sum_{x=x_0+2}^{X}\frac{\mathrm{OM}_{\text{pipeline-}i,\,x}}{(1+r_0)^{x+1}}\right]+ \tag{C-1}$$
$$\left.\sum_{j=1}^{J}\left[\mathrm{COST}_{\text{well-}j}+\sum_{x=x_0+2}^{X}\frac{\mathrm{OM}_{\text{well-}j,\,x}-\lambda_j\times I_{\text{EOR-}j,\,x}}{(1+r_0)^x}\right]\right\}$$

式中，T 是项目运行周期内捕集、运输、封存各环节成本的折现值之和，美元；$\mathrm{COST}_{\text{capture-}n}$、$\mathrm{COST}_{\text{pipeline-}i}$ 和 $\mathrm{COST}_{\text{well-}j}$ 分别是第 n 个钢铁厂捕集设备的资本成本、第 i 段管道的建设资本成本和第 j 个封存区块的打井资本成本（资本成本涵盖购买捕集设备、管道材料、打井材料的费用，以及其安装过程中所需的所有一次性费用），美元；$\mathrm{OM}_{\text{capture-}n,\,x}$、$\mathrm{OM}_{\text{pipeline-}i,\,x}$ 和 $\mathrm{OM}_{\text{well-}j,\,x}$ 分别是第 n 个钢铁厂捕集设备、第 i 段管道运输设备和第 j 个封存区块注入设备在第 x 年的运维成本（总运维成本包括 CO_2 捕集、运输和封存过程中所产生的一系列成本与收益），美元；$I_{\text{EOR-}j,\,x}$ 是第 j 个封存区块在第 x 年的原油收益，美元；X 是项目运行周期数；N、I 和 J 分别是最优解中钢铁厂排放源的最大个数、管道的最大段数和封存区块的最大个数；r_0 是折现率，取 7.5%（Biermann et al.，2019）；λ_j 是判定系数，若第 j 个封存区块为油田，则取 1，否则取 0。

其中，捕集环节的成本由资本成本和运维成本两部分组成，计算公式如下：

$$\begin{cases}\mathrm{COST}_{\text{capture-}n}=P_{\text{capture}}\times Q_{n,\,x}\\ \mathrm{COST}_{\text{O\&M-}n}=(P_{\text{power-}y}\times M_{\text{power}}+P_{\text{MEA}}\times M_{\text{MEA}}+P_{\text{steam}}\times M_{\text{steam}})\times Q_{n,\,x}+\\ \qquad\qquad\mathrm{COST}_{\text{capture-}n}\times\delta\end{cases} \tag{C-2}$$

式中，P_{capture}、$P_{\text{power-}y}$、P_{MEA} 和 P_{steam} 分别是捕集设备的单位资本成本、钢铁厂所在省级行政区的上网电价、MEA 的单位价格、蒸汽的单位价格；M_{power}、M_{MEA} 和 M_{steam} 分别是每捕集 1 t CO_2 所需的电量、MEA 量和蒸汽量；$Q_{n,\,x}$ 是第 n 个钢铁厂在第 x 年的 CO_2 捕集量；δ 是设备维修费、人工费和其他费用对设备资本成本的系数。

CO_2 运输成本由拟建管道的资本成本和运维成本组成。单位长度管道的资本成本（管道施工成本）的计算公式如下：

$$\mathrm{COST}_{\text{pipeline-}i}=\mathrm{MC}_{d,\,i}^{\text{pip}}+\mathrm{VSC}_{d,\,i}^{\text{pip}}+\mathrm{ISC}_{d,\,i}^{\text{pip}}+\mathrm{OCC}_{d,\,i}^{\text{pip}} \tag{C-3}$$

式中，$\mathrm{COST}_{\text{pipeline-}i}$ 是直径为 d 的管道单位长度对应的资本成本，包括初级原料成本 $\mathrm{MC}_{d,\,i}^{\text{pip}}$、阀站成本 $\mathrm{VSC}_{d,\,i}^{\text{pip}}$、安装成本 $\mathrm{ISC}_{d,\,i}^{\text{pip}}$ 和其他建设成本 $\mathrm{OCC}_{d,\,i}^{\text{pip}}$，美元。特别地，阀站成本是初级原料成本的 30%（Tian et al.，2017），安装成本是初级原料成本的 50%（Tian et al.，2017），其他建设成本是初级原料成本、阀站成本、安装成本之和的 10%

（IEA，2021）。

初级原料成本包括钢材成本和保温材料成本。由于运输距离相对较长，保温材料选用价格较低的矿棉，价格为 43.5 美元/m^3（Zhang et al.，2012）。初级原料成本的计算公式如下：

$$MC_{d,i}^{pip} = C^{steel}\rho^{steel}\pi[(r_d^{pip1})^2 - d^2] + C^{insulation}[(r_d^{pip2})^2 - (r_d^{pip1})^2] \tag{C-4}$$

式中，C^{steel} 是 2021 年我国钢材的平均价格，美元/t（中钢网，2022）；ρ^{steel} 是钢铁密度，取 7.85 t/m^3；r_d^{pip1} 是参照相关厚度所确定的管道外径，m（Zhang et al.，2014）；d 是管道内径，m；$C^{insulation}$ 是管道保温层价格，美元/m^3；r_d^{pip2} 是管道保温层外径，参照国家标准 GB/T 4272—2008《设备管道绝热技术通则》中的相关厚度来确定，m。

管道尺寸决定了其中 CO_2 流动上限，计算公式如下：

$$d = 0.363\left(\frac{Prate_d}{\rho^{CO_2\text{-super}}}\right)^{0.45}(\rho^{CO_2\text{-super}})^{0.13}(\mu^{CO_2})^{0.025} \tag{C-5}$$

式中，$Prate_d$ 是管道内 CO_2 最大流量，t；$\rho^{CO_2\text{-super}}$ 是 CO_2 处于超临界状态时的密度，取 0.448 t/m^3；μ^{CO_2} 是 CO_2 动力黏度，取 6.8×10^{-5} Pa·s（Baik et al.，2018）。

式（C－5）可变形为

$$Prate_d = \sqrt[0.45]{\frac{d}{0.363(\rho^{CO_2\text{-super}})^{0.13}(\mu^{CO_2})^{0.025}}}\times\rho^{CO_2\text{-super}} \tag{C-6}$$

单位长度管道的运维成本是单位长度管道的资本成本的 4%（Li et al.，2009）。

陆上 EOR 封存成本由资本成本和运维成本组成。资本成本包括钻井设备成本、钻井成本、设备连接成本及其他与 CO_2 相关的设备成本。运维成本包括耗材成本、地面和井下设备的日常维护成本、测试成本、加压成本。上述成本的计算方法和数据均来源于 Wei 等（2015）。

当捕获的 CO_2 用于 EOR 时，它将产生额外的原油收益，计算公式如下：

$$I_{EOR\text{-}j,x} = P_{oil}\times Q_{j,x}\times 0.25 \tag{C-7}$$

式中，P_{oil} 是单位原油价格，取 2002—2021 年西得克萨斯中间基原油（WTI）期货价格的平均值，即 479.82 美元/t；$Q_{j,x}$ 是油田在第 x 年的封存量，t；0.25 是原油采收率（Yang et al.，2019）。

为了便于进行经济评价和投资决策研究，假设第 i 段管道和第 j 个封存区块的成本（资本成本和运维成本）是钢铁厂基于 CO_2 排放量分别分配给管道和封存区块的。其相互关系可参见式（C－8）。

$$
\begin{cases}
COST_{pipeline-n} = COST_{pipeline-i} \times \dfrac{\sum_{x=1}^{X} Q_{n,x}}{\sum_{n=1}^{Z}\sum_{x=1}^{X} Q_{n,x}} \\
OM_{pipeline-n,x} = OM_{pipeline-i,x} \times \dfrac{\sum_{x=1}^{X} Q_{n,x}}{\sum_{n=1}^{Z}\sum_{x=1}^{X} Q_{n,x}} \\
COST_{well-n} = COST_{well-j} \times \dfrac{\sum_{x=1}^{X} Q_{n,x}}{\sum_{n=1}^{K}\sum_{x=1}^{X} Q_{n,x}} \\
OM_{well-n,x} = OM_{well-j,x} \times \dfrac{\sum_{x=1}^{X} Q_{n,x}}{\sum_{n=1}^{K}\sum_{x=1}^{X} Q_{n,x}} \\
I_{EOR-n,x} = \lambda_j \times I_{EOR-j,x} \times \dfrac{\sum_{x=1}^{X} Q_{n,x}}{\sum_{n=1}^{K}\sum_{x=1}^{X} Q_{n,x}}
\end{cases}
\tag{C-8}
$$

式中，Z 和 K 分别是使用第 i 段管道的钢铁厂个数和使用第 j 个封存区块的钢铁厂个数，$0 \leqslant Z \leqslant N$，$0 \leqslant K \leqslant N$。

相关约束条件如下：

$$
\begin{cases}
0 \leqslant \sum_{n=1}^{K} Q_{inject-j,n,x} \leqslant S_{inject-j,x} \\
0 \leqslant \sum_{n=1}^{K}\sum_{x=1}^{X} Q_{inject-j,n,x} \times X \leqslant S_{capacity-j} \\
\sum_{n=1}^{N}\sum_{x=1}^{X} Q_{n,x} = \sum_{j=1}^{J}\sum_{x=1}^{X} S_{inject-j,x} \\
0 \leqslant L \leqslant L_{max} \\
0 \leqslant \sum_{n=1}^{Z} Q_{pipeline-i,n,x} \leqslant S_{pipeline-i,x}
\end{cases}
\tag{C-9}
$$

式中，$Q_{inject-j,n,x}$ 和 $Q_{pipeline-i,n,x}$ 分别是从第 n 个钢铁厂注入第 j 个封存区块和流经第 i 段管道的 CO_2 量，t/a；$S_{inject-j,x}$ 和 $S_{capacity-j}$ 分别是第 j 个封存区块的注入能力（与打井数有关）和封存潜力，t/a 和 t；$S_{pipeline-i,x}$ 是第 i 段管道的流量，t/a；L_{max} 是从钢铁厂排放源或封存区块中心点到管网的最大距离，取 20 km。

附录 C－2　中国钢铁行业碳排放评估方法

关于钢铁厂的碳排放计算方法，参考《IPCC 2006 年国家温室气体清单指南 2019 修订版》。钢铁厂高炉烟气 CO_2 排放量的计算公式如下：

$$E=(\mathrm{COKE}\times Q\times C_{\mathrm{coke}}+\mathrm{PCI}\times Q\times C_{\mathrm{PCI}}-Q\times 0.96\times C_{\mathrm{hotmetal}})\times\frac{44}{12}\times 0.5 \tag{C-10}$$

式中，E 是钢铁厂高炉烟气 CO_2 排放量，Mt/a；Q 是钢铁厂的粗钢产量，Mt/a；COKE 和 PCI 分别是钢铁厂输入高炉中的焦炭和喷吹煤的相对量，t/t；C_{coke}、C_{PCI} 和 C_{hotmetal} 分别是焦炭、喷吹煤和铁水中的碳含量，t/t；0.96 是本研究采用的铁水产量与粗钢产量的比值，取范围（0.93～0.99 吨铁水/吨粗钢）均值（He et al.，2017；Tong et al.，2019；Wang et al.，2020；Tian et al.，2022）；$\frac{44}{12}$是 CO_2 与 C 的相对分子质量之比；0.5 是 C 转化为 CO_2 的系数（因假设 CO 和 CO_2 的体积分数相等，故取 0.5）。

附录 C－3　中国钢铁行业主要转型技术的全生命周期碳足迹计算

1. LCA 尺度下粗钢碳足迹核算

本研究将技术组合每个阶段中的单个环节设为一个“过程”，通过计算每个“过程”的物质和能量流动来核算每生产 1 t 粗钢时该“过程”所产生的碳排放，各“过程”的碳排放的总和即粗钢碳足迹，计算公式如下：

$$\mathrm{EF}_{\mathrm{LCA}}=\begin{cases}\alpha\sum_{i=1}^{n}[m_i^{\mathrm{fuel}}\times\mathrm{NCV}_i^{\mathrm{fuel}}\times\mathrm{EF}_i^{\mathrm{fuel}}+m_i^{\mathrm{e}}\times(\mathrm{EF}_i^{\mathrm{e}})_{\mathrm{pro}}\times\mu+m_i^{\mathrm{lime}}\times EF_i^{\mathrm{lime}}]+ & \mathrm{a}\\ \sum_{i=1}^{n}[E_i^{\mathrm{capture}}+(m_i^{\mathrm{ce}}+m_i^{\mathrm{te}}+m_i^{\mathrm{se}})\times(\mathrm{EF}_i^{\mathrm{e}})_{\mathrm{pro}}\times\mu]- & \mathrm{b}\\ m_{\mathrm{total}}^{\mathrm{e}}\times(1-\beta)\times\mathrm{EF}_{\mathrm{corex}}^{\mathrm{e}}\times\mu+ & \mathrm{c}\\ \sum_{j=1}^{n}\sum_{k=1}^{m}\{(D_{kj})_{\mathrm{pro}}\times\gamma_{kj}\times[(\mathrm{EF}_{kj}^{\mathrm{e}})_{\mathrm{pro}}\times\mu+\mathrm{EF}_{kj}]\times m_{kj}\times\mathrm{EI}_{kj}\} & \mathrm{d}\end{cases} \tag{C-11}$$

式中，$\mathrm{EF}_{\mathrm{LCA}}$ 是各情景下粗钢全生命周期碳足迹，kg CO_2/t cs；α 是露天矿厂或地下矿厂占比（两者之和为 100%），%；m_i^{fuel} 是 i 过程消耗的燃料实物量，kg/t cs；$\mathrm{NCV}_i^{\mathrm{fuel}}$ 和 $\mathrm{EF}_i^{\mathrm{fuel}}$ 分别是 i 过程所消耗燃料的平均低位热值和缺省碳排放因子，MJ/kg 和 kg CO_2/MJ，氧化率为 100%（Liszka et al.，2003；Lampert et al.，2010；Kuramochi et al.，2012；国家发展和改革委员会，2013；Feng et al.，2020）；m_i^{e} 是 i 过程消耗的电力实物量，

kW・h/t cs；$(EF_i^e)_{pro}$ 是 i 过程所消耗电力的碳排放因子，kg CO_2/(kW・h)，其中下标 pro 表示各省级行政区；m_i^{lime} 是 i 过程消耗的石灰实物量，t/t cs，其受热分解的碳排放因子为 440 kg CO_2/t(国家发展和改革委员会，2013)；μ 是电网碳排放率，S1 情景下为 1，S2 情景和 S3 情景下则分别为 0.1 和 0。除生产边界和运输阶段外，其余"过程"的碳排放可通过式(C－11a)来求得。

在不同情景下，由于 CCUS、外输电力及外部电网以不同形式相互作用，因此生产边界内的碳排放需要通过式(C－11a)、式(C－11b)和式(C－11c)共同进行计算。需注意，外输电力是 COREX 钢铁厂所特有的，利用其尾气发电的实质仍是碳捕集利用，通过副产品(外输电力)的形式将碳足迹从现有研究边界中分离，以达到减排目的。式(C－11b)对应 CCUS 的减排量，其中，$E_i^{capture}$ 是 i 过程的捕集量，kg CO_2/t cs，捕集方式为变压吸附(PSA)，捕集率为 90%；m_i^{ce}、m_i^{te}、m_i^{se} 分别是 i 过程中捕集、运输和封存阶段所消耗的电力实物量，kW・h/t cs。式(C－11c)表示外输电力碳足迹，其中，m_{total}^e 是 COREX 钢铁厂自备电厂的总发电量，kW・h/t cs；β 是 COREX 钢铁厂各生产环节的需电量占总发电量的比例，%；EF_{corex}^e 是 COREX 钢铁厂自备电厂的电力碳排放因子，kg CO_2/(kW・h)。

运输阶段被单独看作一个"过程"，通过式(C－11d)进行碳排放计算。其中，j 表示所需运输的原料种类；k 表示运输方式；D_{kj} 是运输 j 原料时采取 k 运输方式的运输距离，km；γ_{kj} 是运输 j 原料时采取 k 运输方式的占比，%；EF_{kj}^e 和 EF_{kj} 分别是运输 j 原料时采取 k 运输方式所消耗电力和燃料的碳排放因子，kg CO_2/MJ 和 kg CO_2/(kW・h)；m_{kj} 是运输 j 原料时采取 k 运输方式所消耗电力或燃料的实物量，kg/t 或 kW・h/t；EI_{kj} 是运输 j 原料时采取 k 运输方式所消耗电力或燃料的能源强度，MJ/(t・km)或 kW・h/(t・km)。关于运输方式，页岩气只通过管道进行运输；煤炭的运输方式主要包括铁路运输、水路运输和公路运输三种，其中铁路运输的运量占总运量的 60.2%，水路运输占比为 20.5%，公路运输占比为 19.3%；铁矿石的陆地运输方式为铁路运输，海洋运输则采用海运。关于运输距离，铁矿石的海运距离为从各出口国到中国各港口的距离的平均值，其范围为 7 073～12 306 km，本研究取 9 689.5 km(中华人民共和国交通运输部，2021；Ou et al.，2013)。对于石灰石运输阶段的碳排放，依据 Chisalita 等(2019)的研究，在本研究中不予考虑。

2. 外输电力碳排放因子核算

外输电力的本质是 CCU，Cruz 等(2021)的研究认为 LCA 是选择 CCU/CCUS 技术的关键工具，LCA 可以揭示 CCU 技术的潜力，因此本研究中的核算方式无论是对 CCU 还是对 CCUS 都是合适的。外输电力不仅有助于减排，而且可以通过并入电网来获得，因此其碳足迹核算类似于热联电厂中对热的碳足迹核算。为此，参照热联电厂的供热比[供热比＝机组向外供应的热量/锅炉总产出的热量(国家能源局，2015)]，本研究引入了供电比 β，以表示钢铁生产过程中用于发电的能量在总输入能量中的占比

(%),计算公式如下:

$$\beta=\frac{m^{\mathrm{gas}}}{\sum_{i=1}^{n} m_i^{\mathrm{corex}}\times \mathrm{NCV}_i^{\mathrm{corex}}} \tag{C-12}$$

$$m_{\mathrm{total}}^{\mathrm{e}}=\sum_{i=1}^{n} m_i^{\mathrm{corex}}\times \mathrm{NCV}_i^{\mathrm{corex}}\times\beta\times\delta\times 0.2778 \tag{C-13}$$

$$\alpha=\frac{m_{\mathrm{need}}^{\mathrm{e}}}{m_{\mathrm{total}}^{\mathrm{e}}} \tag{C-14}$$

$$\mathrm{EF}_{\mathrm{corex}}^{\mathrm{e}}=\frac{\mathrm{EF}_{\mathrm{total}}^{\mathrm{e}}}{m_{\mathrm{total}}^{\mathrm{e}}}=\frac{\sum_{i=1}^{n}\mathrm{EF}_i^{\mathrm{fuel-corex}}}{\delta\times 0.2778} \tag{C-15}$$

式中,β 是供电比,经计算得到 34.3%~46.9%;m^{gas} 是 COREX 钢铁厂用于发电的尾气所蕴含的能量(主要由 COREX 尾气和转炉尾气提供,即单位粗钢产生的尾气能量),MJ/t cs;m_i^{corex} 和 $\mathrm{NCV}_i^{\mathrm{corex}}$ 分别是 COREX 钢铁厂生产阶段所需的第 i 种燃料实物量及其平均低位热值,kg/t cs 和 MJ/kg;δ 是发电效率,其值为 43.6%~54.1%;0.2778 是热量和电力的转换系数,即 1 MJ=0.2778 kW·h;α 是需电比,表示 COREX 钢铁厂各生产环节的需电量在总发电量中的占比,%;$m_{\mathrm{need}}^{\mathrm{e}}$ 是每生产 1 t 粗钢时 COREX 钢铁厂各生产环节所需的总电量,kW·h/t cs;$m_{\mathrm{total}}^{\mathrm{e}}$ 是 COREX 钢铁厂自备电厂的总发电量,kW·h/t cs;$\mathrm{EF}_{\mathrm{total}}^{\mathrm{e}}$ 是 COREX 钢铁厂自备电厂的总排放量,kg CO_2/t cs;$\mathrm{EF}_i^{\mathrm{fuel-corex}}$ 是 COREX 钢铁厂生产过程中输入燃料的碳排放因子,kg CO_2/MJ。

3. 原材料运输距离核算

中国进口的铁矿石主要来源于澳大利亚、巴西等国(《中国钢铁工业年鉴》编辑委员会,2020)。铁矿石从青岛、连云港、营口和湛江等地的港口卸载,随后通过铁路被运往各省级行政区。为了更准确地描绘转型技术部署后中国各省级行政区之间铁矿石的供需关系进而核算陆地铁矿石的运输距离,本研究进行了一些简化来建立铁矿石供应省级行政区和铁矿石需求省级行政区之间的对应关系。这一过程分为两个阶段进行筛选。

第一阶段,筛选完全依赖国产铁矿石的省级行政区。

铁矿石的海洋运输方式以海运为主,陆地运输不论是国产路线还是进口线路均采用铁路运输。在调研中国 57 个大型钢铁厂后发现,只有部分临海省级行政区的大型钢铁厂(如隶属中国宝武钢铁集团有限公司的大型钢铁厂)完全使用进口铁矿石,而华中、华南、华东等地区的大型钢铁厂多采用国产铁矿石与进口铁矿石混合采购的形式,西北地区、西南地区的大部分大型钢铁厂则完全依赖国产铁矿石。总之,从沿海向内陆延伸,进口铁矿石的需求量在各省级行政区铁矿石总需求量中的占比逐渐降低。为此,本研究引入了供需比 θ,以表示各省级行政区的国产铁矿石需求量在该省级行政区铁矿石总需求量中的占比(%)。如果 $\theta \geqslant 60\%$，那么认为该省级行政区的铁矿石主要由国产铁矿石供应。

$$\theta = \frac{\mathrm{ID}}{\mathrm{IP}} \tag{C-16}$$

式中，ID(iron ore demand)是 2020 年各省级行政区的铁矿石需求量；IP(iron ore production)是 2020 年各省级行政区的铁矿石生产量。ID 的计算公式如下：

$$\mathrm{ID} = m_{\mathrm{ap}} \times \phi_{\mathrm{steel}} \tag{C-17}$$

式中，m_{ap} 是 2020 年各省级行政区产量，10^4 t 粗钢；ϕ_{steel} 是转型技术部署后单位粗钢生产所需的铁精矿量，kg/t cs。通过计算，可知中国 BF－BOF 钢铁厂的 ϕ_{steel} 介于 1 165.4～1 259 kg/t cs，取 1 212.6 kg/t cs。

第二阶段，筛选既可以用国产铁矿石又可以用进口铁矿石的省级行政区。

在第一阶段筛选后，剩余省级行政区面临以下两个选择：一是从邻近供大于求的省级行政区(如四川省的铁矿石供需比达到 3.19)采购国产铁矿石；二是从最近的港口购买进口铁矿石。而国产铁矿石的市场平均价格(105.96 美元/t)只略低于其进口平均价格(116.08 美元/t)，所以各省级行政区会优先选择从距离本省级行政区最近的铁矿石供应省级行政区购买的方式。在该规则下，重庆市、青海省和宁夏回族自治区因其到铁矿石供大于求的省级行政区的距离远小于到最近的港口的距离，故选择采购国产铁矿石的路线。经过两个阶段筛选后的其余省级行政区则完全依赖进口铁矿石。

附录 C－4　中国钢铁行业主要转型技术的全生命周期成本计算

1. *原材料购入价核算*

原材料的购入价涵盖从开采到进入钢铁厂大门的所有成本，包括原材料的采购、加工和运输至工厂的费用，以美元每吨计价。由于车辆在其生命周期内的维护成本和折旧成本相对较小(Zhang et al.，2013)，不会影响最终结果，因此本研究忽略了此类成本因素，原材料的购入价由市场价和运输成本两部分组成。

2. *不同电力系统的销售电价计算*

本研究给出了不同电力系统的销售电价计算方法。当前销售电价是以 2021 年中国各省级行政区的销售电价为基础，用电分类为大工业用电，电压等级在 220 kV 以上的平段电价，由电度电价和基本电价两部分组成。而可再生能源销售电价由上网电价、电容电价和电量电价三部分组成。两者的计算公式如下：

(1) 可再生能源销售电价

$$P_{\mathrm{RE}} = \frac{\mathrm{APO}_w}{\mathrm{APO}_w + \mathrm{APO}_p} \times (P_1^w + P_2^w + P_3^w) + \frac{\mathrm{APO}_p}{\mathrm{APO}_w + \mathrm{APO}_p} \times (P_1^p + P_2^p + P_3^p) \tag{C-18}$$

式中，P_{RE} 是可再生能源销售电价，美元/(kW·h)；APO_w 和 APO_p 分别是风电和光伏的年发电量，GW·h/a；P_1、P_2、P_3 分别是上网电价、电容电价和电量电价，美元/(kW·h)；w 表示风电；p 表示光伏。

(2) 当前销售电价

基本电价：

$$P_B = S \times P_b \times 12/m_{cs} \times 6.8974 \tag{C-19}$$

$$S \geqslant S_e \tag{C-20}$$

$$S_e = \sqrt{3} \times (U_1 \times I_1) \tag{C-21}$$

$$I_1 = \frac{P}{\sqrt{3}U_1 \times \cos\varphi} \tag{C-22}$$

当前销售电价：

$$P_{c1} = P_B + P_m \tag{C-23}$$

式中，P_B 是基本电价，美元/(kW·h)；S 是变压器的容量，kW；P_b 是变压器容量的基本电价，美元/kW；m_{cs} 是钢铁厂的年产量，本研究设定为 1 Mt cs/a；6.897 4 是 2020 年美元兑换人民币的平均汇率；S_e 是变压器的视在功率，kW；U_1 是相电压，V；I_1 是相电流，A；P 是有功功率，kW，在数值上等于单位粗钢的耗电量；$\cos\varphi$ 是功率因数，取值范围为 0.8～0.9(中华人民共和国国家质量监督检验检疫总局等，2009)；P_m 是电度电价，美元/(kW·h)。变压器的容量要大于其视在功率，以此为条件在市场上选取合适的变压器。

3. LCA 尺度下平准化粗钢成本核算

由于《钢铁行业产能置换实施办法》于 2021 年正式实施，假设所有钢铁厂在第 τ_1 年(2021 年)开始投资建设，建设期为 1 年。若要加装 CCUS，则于同年开工建造，建设期也为 1 年，即在第 (τ_1+1) 年开始运营，设备的剩余运行寿命为 τ_2 年。因为电力成本贯穿全生命周期，且供应链的电力成本会随着情景的变化影响原材料的购入价，所以将电力成本分成生产阶段和供应链两个部分进行核算。上文提到原材料的购入价由市场价和运输成本组成，结合钢铁厂的建设成本和运维成本，以及 CCUS 的全流程成本，即钢铁生产的全生命周期成本，计算公式如下：

$$\mathrm{LCOS_{LCA}} = \frac{\mathrm{CAPEX_{steel}} + \mathrm{CAPEX_{CCUS}}}{\sum_{t=\tau_1+2}^{\tau_2} \frac{S_e}{(1+r)^t}} + \frac{\sum_{t=\tau_1+2}^{\tau_2} \left[\begin{array}{l} \mathrm{OPEX_{steel}} + \mathrm{OPEX_{CCUS}} - m_{\mathrm{corex}}^{\mathrm{ee}} \times (P_{\mathrm{c}}^{\mathrm{e}})_{\mathrm{pro}} + m_{\mathrm{sc}}^{\mathrm{en}} \times (P_{l=1,2,3}^{\mathrm{e}})_{\mathrm{pro}} + \\ m_{\mathrm{p}}^{\mathrm{en}} \times (P_{k=1,2,3}^{\mathrm{e}})_{\mathrm{pro}} + \sum_{\eta}^{n} [(m_\eta)_{\mathrm{pro}} \times (P_\eta)_{\mathrm{pro}}] + \mathrm{CCER} \times \mathrm{COST_{ccus}} \end{array} \right]}{(1+r)^t \sum_{t=\tau_1+2}^{\tau_2} \frac{S_e}{(1+r)^t}} \tag{C-24}$$

$$P_{\eta}=P_{m}+P_{t} \tag{C-25}$$

$$P_{t}=(0.036+0.0331)D+0.079 \tag{C-26}$$

$$COST_{S\&C}=250UTC+USC-P_{ccer}-\frac{P_{oil}}{4} \tag{C-27}$$

$$P_{l}^{e}=\begin{cases}0 & (l=S1)\\ -EF^{e}\times P_{ccer}\times 0.9+0.0307 & (l=S2)\\ -EF^{e}\times P_{ccer}+P_{RE}-P_{cl} & (l=S3)\end{cases} \tag{C-28}$$

$$P_{k}^{e}=\begin{cases}P_{cl} & (k=S1)\\ P_{cl}-EF^{e}\times P_{ccer}\times 0.9+0.0307 & (k=S2)\\ P_{RE}-EF^{e}\times P_{ccer} & (k=S3)\end{cases} \tag{C-29}$$

式中，$CAPEX_{steel}$ 和 $OPEX_{steel}$ 分别是钢铁厂的建设成本和运维成本，美元/t cs；$CAPEX_{CCUS}$ 和 $OPEX_{CCUS}$ 分别是 CCUS 的建设成本和运维成本，美元/t cs；S_e 是钢铁厂的年产量，Mt cs/a；r 是折现率；m_{corex}^{ee} 是 COREX 钢铁厂的外输电量，kW・h/t cs；P_{c}^{e} 是 2020 年各省级行政区燃煤电厂的上网电价（COREX 钢铁厂以煤炭为能源，其产生的电力是出售到电网中而不是直接出售给用户的），美元/(kW・h)；m_{sc}^{en} 是供应链的需电量，kW・h/t cs；$P_{l=1,2,3}^{e}$ 是各情景下供应链的额外新增电力成本（S2 情景和 S3 情景下各原材料的市场价会因电价变化而发生波动），美元/(kW・h)；m_{p}^{en} 是生产阶段的需电量，kW・h/t cs；$P_{k=1,2,3}^{e}$ 是各情景下各省级行政区的销售电价（因从当地电网采购电力，故使用销售电价而非上网电价），美元/(kW・h)；m_{η} 是各炼钢技术生产阶段所需的第 η 种原材料实物量，t/t cs；$(P_{\eta})_{pro}$ 是 2020 年各省级行政区不同原材料的购入价，美元/t，其中下标 pro 表示不同省级行政区；CCER 是中国核证自愿减排量，t CO_2/t cs；P_m 是 2020 年各省级行政区不同原材料的市场价，美元/t；P_t 是运输成本，计算公式参考 Yang 等(2021)；D 是原材料的运输距离，km；$COST_{S\&C}$ 是 CCUS 运输和封存阶段的总成本，美元/t CO_2；UTC 是单位运输成本，取 0.145 美元/(km・t CO_2)，并假设运输距离为 250 km；USC 是单位封存成本，DSA 和 EOR 的封存成本分别为 8.7 美元/t CO_2 和 7.2 美元/t CO_2（生态环境部，2020）；P_{ccer} 是 2021 年 7 月—2022 年 1 月中国碳价均值，取 7.138 美元/t CO_2；P_{oil} 是 2020 年布伦特原油价格，取 429 美元/t；4 是驱替比例系数（生态环境部，2020）；P_{RE} 是 2020 年各省级行政区的可再生能源销售电价（页岩气由于其加工环节加装 CCUS，其单位产品的生产成本增加了 2%），美元/(kW・h)；P_{cl} 是各省级行政区的当前销售电价，美元/(kW・h)。0.030 7 美元/(kW・h)对应中国电力部门使用 CCUS 后的新增电力成本，一般取值范围为 24.1～37.2 美元/(MW・h)(Wei et al.,2021)。

附录 D 中国水泥行业 CCUS 减排潜力和投资效益评价模型

附录 D-1 中国水泥厂 CO_2 捕集潜力计算

对水泥行业来说，本研究中的碳排放主要涵盖所有与工艺和燃料相关的碳排放，不包括电力消耗所体现的碳排放，如式(D-1)和式(D-2)所示。

$$E_{i,c}^{\text{process}} = \text{AC}_{i,c}^{\text{cli}} \times \text{EF}^{\text{cli}} \tag{D-1}$$

式中，$E_{i,c}^{\text{process}}$ 是水泥厂 i 在第 c 年与工艺相关的 CO_2 排放量，t CO_2；$\text{AC}_{i,c}^{\text{cli}}$ 是水泥厂 i 在第 c 年的熟料产量，吨熟料；EF^{cli} 是与工艺相关的 CO_2 排放因子，分别取 0.522 吨 CO_2/吨熟料和 0.517 吨 CO_2/吨熟料，对应于每天水泥产量在 2 000～4 000 t 内和大于 4 000 t 的生产工艺(Shen et al.，2016；Guo et al.，2022)。

$$E_{i,c}^{\text{fuel}} = \text{AC}_{i,c}^{\text{cli}} \times \frac{U^{\text{ce}}}{T^{\text{c}}} \times H^{\text{c}} \times C^{\text{c}} \times O^{\text{c}} \times \frac{44}{12} \tag{D-2}$$

式中，$E_{i,c}^{\text{fuel}}$ 是水泥厂 i 在第 c 年与燃料相关的 CO_2 排放量，t CO_2；U^{ce} 是每吨熟料生产的煤当量消耗量，吨标准煤/吨熟料；T^{c} 是原煤到标准煤的转化系数；H^{c} 是原煤的低热值；C^{c} 是原煤的含碳量；O^{c} 是原煤的氧化率。

CCUS 改造后水泥厂 i 在第 c 年的 CO_2 捕集量可根据式(D-3)来计算。

$$\text{CE}_{i,c} = (E_{i,c}^{\text{process}} + E_{i,c}^{\text{fuel}}) \times R_{i,c} \tag{D-3}$$

式中，$\text{CE}_{i,c}$ 是水泥厂 i 在第 c 年捕集到的 CO_2 量，t CO_2；$R_{i,c}$ 是 CO_2 捕集率。

附录 D-2 中国水泥行业平准化成本计算

平准化成本被认为是考察经济效益和技术竞争力的重要指标(Fan et al.，2022)。平准化度电成本(LCOE)一般被定义为单位电力的发电成本(Fan et al.，2019；Fan et al.，2022；Filimonova et al.，2022)，同样，我们定义平准化吨水泥成本(LCOC)来量化单位水泥的生产成本(Wei et al.，2023)，如式(D-4)所示。此外，我们还需计算平准化额外吨水泥成本(LACOC)和平准化碳避免成本(LCAC)，以显示与 CCUS 改造相关的额外经济成本。其中，LACOC 主要反映 CCUS 改造后水泥厂单位水泥的额外成本，如式(D-5)所示；LCAC 主要反映 CCUS 改造后水泥厂每减少 1 t CO_2 的成本，如式(D-6)所示。

$$\mathrm{LCOC}_i=\frac{\mathrm{Capex}_i^{\mathrm{plant}}+\mathrm{Capex}_i^{\mathrm{ccus}}+\sum_t(\mathrm{OM}_{i,t}^{\mathrm{plant}}+\mathrm{OM}_{i,t}^{\mathrm{ccus}}-\mathrm{EOR}_{i,t})\times(1+r)^{-t}}{\sum_t \mathrm{Acem}_{i,t}\times(1+r)^{-t}} \tag{D-4}$$

$$\mathrm{LACOC}_i=\frac{\mathrm{Capex}_i^{\mathrm{ccus}}+\sum_t(\mathrm{OM}_{i,t}^{\mathrm{ccus}}-\mathrm{EOR}_{i,t})\times(1+r)^{-t}}{\sum_t \mathrm{Acem}_{i,t}\times(1+r)^{-t}} \tag{D-5}$$

$$\mathrm{LCAC}_i=\frac{\mathrm{LACOC}_i}{\mathrm{EF}_i^{\mathrm{plant}}-\mathrm{EF}_i^{\mathrm{CCUS}}}=\frac{\mathrm{LCOC}_i^{\mathrm{CCUS}}-\mathrm{LCOC}_i^{\mathrm{plant}}}{\mathrm{EF}_i^{\mathrm{plant}}-\mathrm{EF}_i^{\mathrm{CCUS}}} \tag{D-6}$$

式中，LCOC_i 是水泥厂 i 的平准化成本，元/吨水泥；LACOC_i 是水泥厂 i 的额外平准化成本，元/吨水泥；LCAC_i 是水泥厂 i 的平准化碳避免成本，元/t CO_2；$\mathrm{Capex}_i^{\mathrm{plant}}$ 和 $\mathrm{OM}_{i,t}^{\mathrm{plant}}$ 分别是水泥厂 i 的资本成本和年运维成本，元和元/a，分别根据式(D－7)和式(D－8)来计算；$\mathrm{Capex}_i^{\mathrm{ccus}}$ 和 $\mathrm{OM}_{i,t}^{\mathrm{ccus}}$ 分别是 CCUS 改造后水泥厂 i 的资本成本和年运维成本，元和元/a，分别根据式(D－9)和式(D－10)来计算；$\mathrm{EOR}_{i,t}$ 是每年的 EOR 收益(若采用咸水层封存，则没有这项收益)，元/a；$\mathrm{Acem}_{i,t}$ 是水泥厂 i 在第 t 年的产量，吨水泥；EF_i 是 CO_2 排放因子，吨 CO_2/吨水泥；上标“plant”和“CCUS”分别表示对水泥厂 i 不进行和进行 CCUS 改造；r 是贴现率，%；t 是 CCUS 项目的运营年限，a。

$$\mathrm{Capex}_i^{\mathrm{plant}}=\mathrm{UC}_i^{\mathrm{plant}}\times\mathrm{Acem}_{i,t} \tag{D-7}$$

$$\mathrm{OM}_{i,t}^{\mathrm{plant}}=\mathrm{UO}_{i,t}^{\mathrm{plant}}\times\mathrm{Acem}_{i,t} \tag{D-8}$$

$$\mathrm{Capex}_i^{\mathrm{ccus}}=\mathrm{UC}_i^{\mathrm{cap}}\times\mathrm{Acem}_{i,t}+\mathrm{Capex}_i^{\mathrm{tra}}+\mathrm{Capex}_i^{\mathrm{sto}} \tag{D-9}$$

$$\mathrm{OM}_{i,t}^{\mathrm{ccus}}=\mathrm{UO}_{i,t}^{\mathrm{cap}}\times\mathrm{Acem}_{i,t}+\mathrm{OM}_{i,t}^{\mathrm{tra}}+\mathrm{OM}_{i,t}^{\mathrm{sto}} \tag{D-10}$$

式中，$\mathrm{UC}_i^{\mathrm{plant}}$ 和 $\mathrm{UO}_{i,t}^{\mathrm{plant}}$ 分别是水泥厂 i 的单位资本成本和单位年运维成本，元/吨水泥和元/(吨水泥・年)；$\mathrm{UC}_i^{\mathrm{cap}}$ 和 $\mathrm{UO}_{i,t}^{\mathrm{cap}}$ 分别是 CCUS 改造后水泥厂 i 的单位资本成本和单位年运维成本，元/吨水泥和元/(吨水泥・年)；$\mathrm{Capex}_i^{\mathrm{tra}}$ 和 $\mathrm{OM}_{i,t}^{\mathrm{tra}}$ 分别是 CO_2 运输管道的资本成本和年运维成本，元和元/a；$\mathrm{Capex}_i^{\mathrm{sto}}$ 和 $\mathrm{OM}_{i,t}^{\mathrm{sto}}$ 分别是 CO_2 封存地的资本成本和年运维成本，元和元/a。

附录 D－3　中国水泥行业实物期权模型

根据水泥厂 CCUS 改造项目的运行情况及相关设备的投资特点，主要的现金流入项包括出售碳额度收入和 CO_2 驱油收益，现金流出项则包括 CO_2 捕集、运输和封存环节分别产生的基础设施投资成本、运维成本。因此，水泥厂 CCUS 改造项目投资的收益如式(D－11)所示。

$$\mathrm{OR}=\mathrm{CER}\times P_{\mathrm{cer}}+B_{\mathrm{EOR}}-(\mathrm{om}^{\mathrm{cap}}+\mathrm{om}^{\mathrm{tra}}+\mathrm{om}^{\mathrm{sto}})-(I^{\mathrm{cap}}+I^{\mathrm{tra}}+I^{\mathrm{sto}}) \tag{D-11}$$

式中，OR 是改造 CCUS 项目的净收益，元；CER 是累计 CO_2 减排量，t CO_2；P_{cer} 是碳价，元/t CO_2；B_{EOR} 是将 CO_2 封存至油田所获得的驱油收益，元；$\mathrm{om}^{\mathrm{cap}}$、$\mathrm{om}^{\mathrm{tra}}$ 和 $\mathrm{om}^{\mathrm{sto}}$ 分别是 CO_2 捕集、运输和封存环节的运维成本，元；I^{cap}、I^{tra} 和 I^{sto} 分别是 CO_2 捕集、运输和封存环节的资本成本，元。

假设水泥厂在第 τ_0 年投产使用，寿命期为 τ_2 年，并从第 τ_1 年开始投资 CCUS 改造项目相关设备，建设 1 年完成，即 CO_2 捕集、运输和封存相关设备在第 (τ_1+1) 年投入使用，一直到水泥厂寿命结束。根据上面的投资收益方程，水泥厂 CCUS 改造项目投资的净现值如式(D-12)所示。

$$\begin{aligned}\mathrm{NPV}_{\tau_1}=&\sum_{t=\tau_1+2}^{\tau_2}\left[(\mathrm{CER}\times P_{\mathrm{cer}}+B_{\mathrm{EOR}})(1+r_0)^{\tau_1-t}\right]-\\&\sum_{t=\tau_1+2}^{\tau_2}\left[(\mathrm{om}^{\mathrm{cap}}+\mathrm{om}^{\mathrm{tra}}+\mathrm{om}^{\mathrm{sto}})(1+r_0)^{\tau_1-t}\mathrm{e}^{-\beta\tau_1}\right]-\\&(I^{\mathrm{cap}}+I^{\mathrm{tra}}+I^{\mathrm{sto}})(1+r_0)^{\tau_1}\mathrm{e}^{-\alpha\tau_1}\end{aligned} \tag{D-12}$$

式中，r_0 是折现率，%。以往研究指出，CCUS 技术的发展规律符合学习曲线模型，即 CCUS 项目的投资成本将随着技术改进的增加而降低。因此，分别使用 α 和 β 表示水泥厂 CCUS 改造项目的资本成本和运维成本的技术进步参数(王喜平等，2019)。参考 Li 等(2024)，首先根据连续复利方式计算水泥厂 CCUS 改造项目投资的利息，然后使用 $\mathrm{e}^{r_0}-1$ 将式(D-12)中的 r_0 替换掉，最后基于泰勒公式计算水泥厂 CCUS 改造项目投资的净现值，如式(D-13)所示。

$$\begin{aligned}\mathrm{NPV}_{\tau_1}=&\left[\mathrm{CER}\times P_{\mathrm{cer}}+B_{\mathrm{EOR}}-(\mathrm{om}^{\mathrm{cap}}+\mathrm{om}^{\mathrm{tra}}+\mathrm{om}^{\mathrm{sto}})\times\mathrm{e}^{(r_0-\beta)\tau_1}\right]\times\\&\frac{\mathrm{e}^{-r_0}-\mathrm{e}^{r_0(\tau_1-\tau_2)}}{\mathrm{e}^{r_0}-1}-(I^{\mathrm{cap}}+I^{\mathrm{tra}}+I^{\mathrm{sto}})\times\mathrm{e}^{(r_0-\alpha)\tau_1}\end{aligned} \tag{D-13}$$

实物期权模型参考附录 B-3。

附录 E　中国现代煤化工行业 CCUS 减排潜力和投资效益评价模型

附录 E-1　中国现代煤化工行业的碳排放计算方法

煤化工行业碳排放核算方法见式(E-1)。

$$E_{CO_2}=\sum_{x=1}^{m}E_x=\sum_{x=1}^{m}(P_x\times F_x) \tag{E-1}$$

式中，E_{CO_2} 是煤化工行业的 CO_2 年排放量，Mt/a；E_x 是煤化工厂 x 的碳排放量，Mt CO_2/a，共有 m 个煤化工厂；P_x 和 F_x 分别是煤化工厂 x 的年产能和产品的碳排放因子，Mt/a 和 Mt CO_2/a。煤化工各类产品的 CO_2 排放因子见附表 E-1。

附表 E-1　煤制油的 CO_2 排放情况(Zhou et al. ,2018)

CO_2 排放源	排放量/t CO_2	CO_2 浓度/%	占总量比例/%
DCL			
低温甲醇洗	2.74	87.6	49.21
燃煤锅炉	2.23	15.1	40.13
其他	0.59		10.66
合计	5.56		100
ICL			
低温甲醇洗	3.29	>98	47.96
硫回收	0.07	40	1.02
煤气化装置煤粉仓	1.23	99	17.93
E-T 合成	0.21	90	3.06
燃煤锅炉	1.72	9	25.07
其他	0.34	13	4.96
合计	6.86		100

附录 E-2　中国煤制油 CCUS 改造生命周期碳足迹和成本计算模型

1. 煤制油耦合 CCS 技术全流程碳足迹的核算方法

煤制油(CTL)整个生命周期内碳足迹的计算公式如下：

$$C_{CO_2}=C_{coal}+C_{trans}+C_{ctl}+C_{ccus} \tag{E-2}$$

式中，C_{CO_2} 是 CTL 的碳足迹，kg/t；C_{coal}、C_{trans}、C_{ctl} 和 C_{ccus} 分别是煤炭开采洗选、运

输、煤制油和CCUS环节的碳足迹，kg/t。

（1）煤炭的开采与洗选

利用IPCC碳排放计算方法（IPCC，2006），参考《中国能源统计年鉴2021》中煤炭开采和洗选行业消费的各能源种类的实物量消耗和平均低位热值来计算煤炭开采与洗选环节的碳足迹，方法如下：

$$C_{\text{coal}}=\sum_{i=1}^{n}\left(\text{AC}_i\times\text{NCV}_i\times\text{CC}_i\times O_i\times\frac{44}{12}\right)+M_{\text{p}}\times\text{EF}_{\text{p}}+M_{\text{h}}\times\text{EF}_{\text{h}}\quad(\text{E}-3)$$

式中，AC_i（kg/t或m^3/t）是第i种能源的实物消耗量；NCV_i是第i种能源的平均低位热值，MJ/kg或MJ/m^3；CC_i是第i种能源的含碳量，kg C/MJ；O_i是第i种能源的氧化率；M_{p}是开采、洗选单位煤炭所消耗的电力，kW·h/t；EF_{p}是电力的CO_2排放系数，kg/(kW·h)；M_{h}是开采、洗选单位煤炭所消耗的热力，GJ/t；EF_{h}是热力的CO_2排放系数，kg/GJ。

单位热值含碳量、氧化系数来自IPCC国家温室气体排放清单（IPCC，2006）和参考文献（付坤等，2014）。电力排放系数来自生态环境部，其值为0.581 0 kg CO_2/(kW·h)。热力碳排放系数则是通过热力生产过程中产生的碳排放除以总电力（热力）生产量而得到的，具体计算公式如下：

$$\text{EF}_{\text{h}}=\frac{P_{\text{h}}}{B_{\text{h}}}=\frac{\sum_{i=1}^{n}(\text{AC}_i\times\text{NCV}_i\times\text{EF}_i\times O_i)}{B_{\text{h}}}\quad(\text{E}-4)$$

式中，EF_{h}是热力碳排放系数；P_{h}是火力供热产生的碳排放；B_{h}是热力生产总量；AC、NCV、EF和O的含义与前面的公式一致。根据2020年能源平衡表中能源的消费量和生产量进行计算，所得我国的热力碳排放系数为1 289.48 t $CO_2/10^{10}$ kJ。

（2）煤炭的运输

煤炭运输碳足迹计算公式如下：

$$C_{\text{trans}}=E_{\text{r}}\times D_{\text{r}}\times R_{\text{r}}+E_{\text{s}}\times D_{\text{s}}\times R_{\text{s}}+E_{\text{h}}\times D_{\text{h}}\times R_{\text{h}}\quad(\text{E}-5)$$

式中，E_{r}、E_{s}和E_{h}分别是煤炭铁路、水路和公路运输的CO_2排放因子，kg CO_2/(10^4 t·km)；D_{r}、D_{s}和D_{h}分别是煤炭铁路、水路、公路运输的平均距离，km；R_{r}、R_{s}和R_{h}分别是煤炭铁路、公路、水路运输的占比，%。

除水之外，CTL其他原料消耗量非常少，且在后面成本的计算中，其运输成本包含在价格中，而水资源往往就地取材，因此不再考虑其他原料运输的碳足迹。

（3）煤制油

根据DCL制油项目实际生产工艺，每生产1吨液化油品排放5.56 t CO_2，工艺排放3.33 t CO_2。ICL共产生6.86 t CO_2，工艺排放5.1 t CO_2（Zhou et al.，2018）。具体

工艺和排放如附表 E－1 所示。

(4) CCUS

CTL 不同排放单元排放的 CO_2 浓度不同，其捕集率和 CCUS 碳足迹也不同。CO_2 捕集、运输及封存过程消耗的能源以电力为主，因此其产生的碳足迹可根据式(E－6)进行计算。

$$C_{ccus}=E_{cc}^{ccs}\times EF_p+E_{ct}^{ccs}\times d_{ct}\times EF_p+E_{cs}^{ccs}\times EF_p \tag{E-6}$$

式中，E_{cc}^{ccs} 和 E_{cs}^{ccs} 分别是捕集、封存单位 CO_2 所消耗的电力，kW·h/t CO_2，假设通过管道运输 CO_2；E_{ct}^{ccs} 是将单位 CO_2 压缩并运输单位距离所消耗的电力，kW·h/(t·km)；d_{ct} 是 CO_2 运输距离，km。

2. *煤制油耦合 CCS 技术全流程平准化成本核算方法*

平准化成本是由收入总和的折现值与成本总和的折现值相等时所确定的点，对于 CTL 项目，如果油价等于 CTL 技术寿命期内平准化平均成本，也就是投资者将能在投资项目上刚好实现收支平衡(IEA, 2015)，计算公式如下：

$$\sum_{r=1}^{N}\sum_{s=1}^{n}\frac{P_t^s\times Q_t^s}{(1+r)^t}=\sum_{r=1}^{N}\frac{COST_m}{(1+r)^t} \tag{E-7}$$

式中，P_t^s 是某一 CTL 项目在年 s 的产品油的价格；Q_t^s 是该 CTL 项目在年 s 的产品油的产量；$COST_m$ 是该 CTL 项目的成本；N 是项目的寿命期；r 是折现率。当 P_t^s 保持不变时，对式(E－7)进行转换，可以得到式(E－8)。

$$LCOL=P_t=\frac{COST_{initial}+\sum_{t=1}^{N}\frac{COST_t}{(1+r)^t}}{\sum_{s=1}^{n}\sum_{t=1}^{N}\frac{Q_t^s}{(1+r)^t}} \tag{E-8}$$

式中，P_t 是所产油品的加权平均价格；$COST_{initial}$ 是制油项目的初始投资成本，包括设备、土地和建设成本；$COST_t$ 是项目的年度成本，包括运营和维护成本以及燃料成本。如式(E－8)所示，LCOL 等于项目生命周期内所有成本之和的现值与产油量的现值之比。在这里产油量的折现是指产油量数值的折现，而不是对其本身物理量的折现(IEA, 2015)，而仅是式(E－7)的数学变换的结果。

LCOL 包括初始投资成本和年度可变成本两部分。初始投资成本是指 CTL 项目从建设开始到运营开始的总投资(设备、土地、安装和土建成本)。CTL 耦合 CCUS 技术的生命周期可变成本主要包括煤炭的运输成本、煤制油的成本和 CCUS 的成本，即 CTL 耦合 CCUS 技术($COST_t$)的生命周期可变成本的计算公式如下：

$$COST_t=COST_{trans}+COST_{CTL}+COST_{CCUS} \tag{E-9}$$

式中，$COST_{trans}$、$COST_{CTL}$ 和 $COST_{CCUS}$ 分别是煤炭的运输成本、煤制油的成本和

CCUS 的成本，元。

(1) 煤炭的运输成本

本研究在计算运输成本时仅考虑运输煤炭的成本，而不考虑运输过程中的消耗。根据表 7-6 中煤炭的运输方式、运输距离、运输方式占比，以及表 7-8 所示的各种运输方式的单位成本，确定煤炭运输的总成本。具体方法如下：

$$COST_{trans} = C_r \times D_r \times R_r + C_s \times D_s \times R_s + C_h \times D_h \times R_h \quad (E-10)$$

式中，C_r、C_s 和 C_h 分别是煤炭铁路、水路和公路运输的 CO_2 排放因子，kg CO_2/(10^4 t·km)；D_r、D_s 和 D_h 分别是煤炭铁路、水路和公路运输的平均距离，km；R_r、R_s 和 R_h 分别是煤炭铁路、公路和水路运输的占比，%。

(2) 煤制油的成本

项目的初始投资成本和运营成本是根据研究当前投资的 CTL 项目及相关文献后可投入生产的最大的 DCL 和 ICL 项目确定的。初始投资成本由式(E-11)计算。

$$COST_{initial} = CAPEX_{CTL} \times CAP_{CTL} \quad (E-11)$$

式中，$CAPEX_{CTL}$ 是 CTL 项目的单位初始投资和建设成本，元/吨油；CAP_{CTL} 是 CTL 项目的规模，t/a。

除了项目的初始投资成本，还要考虑项目的燃料成本，根据上述 CTL 项目生产 1 t 油品所用燃料的量和单位燃料的价格来确定燃料成本。具体数值如附表 E-2 所示，可用投资成本由式(E-12)计算。

$$COST_{CTL} = \sum_{i=1}^{n} (P_i \times Q_i) + OM_{CTL} \quad (E-12)$$

式中，P_i 是 CTL 项目消耗的 i 种材料价格，元/t；Q_i 是 CTL 项目消耗的 i 种材料数量，t/t 油；OM_{CTL} 是 CTL 项目的运营和维护成本。

附表 E-2 CTL 的原料消费

项目类型	原料	消费量/kg	单价/(元/kg)
DCL 原料	液化用煤	2 018.19	0.46/0.75/1.04
	气化用煤	1 198.67	0.44/0.72/0.99
	热电用煤	1 460.73	0.40/0.65/0.90
	硫黄	1.04	0.20
	二硫化碳	1.03	5.25
	液氨	0.36	2.75

续 表

项目类型	原料	消费量/kg	单价/(元/kg)
DCL 原料	硫酸亚铁	335.91	0.2
	蒸汽、水	2 536.02	0.002
ICL 原料	气化用煤	4 074.4	0.44/0.72/0.99
	热电用煤	902.76	0.40/0.65/0.9
	蒸汽、水	1 314.69	0.002
	脱盐水	589.71	0.068
	生石灰	2.65	0.7

(3) CCUS 的成本

CCS 的成本包括捕集、运输、封存成本。捕集成本因为 CO_2 的浓度不同，CO_2 的浓度越高，捕集成本越低(GCCSI, 2021)。在 CO_2 运输方面，本研究设置 0(D1)、100 km(D2)和 250 km(D3)三种情况(蔡博峰等，2020；Dahowski et al.，2013)。封存成本受封存方式影响，根据现有项目考虑了油气田封存和咸水层封存(DSF)，分别对应碳市场上的核准减排收益和驱油收益，均可抵消部分成本。碳市场的碳价取自 2022 上半年全国碳市场平均交易价格，油价取自西得克萨斯州中间基原油近十年(2002—2021 年)期货均价(WIT)。具体成本参数见表 7-10，而 CCUS 的成本可以通过式(E-13)来计算。

$$\mathrm{COST}_{\mathrm{ccus}} = \sum_{a=1}^{n} (C_a \times Q_a) + C_{\mathrm{T}} \times D + C_{\mathrm{F}} \times Q - C_{\mathrm{income}} \tag{E-13}$$

式中，C_a 是单位捕集成本，元/t；Q_a 是 CO_2 捕集量，t；C_{T} 是单位运输距离成本，元/(t·km)；D 是运输距离，km；C_{F} 是单位封存成本，元/t；Q 是 CO_2 封存能力，t；C_{income} 是收入，即 DSF 封存下碳价、捕集量与 EOR 封存下油价、换油率、捕集量的乘积，元。

附录 E-3　基于实物期权的中国煤化工 CCUS 投资决策模型

1. 计算公式

(1) S1 情景下净现值 GNPV

$$\begin{aligned} E_{\mathrm{GS}} &= B_{\mathrm{CO_2}} - C_{\mathrm{C}} - C_{\mathrm{GI}} - C_{\mathrm{GO\&M}} - C_{\mathrm{P}} \\ &= Q_{\mathrm{CO_2}} \times P_{\mathrm{carpon}} - C_{\mathrm{C}} - (C_{\mathrm{WW}} + C_{\mathrm{IE}} + C_{\mathrm{ME}}) - (C_{\mathrm{GI}} \times 10\%) - \\ &\quad (Q_{\mathrm{CO_2}} \times P_{\mathrm{P}} \times L_{\mathrm{CO_2}}) \end{aligned} \tag{E-14}$$

式中，E_{GS} 是 GS 情景的项目效益，元；B_{CO_2} 是碳减排效益，元，等于 CO_2 封存量(t)与碳排放权价格 P_{carpon}（元/t）的乘积，本研究不考虑运输环节泄漏的 CO_2，此处封存量等于运输量，也等于捕集量 Q_{CO_2}；C_C 是捕集成本，元；C_{GI} 是 GS 封存初始投资成本，元，包括封存井的建设资本投资 C_{WW}（元）、注入设备资本投资 C_{IE}（元）、监测设备资本投资 C_{ME}（元），其中封存井的建设资本中包括井的建设、勘探选址设计、管网布置等费用，注入井和压力控制井的建设比例为 1∶0.5（Dahowski et al.，2012）；$C_{GO\&M}$ 是 S1 情景中的运维成本，元，CCUS 封存环节的运维成本通常为资本成本的 10%左右（Kemp et al.，2013；Li et al.，2020；Zhai et al.，2016）；C_P 是 CO_2 管道运输成本，等于 CO_2 运输距离 L_{CO_2}(km)与单位 CO_2 的运输成本 P_P[元/(t·km)]和运输量（封存量）Q_{CO_2}(t)的乘积，本研究假设运输方式为管道运输。在本研究中，能源成本主要由 CO_2 捕集、压缩、净化阶段的电力输出成本组成，当气体输送距离小于 500 km 时，管道中间不需要增设额外的加压设备（Yu et al.，2017），耗能很小，因此气体运输过程中所产生的能耗被忽略了，又因前者的能源成本已被囊括在煤化工厂单位 CO_2 捕集成本中，于是该研究在计算成本时不单独考虑能源成本。

煤化工的碳排放主要来源于工艺分离过程，其排放比例超过 60%，且排放浓度高、成本低，总量大，初始碳捕集应用应从煤化工厂的工艺环节开始，因此，本研究仅考虑捕集工艺分离过程的碳排放和计算该环节的成本。捕集成本和捕集量分别如式（E-15）和式（E-16）所示。

$$C_C = Q_{CO_2} \times C_{CO_2} \tag{E-15}$$

$$Q_{CO_2} = Q_{CTO} \times a \times b \times e \tag{E-16}$$

式中，Q_{CO_2} 是 CTO 工厂工艺分离过程的 CO_2 年捕集量，t/a；C_{CO_2} 是工艺分离过程的单位碳捕集成本，取 180 元/t CO_2；Q_{CTO} 是 CTO 工厂产能，t/a；a 是全国平均产能利用率；b 是工艺分离过程的碳排放系数，取 6.41 吨 CO_2/吨化学品；e 是碳捕集效率，取 90%。

假设煤化工企业投资的 CCUS 项目使用寿命为 τ_2，投资建设期 $t=\tau_1$，项目在 $t=\tau_1+1$ 时投入使用，基准折现率为 r_0，并假设设备残值为 0，政府对项目的补贴率为 k，则 S1 情景的净现值 GNPV 为

$$\text{GNPV}\tau_1 = \sum_{t=\tau_1+2}^{\tau_2} (T_{CO_2} B_{CO_2} - C_C - C_{GO\&M} - C_P)(1+r_0)^{\tau_1 - t} - C_{GI}(1+r_0)^{\tau_1}(1-k) \tag{E-17}$$

式中，$T_{CO_2} B_{CO_2}$ 是随时间变化的碳价波动下的减排收益。

若以连续复利方式计息，用 $e^{r_0}-1$ 代替式（E-17）中的 r_0，则得

$$GNPV\tau_1 = (T_{CO_2}B_{CO_2} - C_C - C_{GO\&M} - C_P)\frac{e^{-r_0} - e^{r_0(\tau_1-\tau_2)}}{e^{r_0}-1} - C_{GI}e^{r_0\tau_1}(1-k) \tag{E-18}$$

式中，前半部分为第 τ_1 年投资 CCUS 项目运营期内预期产生的现金流在第 τ_1 年的现值，后半部分为第 τ_1 年 CCUS 项目中的资本投资成本。

（2）S2 情景下净现值 MNPV

S2 情景下的资金流出与流入情况如式（E－19）所示。

$$\begin{aligned} E_{ECBM} &= B_{CBM} + B_{CO_2} - C_C - C_{EI} - C_{EO\&M} - C_P - C_{CBM} \\ &= Q_{CBM} \times (P_{CBM} + S_{CBM}) + (Q_{CO_2} \times P_{carpon}) - C_C - (C_{GW} + C_{IE} + C_{ME}) - \\ &\quad (C_{EI} \times 10\%) - (Q_{CO_2} \times P_P) - (Q_{CBM} \times C_{CP}) \end{aligned} \tag{E-19}$$

式中，Q_{CBM} 是煤层气产量，m^3，计算公式如下：

$$Q_{CBM} = Q_{CO_2}/(h \times r_{CBM}) \tag{E-20}$$

式中，E_{ECBM} 是 ECBM 情景的项目效益，元；B_{CBM} 是煤层气售卖收益，元；P_{CBM} 是煤层气售卖价格，元/m^3；S_{CBM} 是政府对煤层气生产提供的财政补贴，元/m^3；C_{EI} 是 ECBM 初始投资资本成本，元；C_{GW} 是 ECBM 项目中的井的建设成本，元；$C_{EO\&M}$ 是 S2 情景中的运维成本，元；C_{CBM} 是煤层气生产成本，元；C_{CP} 是煤层气压缩净化费用，元/m^3；h 是煤层气与二氧化碳置换率；r_{CBM} 是标准条件下煤层气密度，即 0.716 kg/m^3。

则 S2 情景下的净现值 MNPV 为

$$\begin{aligned} MNPV\tau_1 &= \sum_{t=\tau_1+2}^{\tau_2}(B_{CBM} + T_{CO_2}B_{CO_2} - C_C - C_{MO\&M} - C_P - C_{CBM}) \\ &\quad (1+r_0)^{\tau_1-t} - C_{EI}(1+r_0)^{\tau_1}(1-k) \\ &= (B_{CBM} + T_{CO_2}B_{CO_2} - C_C - C_{MO\&M} - C_P - C_{CBM}) \\ &\quad \frac{e^{-r_0} - e^{r_0(\tau_1-\tau_2)}}{e^{r_0}-1} - C_{EI}e^{r_0\tau_1}(1-k) \end{aligned} \tag{E-21}$$

（3）S3 情景下净现值 RNPV

S3 情景下的资金流出与流入情况如式（E－22）所示。由于 CO_2－EOR 在油田中注入的 CO_2 约 21%会随时间及石油开采重新返回到大气中，因此 S3 情景中 CO_2 实际封存量为总注入量的 79%（Skone et al.，2013）。

$$\begin{aligned} E_{EOR} &= B_{EOR} + B_{RCO_2} - C_C - C_{OI} - C_{RO\&M} - C_P - C_{MO} \\ &= (O_{oil} \times P_{oil}) + (Q_{CO_2} \times P_{carpon} \times \delta) - C_C - (C_{OW} \times N) - \\ &\quad (C_{OI} \times 10\%) - C_P - (Q_{CO_2} \times P_M) \end{aligned} \tag{E-22}$$

式中，O_{oil} 是项目驱油量，桶，计算公式如下：

$$O_{oil}=Q_{CO_2}\times R_{oil} \tag{E-23}$$

式中，E_{EOR} 是 EOR 情景的项目收益，元；B_{EOR} 是石油售卖收益，元；P_{oil} 是石油价格，此处选择布伦特 2018—2020 年原油平均价格为 59.19 美元/桶，美元与人民币汇率取 2020 年平均汇率（1∶6.899 6）；R_{oil} 是驱油比，吨 CO_2/桶石油；B_{RCO_2} 是 EOR 项目实际减排收益；δ 是实际封存率，此处取 79%；C_{OI} 是 EOR 初始投资资本成本，元；C_{OW} 是油井单井改造成本，元/口；N 是改造油井数，口；P_M 是单位二氧化碳注入监测成本，元/t。

则 S3 情景下的净现值 RNPV 为

$$\begin{aligned}\mathrm{RNPV}\tau_1 &= \sum_{t=\tau_1+2}^{\tau_2}(B_{EOR}+T_{CO_2}B_{RCO_2}-C_C-C_{RO\&M}-C_P-C_{MO})(1+r_0)^{\tau_1-t}-\\&\quad C_{OI}(1+r_0)^{\tau_1}(1-k)\\&=(B_{EOR}+T_{CO_2}B_{CO_2}-C_C-C_{RO\&M}-C_P-C_{MO})\\&\quad\frac{e^{-r_0}-e^{r_0(\tau_1-\tau_2)}}{e^{r_0}-1}-C_{OI}e^{r_0\tau_1}(1-k)\end{aligned} \tag{E-24}$$

附录 F 中国煤制氢 CCUS 投资效益评价模型

附录 F-1 中国煤制氢 CCUS 碳足迹评估方法

1. *碳足迹核算*

（1）煤炭开采及洗选

$$\mathrm{CF}_{m\&w}=\sum_{i=1}^{16}\left(m_i\times \mathrm{NCV}_i\times \mathrm{CC}_i\times O_i\times\frac{44}{12}\right)+m_{power}\times \mathrm{EF}_{power}+m_{heat}\times \mathrm{EF}_{heat} \tag{F-1}$$

式中，$CF_{m\&w}$ 是煤炭开采及洗选环节的碳足迹，kg/t；m_i 是开采、洗选单位煤炭所消耗的第 i 种能源的实物量，kg/t 或 m^3/t；$i=1$，…，16 分别是原煤、其他洗煤、焦炭、焦炉煤气、高炉煤气、其他煤气、其他焦化产品、原油、汽油、煤油、柴油、燃料油、液化石油气、其他石油制品、天然气、液化天然气等 16 种能源；NCV_i 是第 i 种燃料的平均低位热值，MJ/kg 或 MJ/m^3；CC_i 是第 i 种燃料的单位热值含碳量，kg/MJ；O_i 是第 i 种燃料的氧化率；m_{power} 是开采、洗选单位煤炭所消耗的电力，kW·h/t；EF_{power} 是电力的 CO_2 排放系数，kg/(kW·h)；m_{heat} 是开采、洗选单位煤炭所消耗的热力，GJ/t；EF_{heat} 是

热力的 CO_2 排放系数，kg/GJ。

(2) 煤炭运输

本研究根据我国三种主要的煤炭运输方式（铁路、水路和公路）及其平均运输距离和运输量计算煤炭运输过程产生的碳足迹，计算公式如下：

$$CF_{ct} = CF_{ct}^{R} \times T_{ct}^{R} \times \omega_{R} + CF_{ct}^{H} \times T_{ct}^{H} \times \omega_{H} + CF_{ct}^{W} \times T_{ct}^{W} \times \omega_{W} \tag{F-2}$$

式中，CF_{ct} 是煤炭运输产生的碳足迹，kg CO_2/t；CF_{ct}^{R}、CF_{ct}^{W}、CF_{ct}^{H} 分别是煤炭铁路、水路和公路运输的单位碳足迹，kg/(t·km)；T_{ct}^{R}、T_{ct}^{W}、T_{ct}^{H} 分别是煤炭铁路、水路和公路运输的平均距离，km；ω_{R}、ω_{W}、ω_{H} 分别是铁路、水路和公路运输在中国煤炭运输中的占比。

在三种运输方式中，公路运输的单位能耗最高，铁路运输次之，水路运输最低。中国煤炭铁路运输主要依靠内燃机车及电力机车，前者主要消耗柴油，后者主要消耗电力；煤炭公路运输使用的交通工具主要是货车，其消耗的主要能源为柴油；煤炭水路运输主要依靠轮船，其消耗的主要能源也为柴油。因此，上述三种煤炭运输的单位碳足迹核算方法如下：

$$CF_{ct}^{R} = ECI_{ct}^{R} \times EF_{diesel} \times \alpha_{I} + ECE_{ct}^{R} \times EF_{power} \times \alpha_{E} \tag{F-3}$$

$$CF_{ct}^{R} = ECI_{ct}^{R} \times EF_{diesel} \times \alpha_{I} + ECE_{ct}^{R} \times EF_{power} \times \alpha_{E} \tag{F-4}$$

$$CF_{ct}^{H} = DC_{ct}^{H} \times NCV_{11} \times CC_{11} \times O_{11} \times \frac{44}{12} \tag{F-5}$$

$$CF_{ct}^{W} = DC_{ct}^{W} \times NCV_{11} \times CC_{11} \times O_{11} \times \frac{44}{12} \tag{F-6}$$

式中，ECI_{ct}^{R} 是铁路内燃机车运输煤炭时的单位柴油消耗，kg/(t·km)；ECE_{ct}^{R} 是铁路电力机车运输煤炭时的单位电力消耗，kg/(t·km)；α_{I}、α_{E} 分别是内燃机车和电力机车在中国铁路机车中的占比；DC_{ct}^{H}、DC_{ct}^{W} 分别是货车和轮船运输煤炭时的单位柴油消耗，kg/(t·km)。

(3) 煤制氢气

鉴于煤气化可能成为中国煤制氢工艺的重要途径，故假设制氢技术路线为煤气化制氢。从技术原理来看，煤气化制氢是煤粉、煤浆或煤焦与气化剂在高温下进行部分氧化反应，生成氢气与一氧化碳的合成气，再经过变换、低温甲醇洗工艺、氢气提纯等工序，得到高纯度产品氢气的工艺过程。煤气化制氢时，尾气中的 CO_2 是由煤炭中的碳元素氧化形成的。因此，当不考虑 CCUS 技术时，根据煤炭的平均低位发热量、单位热值碳含量以及氧化率即可计算出煤制氢过程产生的 CO_2 排放量，计算公式如下：

$$CF_{cth} = \boldsymbol{Q}_{coal} \times NCV_{1} \times CC_{1} \times O_{1} \times \frac{44}{12} \tag{F-7}$$

式中，CF_{cth} 是制氢过程的碳足迹，kg；Q_{coal} 是用于制氢的煤炭量，kg。

（4）CO_2 捕集、运输及封存

一般来说，CO_2 浓度越高其捕集能耗越低。普通燃煤电厂烟气中 CO_2 浓度为8%～15%，而煤制氢尾气中 CO_2 浓度则高达80%～90%（陈子瞻等，2017），故煤制氢 CO_2 捕集能耗远低于燃煤电厂烟气 CO_2 捕集能耗。此外，煤制氢 CO_2 捕集所需的能耗可由煤制氢厂自身提供，因此不考虑 CO_2 捕集能耗所产生的碳足迹，以避免重复计算。CO_2 运输及封存过程消耗的能源以电力为主（彭松水等，2015），因此其产生的碳足迹可根据式（F－8）进行计算。

$$\begin{cases} CF_{ct}^{ccs} = E_{ct}^{ccs} \times d_{ccs} \times EF_{power} \\ CF_{cs}^{ccs} = E_{cs}^{ccs} \times EF_{power} \end{cases} \tag{F－8}$$

式中，CF_{ct}^{ccs}、CF_{cs}^{ccs} 分别是 CO_2 运输及封存环节的碳足迹，kg/t；假设 CO_2 运输方式为管道运输，E_{ct}^{ccs} 是将单位 CO_2 压缩并运输单位距离所消耗的电力，kW·h/(t·km)；d_{ccs} 是 CO_2 运输距离，km；E_{cs}^{ccs} 是向 CO_2 封存场地中注入单位 CO_2 所消耗的电力，kW·h/t。

（5）基于煤制氢CCUS改造的氢气生产碳足迹

煤制氢CCUS技术改造后其碳足迹主要由四部分构成，即煤炭开采及洗选环节的碳足迹、煤炭运输环节的碳足迹、经CCUS技术捕集后剩余的煤制氢过程碳足迹及CCUS技术引起的额外碳足迹。煤制氢CCUS技术改造全流程碳足迹与氢气产量的比值为生产单位氢气的碳足迹，计算方法如下：

$$\begin{cases} CF_{H_2} = \dfrac{F_1 + F_2 + F_3}{Q_{coal} \times NCV_1 \times \eta_{cth} / NCV_{H_2}} \\ F_1 = Q_{coal} \times (CF_{m\&w} + CF_{ct}) \\ F_2 = CF_{cth} \times (1 - \eta_c) \\ F_3 = CF_{cth} \times \eta_c \times (CF_{ct}^{ccs} + CF_{cs}^{ccs}) \end{cases} \tag{F－9}$$

式中，CF_{H_2} 是基于煤制氢CCUS技术改造的氢气生产碳足迹，kg CO_2/kg H_2；F_1 是煤炭开采及洗选、煤炭运输过程中的碳足迹，t；F_2 是 CO_2 捕集后剩余的碳排放，t；F_3 是 CO_2 运输及封存环节的碳足迹，t；NCV_{H_2} 是氢气的平均低位热值，MJ/kg；η_c 是 CO_2 捕集率；η_{cth} 是煤制氢的能源转化效率。

附录F－2　中国煤制氢CCUS和电解水制氢的平准化成本模型及数据处理

1. 平准化成本模型构建

类似于平准化度电成本（LCOE）是指单位能源发电成本，氢气平准化成本

(LCOH)是指单位氢气生产成本(Ludvik et al. ,2017)。LCOH是衡量不同氢气生产工艺经济性及竞争力的有效指标。该指标数值的大小是由收入总和的折现价值和成本总和折现价值相等时的点决定,也就是说,如果市场氢气价格等于一个项目整个寿命内的氢气制取的平均成本,投资者就会在一个投资项目上实现收支平衡。定义公式如下:

$$\sum_{t=0}^{N}\frac{P_t \times Q_{ht}}{(1+r)^t}=\sum_{t=0}^{N}\frac{\mathrm{COST}_t}{(1+r)^t} \tag{F-10}$$

式中,P_t 是第 t 年氢气的市场价格,元;Q_{ht} 是第 t 年该制氢项目的氢气产量,t;COST_t 是第 t 年该制氢项目的成本,元,如煤制氢的原料成本、运行维护成本等;N 是该制氢项目的寿命;r 是贴现率。当 P_t 保持不变时,上式经过变换得到下式:

$$\mathrm{LCOH}=P_t=\frac{\mathrm{COST}_{\mathrm{Initial}}+\sum_{t=1}^{N}\frac{\mathrm{COST}_t}{(1+r)^t}}{\sum_{t=1}^{N}\frac{Q_{ht}}{(1+r)^t}} \tag{F-11}$$

式中,$\mathrm{COST}_{\mathrm{Initial}}$ 是制氢项目的固定资本投资,主要包括购置生产设备的支出、土地费用、厂房建设费用等,元;r 是基准折现率,%。由该式可以知道,LCOH等于项目生命周期内所有成本之和的现值与氢气生产的现值之比。

2. 数据处理及来源

(1) 资本投资

CTHCCUS相对于CTH工艺仅多了CCUS的投资部分。因此,对于CTHCCUS工艺,资本投资包括煤制氢和CCUS两部分的资本投资。煤制氢资本投资主要包括固定资本和运维资本(Orhan et al. ,2008)。对不同规模的煤制氢厂而言,固定资本投资可以用化学工程设备成本指数(CEPCI)来估算,其计算方法如下(Lassagne et al. ,2013):

$$I_2=I_1\times\left(\frac{Q_2}{Q_1}\right)^{\theta} \tag{F-12}$$

式中,I_1 和 Q_1 分别是已知项目的固定资本投资和生产能力,元和t;I_2 和 Q_2 分别是规划项目的固定资本投资和生产能力,元和t;θ 是规模指数,$\theta=0.6$ 为化工工艺的常用值。根据已有文献中关于投资构成的分析可知,制氢项目的固定资产在项目总投资的占比为83%~90%(Ma et al. ,2015),本研究取86.5%。流动资本可以通过固定资本来估算,一般流动资本为固定资本的10%~20%(Xiang et al. ,2014)。本研究以中国石化洛阳分公司煤制氢项目为参考,该项目总投资247 707万元,采用水煤浆气化工艺,项目建成后其制氢规模为14万$\mathrm{Nm^3/h}$(10.5万吨/年)(汪家铭,2016)。与煤制氢部分不同的是,CCUS的总成本包括CCUS的资本成本和运维成本,而当按照碳捕集整体流程进行划分时，总体成本又可以划分为捕集成本、运输成本和封存成本。因此，CCUS的资本投资成本需要通过它的捕集、运输与封存成本来估算。其计算方法如下：

$$I_{\mathrm{CCUS}} + C_{\mathrm{O\&M}}^{\mathrm{CCUS}} \times T = (\beta + \gamma + \varphi \times D) \times Q_{\mathrm{cer}} \times T \quad (\mathrm{F-13})$$

式中，I_{ccus} 是CCUS的初始投资成本，元；$C_{\mathrm{O\&M}}^{\mathrm{CCUS}}$ 是CCUS部分的年运行成本，元/a；β、γ、φ、D 分别是CCUS部分的碳捕集成本、封存成本、运输成本及二氧化碳运输距离；Q_{cer} 是煤制氢厂每年 CO_2 的核准减排量，t/a；T 是煤制氢厂的运行寿命，a。根据Li等(2020)和梁嘉能(2018)的研究，$C_{\mathrm{O\&M}}^{\mathrm{CCUS}}$ 占CCUS项目总成本的3%左右。对电解水制氢厂而言，生产能力主要与制氢厂的电解水设施的装机容量相关。因此，其资本投资可以通过电解水制氢厂的单位容量资本投资与工厂总的装机容量得出。此外，技术进步可能带来投资成本的大幅度下降，因此在计算电解水制氢的投资成本时，应将技术进步学习率考虑在内。根据IRENA(2020)和Schmidt等(2017)的数据，电解水制氢的学习率为18%±6%，本研究选取12%。因此，最终电解水制氢资本投资的计算方法如下：

$$I_{\mathrm{intital}}^{\mathrm{e}} = \mathrm{CAPEX} \times R_{2017} \times \mathrm{e}^{-3\alpha} \times \mathrm{Cap} \quad (\mathrm{F-14})$$

式中，$I_{\mathrm{intital}}^{\mathrm{e}}$ 是电解水制氢厂的初始资本投资，元；CAPEX是电解水制氢厂的单位装机容量的资本投资，主要包括设备的固定资本投入、土地租赁及设备安装费用等，元；R_{2017} 是2017年欧元兑换人民币的平均汇率，$R_{2017}=7.621$；α 是技术学习率，%；Cap是电解水制氢厂的电解设备的装机容量。对于特定生产规模下的Cap，其计算方法如下：

$$\mathrm{Cap} = \frac{Q_{\mathrm{H}} \times E_{\mathrm{e}}}{H} \quad (\mathrm{F-15})$$

式中，Q_{H} 是电解水制氢厂的年生产能力，t；E_{e} 是不同电解工艺的生产能耗，即电解单位质量氢气所需的电量，kW/kg；H 是电解水制氢厂的年运行时间，h。

(2) 运行成本

本研究中运行成本是指制氢厂的年度运行成本，是衡量氢气生产平准化成本的另一主要变量，主要包括氢气生产的原料成本、能耗成本、固定资产折旧、人员工资、运行维护费用等。其中，原料成本、能耗成本能够进行定量化计算；为简化计算过程而将运行成本中的非原料与能耗成本统称为运维成本。

煤制氢CCUS的运行成本包括煤制氢和碳捕集两部分，其计算方法如下：

$$\mathrm{COST}_{\mathrm{t}}^{\mathrm{CTHCCS}} = P_{\mathrm{coal}} \times Q_{\mathrm{coal}} + P_{\mathrm{e}} \times Q_{\mathrm{e}} + P_{\mathrm{w}} \times Q_{\mathrm{w}} + C_{\mathrm{O\&M}}^{\mathrm{CTH}} + C_{\mathrm{O\&M}}^{\mathrm{CCS}} \quad (\mathrm{F-16})$$

式中，$\mathrm{COST}_{\mathrm{t}}^{\mathrm{CTHCCS}}$ 是煤制氢CCUS工厂的年度运行成本，元；P_{coal}、P_{e}、P_{w} 分别是煤制氢生产过程中所涉及的煤炭价格、电力价格、工业用水价格，元；Q_{coal}、Q_{e}、Q_{w} 分别是

生产过程中煤炭、电力、工业用水的年度消耗量,t; $C_{O\&M}^{CTH}$ 是煤制氢环节的年度运维成本,元; $C_{O\&M}^{CCS}$ 是 CCUS 部分的年度运维成本,元。电解水制氢的年度运行成本主要包括运维成本、原料成本等。其中,运维成本是按照资本投资总额的 2%进行估计的;生产成本主要涉及电解水制氢的效率、水耗、电解液消耗等一系列原材料的投入,具体计算方法如下:

$$COST_t^{WEH} = P_E^- \times Q_E + P_W^{WEH} \times Q_W^{WEH} + C_{other} + C_{O\&M}^{WEH} \qquad (F-17)$$

式中, $COST_t^{WEH}$ 是电解水制氢工艺的年度运行成本,元; P_E^- 和 P_W^{WEH} 分别是不同电力来源的电力价格和工业用水价格,元/(kW · h)和元/t; Q_E 和 Q_W^{WEH} 分别是电解水制氢电力和工业用水的年度消耗量,kW · h 和 t; C_{other} 是电解水过程的其他原料的年度投入成本,元; $C_{O\&M}^{WEH}$ 是电解水制氢的运维成本,元。此外,本研究为了研究由于不同可再生能源发电技术差异所造成的制氢成本的不同,采用不同发电技术的发电成本作为外购电力的电价。由于数据可获性的限制,本研究用不同电力类别的上网电价减去全国平均电力的购销差价作为不同电力的成本价格。

附录 F-3　中国煤制氢 CCUS 技术投资决策模型

1. 实物期权模型构建

CTHCCUS 工艺的未来发展面临着碳价波动,技术进步等不确定性因素的影响,因此本研究选用三叉树实物期权模型评估 CTHCCUS 工艺的投资效益。下面介绍有无政策补贴措施下 CTHCCUS 项目的 NPV 计算方法。

(1) 无政策补贴措施下 CTHCCUS 项目的 NPV

在 CTHCCUS 的发展模式下,当没有政策补贴时,制氢厂的资金流出主要包括初始投资成本、原料成本和运维成本;资金流入主要包括氢气产品收入、碳交易收入两部分。以煤制氢厂投资者利润最大化为原则,煤制氢 CCUS 投资的收益方程如下:

$$\begin{aligned} R_{CTHCCS} = & Q_C \times P_C + Q_{H_2} \times P_{H_2} - Q_{coal} \times P_{coal} - \\ & P_{other} \times Q_{H_2} - I_{H_2} - I_{CCS} - C_{O\&M}^{H_2} - C_{O\&M}^{CCS} \end{aligned} \qquad (F-18)$$

式中, R_{CTHCCS} 是 CTHCCUS 的收益,元; Q_C 是煤制氢厂的核准减排量,t; P_C 是碳交易价格,元/t; Q_{H_2} 是煤制氢厂的年生产能力,t; P_{H_2} 是氢气的出厂价格,元/t H_2; Q_{coal} 是煤制氢厂一年的煤炭消耗量,t; P_{coal} 是煤炭价格,元/t; P_{other} 是生产单位质量的氢气所需要消耗的其他原料(除煤炭外)的整体价格,元; I_{H_2} 是煤制氢环节的固定资产投资,元; I_{CCS} 是碳捕集环节的固定资本投入,元; $C_{O\&M}^{H_2}$ 和 $C_{O\&M}^{CCS}$ 则分别是煤制氢环节和 CCUS 环节的运维成本,且不随年限增加而变化,元。

假设生产设备投入运营时间 $t=\tau_0$, 寿命期为 τ_2, 在 $t=t_1$ 时投资 CO_2 采集设备;投资建设期为 1 年,即煤制氢 CCUS 工厂于 $t=\tau_1+1$ 开始运营直到工厂寿命期末; r_0

为基准折现率；α 为 CCUS 技术的学习率，本研究取 $\alpha=0.02$。根据式(F-18)的收益方程，可以确定 CTHCCUS 投资所获得的 NPV 为

$$\begin{aligned}NPV=&\sum_{t=\tau_1+2}^{\tau_2}(Q_C\times P_C+Q_{H_2}\times P_{H_2})\times(1+r_0)^{\tau_1-t}-\\&\sum_{t=\tau_1+2}^{\tau_2}(Q_{coal}\times P_{coal}+Q_{H_2}\times P_{other}+C_{O\&M}^{H_2}+C_{O\&M}^{CCS})\times(1+r_0)^{\tau_1-t}-\\&I_{H_2}\times(1+r_0)^{\tau_1}-I_{CCS}\times(1+r_0)^{\tau_1}\times e^{-\alpha\tau_1}\end{aligned}\tag{F-19}$$

如果以连续复利方式计息，用 $e^{r_0}-1$ 代替上式中的 r_0，并根据泰勒公式展开式进行化简，上式则可以转化为下式：

$$\begin{aligned}NPV=&\begin{pmatrix}Q_C\times P_C+Q_{H_2}\times P_{H_2}-Q_{coal}\times P_{coal}\\-Q_{H_2}\times P_{other}-C_{O\&M}^{CCS}-C_{O\&M}^{H_2}\end{pmatrix}\times\frac{e^{-r_0}-e^{-30r_0}}{e^{r_0}-1}-\\&I_{H_2}\times e^{\tau_1\times r_0}-I_{CCS}\times e^{(r_0-\alpha)\times\tau_1}\end{aligned}\tag{F-20}$$

(2) 有政策补贴措施下 CTHCCUS 项目的 NPV

当考虑对 CTHCCUS 工厂进行补贴时，制氢厂的收益将会产生额外的政策补贴收益。针对不同的政策补贴的方式，其净现值的计算方式将略有不同。在初始投资补贴下，CTHCCUS 投资的净现值计算公式变为下式：

$$\begin{aligned}NPV=&\begin{pmatrix}Q_C\times P_C+Q_{H_2}\times P_{H_2}-Q_{coal}\times P_{coal}\\-Q_{H_2}\times P_{other}-C_{O\&M}^{CCS}-C_{O\&M}^{H_2}\end{pmatrix}\times\frac{e^{-r_0}-e^{-30r_0}}{e^{r_0}-1}-\\&I_{H_2}\times e^{\tau_1\times r_0}-I_{CCS}\times(1-k)\times e^{(r_0-\alpha)\times\tau_1}\end{aligned}\tag{F-21}$$

式中，k 是政府针对煤制氢 CCUS 项目的补贴因子，$0\leqslant k\leqslant 1$。

碳减排补贴下，CTHCCUS 企业除了能在碳交易市场得到碳价收益，还将获得因为实施碳减排措施而得到政府部门提供的碳减排补贴。在此补贴措施下，煤制氢企业的净现值计算方法如下：

$$\begin{aligned}NPV=&\begin{pmatrix}Q_C\times P_C+Q_{H_2}\times P_{H_2}-Q_{coal}\times P_{coal}\\-Q_{H_2}\times P_{other}-C_{O\&M}^{CCS}-C_{O\&M}^{H_2}\end{pmatrix}\times\frac{e^{-r_0}-e^{-30r_0}}{e^{r_0}-1}+\\&\sum_{t=\tau_1+2}^{\tau_1+14}Q_C\times SC\times k\times(1+r_0)^{-t}-I_{H_2}\times e^{\tau_1\times r_0}-I_{CCS}\times e^{(r_0-\alpha)\times\tau_1}\end{aligned}\tag{F-22}$$

式中，SC 是单位 CO_2 减排所能得到的最高补贴。

与以上两种补贴措施不同的是，清洁燃料补贴是一种消费端的补贴方式。在此补

贴措施下,低碳氢气将获得额外的产品补贴,而净现值公式将变为下式:

$$NPV = \begin{bmatrix} Q_C \times P_C + Q_{H_2} \times (P_{H_2} + S_{H_2} \times k) \\ - Q_{coal} \times P_{coal} - Q_{H_2} \times P_{other} \\ - C_{O\&M}^{CCS} - C_{O\&M}^{H_2} \end{bmatrix} \times \frac{e^{-r_0} - e^{-30r_0}}{e^{r_0} - 1} - I_{H_2} \times e^{\tau_1 \times r_0} - I_{CCS} \times e^{(r_0 - \alpha) \times \tau_1} \quad (F-23)$$

式中,S_{H_2} 是单位低碳氢能的补贴的最高额度。

附录G　中国煤电行业CCUS技术与水资源协同发展评估模型

附录G-1　中国燃煤电厂CCUS全流程改造的水资源压力核算模型构建

根据CCUS全生命周期特征,燃煤电厂CCUS全生命周期改造的静态用水量以及受时间变化、技术进步等因素影响的动态用水量核算方法如下:

$$FLCW = TW_{FS} + TW_{ELECTRIC} + TW_{CAPTURE} + TW_{CT} + TW_{ENHANECED} \quad (G-1)$$

式中,FLCW是生命周期全年用水量,m^3/a;TW_{FS} 是煤炭供应阶段的用水量,m^3/a;$TW_{ELECTRIC}$ 是用于电厂发电过程的总用水量(包含设施改造的用水量),m^3/a;$TW_{CAPTURE}$ 是发电机组运行中碳捕集过程用水量,m^3/a;TW_{CT} 是捕集到的 CO_2 在运输过程中的用水量(本研究只考虑管道运输),m^3/a;$TW_{ENHANECED}$ 是将捕集到的 CO_2 经过地质封存后可驱替的水量(本研究只考虑 CO_2-EWR),m^3/a。

在捕集阶段,为计算捕集阶段的电厂耗水情况,首先要对燃煤电厂的 CO_2 排放量进行核算。

$$Q_{CO_2}^{emit} = PSCC \times P_{inst} \times RT \times \frac{Q_{net}^{S}}{Q_{net}^{L}} \times C_{ar} \times \frac{M_{CO_2}}{M_C} \quad (G-2)$$

式中,$Q_{CO_2}^{emit}$ 是燃煤电厂年 CO_2 排放量,t/a;PSCC是单位供电煤耗,t/(MW·h);P_{inst} 是燃煤电厂装机容量,MW;RT是燃煤电厂年运行小时数,h/a;Q_{net}^{S} 是标准煤低位发热量;Q_{net}^{L} 是燃煤电厂所用燃煤低位发热量;C_{ar} 是煤炭收到基本元素分析成分中的碳元素含量;M_{CO_2} 和 M_C 分别是 CO_2 的摩尔质量和碳元素的摩尔质量;t_{CO_2} 是煤中所含碳元素被氧化成 CO_2 的比例(刘睿等,2014;石晓宇等,2013)。

考虑到CCUS各阶段单位取水强度和耗水强度的统计口径不统一,对电厂 CO_2 排放量进行精确计算，准确完整地衡量电厂 CCUS 全过程的用水量。其中，每个阶段的取水量和耗水量都有单独的计算公式和所需参数，参数定义与取值如附表 G-1 所示。需要注意的是，t 为燃煤电厂 CCUS 改造的时期，T 为改造周期。当 t 为 0 时，即电厂 CCUS 改造在基期的静态用水量，此时不考虑技术进步。

$$TW_{FS,W}=\sum_{t=0}^{T}[TW_{fs,w}(t)\times RT]+\sum_{t=0}^{T}[TW_{fs,w}^{\Delta}(t)\times RT\times\eta_{CO_2}] \tag{G-3}$$

$$TW_{FS,C}=\sum_{t=0}^{T}[TW_{fs,c}(t)\times RT]+\sum_{t=0}^{T}[TW_{fs,c}^{\Delta}(t)\times RT\times\eta_{CO_2}] \tag{G-4}$$

式中，$TW_{fs,w}$ 和 $TW_{fs,c}$ 分别是电厂在煤炭供应阶段单位发电小时的取水量和耗水量；$TW_{fs,w}^{\Delta}$ 和 $TW_{fs,c}^{\Delta}$ 分别是 CCUS 改造后煤炭供应阶段单位发电小时新增的取水量和耗水量；η_{CO_2} 是 CO_2 的捕集率，%。

$$TW_{ELECTRIC,W}=\sum_{t=0}^{T}[TW_{electric,w}(t)\times EQ_u] \tag{G-5}$$

$$TW_{ELECTRIC,C}=\sum_{t=0}^{T}[TW_{electric,w}(t)\times EQ_u] \tag{G-6}$$

$$TW_{electric,w/c}(t)=TW_{electric,w/c}(0)\times\left[\frac{UIC(t)}{UIC(0)}\right]^{-\beta_e} \tag{G-7}$$

式中，$TW_{electric,w}$ 和 $TW_{electric,c}$ 分别是电厂发电过程(包括电厂前期的基础设施改造)单位发电量的取水量和耗水量；EQ_u 是单体电厂的年发电量，MW·h/a；UIC 是累计的单体装机容量，MW。当 t 为 0 时，即电厂在当前时期的静态用水量。

$$TW_{CAPTURE,W}=\sum_{t=0}^{T}[TW_{cpature,w}(t)\times EQ_u\times\eta_{CO_2}] \tag{G-8}$$

$$TW_{CAPTURE,C}=\sum_{t=0}^{T}[TW_{cpature,c}(t)\times EQ_u\times\eta_{CO_2}] \tag{G-9}$$

$$TW_{cpature,w/c}(t)=TW_{cpature,w/c\ enhanced}(0)\times\left[\frac{CC(t)}{CC(0)}\right]^{-\beta_c} \tag{G-10}$$

式中，$TW_{capture,w}$ 和 $TW_{capture,c}$ 分别是电厂燃烧后捕集阶段单位发电量的取水量和耗水量；CC 是 CCUS 改造中累计的 CO_2 捕集能力，万吨 CO_2/年。

$$TW_{CT,W}=\sum_{t=0}^{T}[TW_{ct,w}(t)\times Q_{CO_2}^{emit}\times\eta_{CO_2}] \tag{G-11}$$

$$TW_{CT,C}=\sum_{t=0}^{T}[TW_{ct,c}(t)\times Q_{CO_2}^{emit}\times\eta_{CO_2}] \tag{G-12}$$

式中，$TW_{ct,w}$ 和 $TW_{ct,c}$ 分别是 CO_2 运输阶段单位质量 CO_2 运输的取水量和耗水量。

$$TW_{ENHANCED}=\sum_{t=0}^{T}[TW_{enhanced}(t)\times Q_{CO_2}^{emit}\times\eta_{CO_2}] \quad (G-13)$$

$$TW_{ENHANCED}(t)=TW_{enhanced}(0)\times\left[\frac{SQ(t)}{SQ(0)}\right]^{-\beta_s} \quad (G-14)$$

式中，$TW_{enhanced}$ 是 CO_2 封存阶段，封存 1 t CO_2 可置换的咸水量，$m^3/t\ CO_2$；SQ 是 CO_2 的地质封存能力，t CO_2。

附表 G-1　相关参数信息

参　数	描　　述	参数取值	数据来源
$TW_{fs,w}$	煤炭供应阶段单位发电小时的取水量(m^3/h)	60.11～76.07	文献综述
$TW_{fs,c}$	煤炭供应阶段单位发电小时的耗水量(m^3/h)	59.46～75.24	
$TW_{electric,w}$	能源转换阶段单位发电量的取水量[$m^3/(MW\cdot h)$]	2.21a 0.33b	
$TW_{electric,c}$	能源转换阶段单位发电量的耗水量[$m^3/(MW\cdot h)$]	1.87a 0.28b	
$TW_{capture,w}$	捕集阶段单位发电量的取水量[$m^3/(MW\cdot h)$]	1.95a 2.45b	
$TW_{capture,c}$	捕集阶段单位发电量的耗水量[$m^3/(MW\cdot h)$]	1.33a 1.86b	
$TW_{ct,w}$	单位质量 CO_2 运输的取水量($m^3/t\ CO_2$)	0.042 4	
$TW_{ct,c}$	单位质量 CO_2 运输的耗水量($m^3/t\ CO_2$)	0.031 8	
$TW_{enhanced}$	封存 1 t CO_2 可置换的咸水量($m^3/t\ CO_2$)	1.5	
SPCC	燃煤电厂单位平均供电煤耗[g/(kW·h)]	272.1～409.4	企业统计
P_{inst}	燃煤电厂装机容量(MW)	600/1 000	
RT	燃煤电厂年运行小时数(h/a)	378.2～8 370.4	
EQ	燃煤电厂的年发电量(MW·h/a)	2 501 311～ 7 260 000	
Q_{net}^{L}	燃煤电厂所用燃煤低位发热量(MJ/kg)	13.1～23.1	

续 表

参 数	描 述	参数取值	数据来源
Q_{net}^{S}	标准煤低位发热量(MJ/kg)	29.3	World Resources Institute (2013)
C_{ar}	煤炭收到基加权平均含碳量(%)	56.6(均)	Wang 等(2018);龙芸(2016)
M_{CO_2}	CO_2 的摩尔质量(g/mol)	44	World Resources Institute (2013)
M_C	碳的摩尔质量(g/mol)	12	World Resources Institute (2013)
t_{CO_2}	煤中所含碳元素被氧化成 CO_2 的比例(%)	98	国家发展和改革委员会应对气候变化司(2011)
η_{CO_2}	CO_2 的捕集率(%)	90	Ou 等(2016)

注:a 是指采用循环冷却方式的用水量,b 是指采用空气冷却方式的用水量。

数据来源:单位取水量和耗水量数据来自文献综述的结果,电厂性能数据由企业获得,其他数据来源于相关研究。

附录 G-2 中国煤电 CCUS 最优源汇匹配模型及参数设置

1. 燃煤电厂 CO_2 排放量核算模型

燃煤电厂年 CO_2 排放量通过以下公式估算:

$$CE_i = IC_i \times RT_i \times (1-\gamma_i) \times PSCC_i \times EF_{tce} \tag{G-15}$$

式中,CE_i、IC_i、RT_i、γ_i 和 $PSCC_i$ 分别是燃煤电厂 i 的年 CO_2 排放量(t)、装机容量(GW)、年运行时间(h)、功耗率(%)和煤耗[t/(MW·h)];EF_{tce} 是标准煤当量的 CO_2 排放因子:

$$EF_{tce} = LHV_{coal} \times CC_{coal} \times \frac{OR_{coal}}{\omega} \times \frac{44}{12} \tag{G-16}$$

式中,LHV_{coal} 是原煤的低热值,MJ/kg;CC_{coal} 是原煤的碳含量,kg/GJ;OR_{coal} 是原煤的氧化率;ω 是原煤转标准煤当量的转换系数。

2. 深部咸水层中 CO_2 的封存潜力评估模型

深部咸水层封存潜力计算公式见式(G-17)和式(G-18)。

$$q_{sw} = CE \times \eta \times \upsilon = qc \times \upsilon \tag{G-17}$$

$$q_{fw} = q_{sw} \times \varsigma \tag{G-18}$$

式中，q_{sw} 是每年咸水提取量；η 是 CCUS 技术 CO_2 捕集率；υ 是 CO_2 和咸水的置换比例；qc 是给定发电厂每年捕集 CO_2 量；q_{fw} 是 CCUS-EWR 技术每年可获得的淡水量；ς 是淡化处理回收率。

3. CCUS 最优源汇匹配模型

本研究假设 CO_2 封存基本场地面积为 400 km^2(20 km×20 km 的网格)。而 CO_2 源和汇可以定义如下：i 是 CO_2 源点(燃煤电厂)，$i \in \{1, 2, 3, \cdots, n\}$，$j$ 是 CO_2 汇点(20 km×20 km 的网格，包含咸水层)，$j \in \{1, 2, 3, \cdots, m\}$。其中，$n$ 是发电厂的个数，m 是包含咸水层基本封存场地数。

对每个发电厂规定一个适当的 CO_2 封存场地，所采用的一般原则是装机容量较大的发电厂优先匹配 CO_2 封存场地。参考现有研究(He et al.，2014；孙亮等，2015)，本研究采用 CO_2 源点的单向匹配原则：任何 CO_2 源点只能连接到一个 CO_2 汇点；但一个封存场地如其封存潜力和注入能力满足要求，可以接受来自多个发电厂的 CO_2；此外，源汇匹配过程中，CO_2 封存场地和发电厂之间的距离应最小化。必须满足以下约束条件：

$$\begin{aligned}
&\mathrm{RL}_i \times \sum_{i=1}^{n} X_{ij} S_{ij} \leqslant \mathrm{SP}_j,\ \forall j \in [1, m] \\
&\text{s. t.} \{ \sum_{j=1}^{m} X_{ij} \leqslant 1 \text{ 和 } X_{ij} \in \{0, 1\},\ \forall i \in [1, n] \\
&0 \leqslant X_{ij} D_{ij} \leqslant 800,\ \forall i \in [1, n], j \in [1, m] \\
&X_{ij} S_{ij} \in \{0, CE_i \times \eta\},\ \forall i \in [1, n], j \in [1, m]
\end{aligned} \tag{G-19}$$

式中，RL_i 是燃煤电厂 i 的剩余寿命；X_{ij} 是一个二进制变量，描述了 source_i 和 sink_j 之间的关系，即如果 source_i 与 sink_j 匹配，则 $X_{ij}=1$，否则 $X_{ij}=0$。此外，S_{ij} 是由 source_i 到 sink_j 每年所提供的 CO_2 的量，D_{ij} 则是 source_i 到 sink_j 的距离。

附录 G-3　黄河流域 CCUS-EWR 投资决策经济评价模型

CCUS-EWR 项目的成本包括 CO_2 捕集成本、CO_2 运输成本、CO_2 封存成本、咸水开采成本、咸水运输成本和咸水处理成本，计算公式如下：

$$
\begin{aligned}
& cc_t = qc \times uc_t \\
& ct_t = qc \times d \times ut_t \\
& cs_t = qc \times us_t \\
& cwe_t = q_{\mathrm{sw}} \times uwe_t \\
& cwd_t = q_{\mathrm{sw}} \times uwd_t \\
& cft_t = q_{\mathrm{fw}} \times d \times uft_t
\end{aligned}
\qquad \text{(G－20)}
$$

式中，cc_t 是 t 年 CO_2 捕集总成本；qc 是给定发电厂 t 年捕集 CO_2 量；uc_t 是 t 年 CO_2 捕集单位成本；ct_t 和 ut_t 分别是 t 年 CO_2 运输总成本和单位成本；d 是给定发电厂与 CO_2 储层场地之间的距离；cs_t 和 us_t 分别是 t 年 CO_2 封存总成本和单位成本；cwe_t 和 uwe_t 分别是 t 年咸水提取总成本和单位成本；cwd_t 和 uwd_t 分别是 t 年咸水淡化处理总成本和单位成本；cft_t 和 uft_t 分别是 t 年淡水运输总成本和单位成本。

CCUS－EWR 项目的收入包括淡水和 CO_2 减排所提供的收益。因此，

$$
\begin{aligned}
& r_t^{\mathrm{w}} = q_{\mathrm{fw}} \times p_t^{\mathrm{w}} \\
& r_t^{\mathrm{c}} = qc \times p_t^{\mathrm{c}}
\end{aligned}
\qquad \text{(G－21)}
$$

式中，r_t^{w} 是 t 年淡水提供的效益；p_t^{w} 是 t 年淡水价格；r_t^{c} 是 t 年的 CO_2 减排效益；p_t^{c} 是 t 年的碳价格。

$$
\mathrm{AC_{EWR}} = \frac{\sum_{t=1}^{RL} (cc_t + ct_t + cs_t + cwe_t + cwd_t + cft_t - r_t^{\mathrm{w}} - r_t^{\mathrm{c}}) \times (1 + r)^{-t}}{qc \times \mathrm{RL}}
\qquad \text{(G－22)}
$$

式中，$\mathrm{AC_{EWR}}$ 是给定燃煤电厂的平均 CCUS－EWR 成本；RL 是给定燃煤电厂的剩余寿命；r 是贴现率。

参 考 文 献

[1]《第四次气候变化国家评估报告》编写委员会. 第四次气候变化国家评估报告[M]. 北京：科学出版社，2022.

[2] Intergovernmental Panel on Climate Change. Global warming of 1. 5℃ [R]. Geneva：IPCC，2018.

[3] Intergovernmental Panel on Climate Change. Climate change 2022：Mitigation of climate change. Working Group Ⅲ contribution to the sixth assessment report of the intergovernmental panel on climate change [R]. Geneva：IPCC，2022.

[4] Intergovernmental Panel on Climate Change. AR5 synthesis report：Climate change 2014 [R]. Geneva：IPCC，2014.

[5] Paltsev S，Morris J，Kheshgi H，et al. Hard-to-abate sectors：The role of industrial carbon capture and storage (CCS) in emission mitigation [J]. Applied Energy，2021，300：117322.

[6] 张贤，李凯，马乔，等. 碳中和目标下 CCUS 技术发展定位与展望[J]. 中国人口·资源与环境，2021，31(9)：29－33.

[7] 全球能源互联网发展合作组织. 中国 2030 年能源电力发展规划研究及 2060 年展望[R]. 北京：全球能源互联网发展合作组织，2021.

[8] 国网能源研究院有限公司. 中国能源电力发展展望 2020[R]. 北京：国网能源研究院有限公司，2020.

[9] International Energy Agency. Putting CO_2 to use [R]. Paris：IEA，2019.

[10] International Energy Agency. Iron and steel technology roadmap [R]. Paris：IEA，2020.

[11] International Energy Agency. An energy sector roadmap to carbon neutrality in China [R]. Paris：IEA，2021.

[12] 张希良，黄晓丹，张达，等. 碳中和目标下的能源经济转型路径与政策研究[J]. 管理世界，2022，38(1)：35－51.

[13] International Energy Agency. Energy technology perspectives 2020 [R]. Paris：IEA，2020.

[14] Fuss S，Lamb W F，Callaghan M W，et al. Negative emissions — Part 2：Costs，potentials and side effects [J]. Environmental Research Letters，2018，13(6)：063002.

[15] 张贤，杨晓亮，鲁玺，等. 中国二氧化碳捕集利用与封存(CCUS)年度报告(2023)[R]. 北京：中国 21 世纪议程管理中心，全球碳捕集与封存研究院，清华大学，2023.

[16] Global CCS Institute. Global status of CCS 2023 [R]. Melbourne：GCCSI，2023.

[17] International Energy Agency. CCUS around the world in 2021: Featured pilot, demonstration, and early stage projects [R]. Paris: IEA, 2021.

[18] 科学技术部社会发展科技司,中国21世纪议程管理中心. 中国碳捕集利用与封存技术发展路线图(2019)[M]. 北京:科学出版社,2019.

[19] Baik E, Sanchez D L, Turner P A, et al. Geospatial analysis of near-term potential for carbon-negative bioenergy in the United States [J]. Proceedings of the National Academy of Sciences, 2018, 115(13): 3290 - 3295.

[20] 张贤,李阳,马乔,等. 我国碳捕集利用与封存技术发展研究[J]. 中国工程科学,2021,23(6):70 - 80.

[21] 生态环境部环境工程评估中心. 2020年度钢铁行业环境评估报告[R]. 北京:生态环境部环境工程评估中心,2021.

[22] Biermann M, Ali H, Sundqvist M, et al. Excess heat-driven carbon capture at an integrated steel mill — Considerations for capture cost optimization [J]. International Journal of Greenhouse Gas Control, 2019, 91: 102833.

[23] Chisalita D A, Petrescu L, Cobden P, et al. Assessing the environmental impact of an integrated steel mill with post-combustion CO_2 capture and storage using the LCA methodology [J]. Journal of Cleaner Production, 2019, 211: 1015 - 1025.

[24] Kuramochi T, Ramírez A, Turkenburg W, et al. Comparative assessment of CO_2 capture technologies for carbon-intensive industrial processes [J]. Progress in Energy and Combustion Science, 2012, 38(1): 87 - 112.

[25] 国家能源局. 2018年度全国电力价格情况监管通报[R]. 北京:国家能源局,2019.

[26] Yang L, Xu M, Fan J L, et al. Financing coal-fired power plant to demonstrate CCS (carbon capture and storage) through an innovative policy incentive in China [J]. Energy Policy, 2021, 158: 112562.

[27] Tsupari E, Kärki J, Arasto A, et al. Post-combustion capture of CO_2 at an integrated steel mill — Part Ⅱ: Economic feasibility [J]. International Journal of Greenhouse Gas Control, 2013, 16: 278 - 286.

[28] Jiménez-González C, Curzons A D, Constable D J C, et al. Cradle-to-gate life cycle inventory and assessment of pharmaceutical compounds [J]. The International Journal of Life Cycle Assessment, 2004, 9(2): 114 - 121.

[29] 工业和信息化部. 钢铁行业产能置换实施办法[EB/OL]. (2021 - 04 - 17)[2024 - 06 - 18]. https://www.gov.cn/zhengce/zhengceku/2021-05/07/5605092/files/4362a77483354513be0fc81be53a4a64.pdf.

[30] Jain U. COREX & FINEX — new developments in utilization of low grade raw materials [C]//CSIR-National Metallurgical Laboratory. Proceeding of the international conference on science and technology of ironmaking and steelmaking. Jamshedpur: CSIR-NML, 2013.

[31] Asian Development Bank. Road map update for carbon capture, utilization, and storage demonstration and deployment in the People's Republic of China [R]. Manila: ADB, 2022.

[32] Global CCS Institute. Technology readiness and costs of CCS [R]. Melbourne: GCCSI, 2021.

[33] Zhang X Y, Gao X. The pathway toward carbon neutrality: Challenges and countermeasures [J]. Engineering, 2022, 14: 1 - 2.

[34] 中国氢能联盟. 中国氢能源及燃料电池产业白皮书(2019 版)[R]. 北京：中国氢能联盟，2019.
[35] 中国投资协会，腾讯研究院. 零碳中国・氢能：以实现碳中和为目标的未来能源[R]. 北京：中国投资协会，腾讯研究院，2021.
[36] 罗佐县，曹勇. 氢能产业发展前景及其在中国的发展路径研究[J]. 中外能源，2020，25(2)：9-15.
[37] International Renewable Energy Agency. Hydrogen from renewable power：Technology outlook for the energy transition [R]. Abu Dhabi：IRENA，2018.
[38] 国家统计局能源统计司. 中国能源统计年鉴 2023[M]. 北京：中国统计出版社，2024.
[39] 谢欣烁，杨卫娟，施伟，等. 制氢技术的生命周期评价研究进展[J]. 化工进展，2018，37(6)：2147-2158.
[40] 蔡博峰，李琦，林千果，等. 中国二氧化碳捕集、利用与封存(CCUS)报告(2019)[R]. 北京：生态环境部环境规划院气候变化与环境政策研究中心，2020.
[41] 梁赛，王亚菲，徐明，等. 环境投入产出分析在产业生态学中的应用[J]. 生态学报，2016，36(22)：7217-7227.
[42] 王永琴，周叶，张荣. 碳排放影响因子与碳足迹文献综述：基于研究方法视角[J]. 环境工程，2017，35(1)：155-159.
[43] International Renewable Energy Agency. Renewable power generation costs in 2019 [R]. Abu Dhabi：IRENA，2020.
[44] 中国标准化研究院，全国氢能标准化技术委员会. 中国氢能产业基础设施发展蓝皮书[M]. 北京：中国质检出版社，2016.
[45] Fan J L，Wei S J，Yang L，et al. Comparison of the LCOE between coal-fired power plants with CCS and main low-carbon generation technologies：Evidence from China [J]. Energy，2019，176：143-155.
[46] Li G，Liu Z Y，Liu T，et al. Techno-economic analysis of a coal to hydrogen process based on ash agglomerating fluidized bed gasification [J]. Energy Conversion and Management，2018，164：552-559.
[47] Wang Y L，Li G X，Liu Z Q，et al. Techno-economic analysis of biomass-to-hydrogen process in comparison with coal-to-hydrogen process [J]. Energy，2019，185：1063-1075.
[48] Zhang X，Wang X W，Chen J J，et al. A novel modeling based real option approach for CCS investment evaluation under multiple uncertainties [J]. Applied Energy，2014，113：1059-1067.
[49] Dahowski R T，Davidson C L，Li X C，et al. Examining CCS deployment potential in China via application of an integrated CCS cost curve [J]. Energy Procedia，2013，37：2487-2494.
[50] 冯永晟，周亚敏. "双碳"目标下的碳市场与电力市场建设[J]. 财经智库，2021，6(4)：102-123.
[51] Slater H，de Boer D，钱国强，等. 2020 年中国碳价调查[R]. 北京：中国碳论坛，2020.
[52] 中华人民共和国住房和城乡建设部，国家市场监督管理总局. 民用建筑设计统一标准：GB 50352—2019[S]. 北京：中国建筑工业出版社，2019.
[53] Fan J L，Shen S，Xu M，et al. Cost-benefit comparison of carbon capture，utilization，and storage retrofitted to different thermal power plants in China based on real options approach

[J]. Advances in Climate Change Research, 2020, 11(4): 415 - 428.
[54] Xiang D, Qian Y, Man Y, et al. Techno-economic analysis of the coal-to-olefins process in comparison with the oil-to-olefins process [J]. Applied Energy, 2014, 113: 639 - 647.
[55] Zhao N, Liang D W, Meng S J, et al. Bibliometric and content analysis on emerging technologies of hydrogen production using microbial electrolysis cells [J]. International Journal of Hydrogen Energy, 2020, 45(58): 33310 - 33324.
[56] Fan J L, Wei S J, Zhang X, et al. A comparison of the regional investment benefits of CCS retrofitting of coal-fired power plants and renewable power generation projects in China [J]. International Journal of Greenhouse Gas Control, 2020, 92: 102858.
[57] International Renewable Energy Agency. Hydrogen: A renewable energy perspective [R]. Abu Dhabi: IRENA, 2019.
[58] International Energy Agency. The Future of Hydrogen: Seizing today's opportunities [R]. Paris: IEA, 2019.
[59] Lee B. The US section 45Q tax credit for carbon oxide sequestration: An update [R]. Melbourne: GCCSI, 2020.
[60] 张正泽. 基于实物期权的燃煤电站 CCS 投资决策研究[D]. 哈尔滨：哈尔滨工业大学，2010.
[61] Thengane S K, Hoadley A, Bhattacharya S, et al. Cost-benefit analysis of different hydrogen production technologies using AHP and Fuzzy AHP [J]. International Journal of Hydrogen Energy, 2014, 39(28): 15293 - 15306.
[62] 北京绿色交易所. 北京市碳排放权电子交易平台[Z]. https://www.bjets.com.cn/.
[63] 国家发展改革委建设部. 建设项目经济评价方法与参数[M]. 3 版. 北京：中国计划出版社，2006.
[64] International Energy Agency. World energy outlook 2016 [R]. Paris: IEA, 2016.
[65] IEAGHG. Environmental evaluation of CCS using life cycle assessment (LCA) [R]. Cheltenham: IEAGHG, 2010.
[66] 朱孟珏，庄大昌，李涛. 1990—2014 年中国煤炭运输网络的时空特征研究[J]. 自然资源学报，2018，33(3)：454 - 466.
[67] Ou Y, Zhai H B, Rubin E S. Life cycle water use of coal- and natural-gas-fired power plants with and without carbon capture and storage [J]. International Journal of Greenhouse Gas Control, 2016, 44: 249 - 261.
[68] Petrescu L, Cormos C C. Environmental assessment of IGCC power plants with pre-combustion CO_2 capture by chemical & calcium looping methods [J]. Journal of Cleaner Production, 2017, 158: 233 - 244.
[69] Gu A L, Teng F, Lv Z Q. Exploring the nexus between water saving and energy conservation: Insights from industry sector during the 12th Five-Year Plan period in China [J]. Renewable and Sustainable Energy Reviews, 2016, 59: 28 - 38.
[70] National Energy Technology Laboratory. Life cycle analysis: Supercritical pulverized coal (SCPC) power plant [R]. Pittsburgh: NETL, 2010.
[71] Hylkema H, Read A. Reduction of freshwater usage of a coal fired power plant with CCS by applying a high level of integration of all water streams [J]. Energy Procedia, 2014, 63: 7187 - 7197.

[72] Meldrum J, Nettles-Anderson S, Heath G, et al. Life cycle water use for electricity generation: A review and harmonization of literature estimates [J]. Environmental Research Letters, 2013, 8(1): 015031.

[73] Sharma N, Mahapatra S S. A preliminary analysis of increase in water use with carbon capture and storage for Indian coal-fired power plants [J]. Environmental Technology & Innovation, 2018, 9: 51 - 62.

[74] Newmark R L, Friedmann S J, Carroll S A. Water challenges for geologic carbon capture and sequestration [J]. Environmental Management, 2010, 45(4): 651 - 661.

[75] Macknick J, Newmark R, Heath G, et al. Operational water consumption and withdrawal factors for electricity generating technologies: A review of existing literature [J]. Environmental Research Letters, 2012, 7(4): 045802.

[76] Lim-Wavde K, Zhai H B, Kauffman R J, et al. Assessing carbon pollution standards: Electric power generation pathways and their water impacts [J]. Energy Policy, 2018, 120: 714 - 733.

[77] Yu H. Recent developments in aqueous ammonia-based post-combustion CO_2 capture technologies [J]. Chinese Journal of Chemical Engineering, 2018, 26(11): 2255 - 2265.

[78] International Energy Agency. Ready for CCS retrofit: The potential for equipping China's existing coal fleet with carbon capture and storage [R]. Paris: IEA, 2016.

[79] Zhou D, Li P C, Liang X, et al. A long-term strategic plan of offshore CO_2 transport and storage in northern South China Sea for a low-carbon development in Guangdong province, China [J]. International Journal of Greenhouse Gas Control, 2018, 70: 76 - 87.

[80] Seto K C, Davis S J, Mitchell R B, et al. Carbon lock-in: Types, causes, and policy implications [J]. Annual Review of Environment and Resources, 2016, 41: 425 - 452.

[81] 中国电力企业联合会. 中国电力行业年度发展报告 2017[M]. 北京: 中国市场出版社, 2017.

[82] 国家统计局能源统计司. 中国能源统计年鉴 2017[M]. 北京: 中国统计出版社,2017.

[83] Intergovernmental Panel on Climate Change. 2006 IPCC guidelines for national greenhouse gas inventories [R]. Geneva: IPCC, 2006.

[84] Liu Z, Guan D B, Wei W, et al. Reduced carbon emission estimates from fossil fuel combustion and cement production in China [J]. Nature, 2015, 524(7565): 335 - 338.

[85] 李国玉,吕鸣岗. 中国含油气盆地图集[M]. 2 版. 北京: 石油工业出版社,2002.

[86] Bachu S. Review of CO_2 storage efficiency in deep saline aquifers [J]. International Journal of Greenhouse Gas Control, 2015, 40: 188 - 202.

[87] 翟明洋,林千果,钟林发,等. CO_2 捕集封存联合地下咸水利用经济评价[J]. 现代化工, 2016,36(4): 8 - 12.

[88] Fang Q, Li Y L. Exhaustive brine production and complete CO_2 storage in Jianghan Basin of China [J]. Environmental Earth Sciences, 2014, 72(5): 1541 - 1553.

[89] Li Q, Wei Y N, Liu G Z, et al. CO_2-EWR: A cleaner solution for coal chemical industry in China [J]. Journal of Cleaner Production, 2015, 103: 330 - 337.

[90] Fan J L, Xu M, Yang L, et al. Benefit evaluation of investment in CCS retrofitting of coal-fired power plants and PV power plants in China based on real options[J]. Renewable and Sustainable Energy Reviews, 2019, 115: 109350.

[91] Fan J L, Xu M, Li F Y, et al. Carbon capture and storage (CCS) retrofit potential of coal-fired power plants in China: The technology lock-in and cost optimization perspective[J]. Applied Energy, 2018, 229: 326 - 334.

[92] Yang L, Xu M, Yang Y T, et al. Comparison of subsidy schemes for carbon capture utilization and storage (CCUS) investment based on real option approach: Evidence from China[J]. Applied Energy, 2019, 255: 113828.

[93] Xie J K, Xu Y P, Wang Y T, et al. Influences of climatic variability and human activities on terrestrial water storage variations across the Yellow River basin in the recent decade [J]. Journal of Hydrology, 2019, 579: 124218.

[94] Si Y, Li X, Yin D Q, et al. Revealing the water-energy-food nexus in the Upper Yellow River Basin through multi-objective optimization for reservoir system [J]. Science of the Total Environment, 2019, 682: 1 - 18.

[95] Lin M, Biswas A, Bennett E M. Spatio-temporal dynamics of groundwater storage changes in the Yellow River Basin [J]. Journal of Environmental Management, 2019, 235: 84 - 95.

[96] Li Q, Shi H, Yang D X, et al. Modeling the key factors that could influence the diffusion of CO_2 from a wellbore blowout in the Ordos Basin, China [J]. Environmental Science and Pollution Research, 2017, 24(4): 3727 - 3738.

[97] Fan J L, Shen S, Wei S J, et al. Near-term CO_2 storage potential for coal-fired power plants in China: A county-level source-sink matching assessment [J]. Applied Energy, 2020, 279: 115878.

[98] Fan J L, Wei S J, Shen S, et al. Geological storage potential of CO_2 emissions for China's coal-fired power plants: A city-level analysis [J]. International Journal of Greenhouse Gas Control, 2021, 106: 103278.

[99] Wei N, Li X C, Wang Y, et al. A preliminary sub-basin scale evaluation framework of site suitability for onshore aquifer-based CO_2 storage in China [J]. International Journal of Greenhouse Gas Control, 2013, 12: 231 - 246.

[100] Fan J L, Ding Z X, Li K, et al. Research on carbon neutrality from the past to the future: A bibliometric analysis [J]. Journal of Chinese Economic and Business Studies, 2023, 21 (1): 27 - 48.

[101] Goodman A, Hakala A, Bromhal G, et al. U. S. DOE methodology for the development of geologic storage potential for carbon dioxide at the national and regional scale [J]. International Journal of Greenhouse Gas Control, 2011, 5(4): 952 - 965.

[102] Dahowski R T, Dooley J J, Davidson C L, et al. Building the cost curves for CO_2 storage: North America [R]. [S. l.]: [s. n.], 2005.

[103] 刁玉杰,朱国维,金晓琳,等. 四川盆地理论 CO_2 地质利用与封存潜力评估[J]. 地质通报, 2017,36(6): 1088 - 1095.

[104] Li X, Wei N, Liu Y, et al. CO_2 point emission and geological storage capacity in China [J]. Energy Procedia, 2009, 1(1): 2793 - 2800.

[105] Tian Q H, Zhao D Y, Li Z M, et al. Robust and stepwise optimization design for CO_2 pipeline transportation [J]. International Journal of Greenhouse Gas Control, 2017, 58: 10 - 18.

[106] International Energy Agency. Net zero by 2050: A Roadmap for the global energy sector

[R]. Paris: IEA, 2021.
[107] 中钢网. 中国钢材价格[Z]. 2022.
[108] Tian W J, An H F, Li X J, et al. CO_2 accounting model and carbon reduction analysis of iron and steel plants based on intra- and inter-process carbon metabolism [J]. Journal of Cleaner Production, 2022, 360: 132190.
[109] Flores-Granobles M, Saeys M. Minimizing CO_2 emissions with renewable energy: A comparative study of emerging technologies in the steel industry [J]. Energy & Environmental Science, 2020, 13(7): 1923 - 1932.
[110] He K, Wang L. A review of energy use and energy-efficient technologies for the iron and steel industry [J]. Renewable and Sustainable Energy Reviews, 2017, 70: 1022 - 1039.
[111] Khallaghi N, Abbas S Z, Manzolini G, et al. Techno-economic assessment of blast furnace gas pre-combustion decarbonisation integrated with the power generation [J]. Energy Conversion and Management, 2022, 255: 115252.
[112] Jin P, Jiang Z Y, Bao C, et al. Mathematical modeling of the energy consumption and carbon emission for the oxygen blast furnace with top gas recycling [J]. Steel Research International, 2016, 87(3): 320 - 329.
[113] Kim T W, Bae S S, Lee J W, et al. A biological process effective for the conversion of CO-containing industrial waste gas to acetate [J]. Bioresource Technology, 2016, 211: 792 - 796.
[114] Olabi A G, Wilberforce T, Elsaid K, et al. Large scale application of carbon capture to process industries — A review [J]. Journal of Cleaner Production, 2022, 362: 132300.
[115] Perpiñán J, Peña B, Bailera M, et al. Integration of carbon capture technologies in blast furnace based steel making: A comprehensive and systematic review [J]. Fuel, 2023, 336: 127074.
[116] Sundqvist M, Biermann M, Normann F, et al. Evaluation of low and high level integration options for carbon capture at an integrated iron and steel mill [J]. International Journal of Greenhouse Gas Control, 2018, 77: 27 - 36.
[117] He H C, Guan H J, Zhu X, et al. Assessment on the energy flow and carbon emissions of integrated steelmaking plants [J]. Energy Reports, 2017, 3: 29 - 36.
[118] Tong Y J, Cai J J, Zhang Q, et al. Life cycle water use and wastewater discharge of steel production based on material-energy-water flows: A case study in China [J]. Journal of Cleaner Production, 2019, 241: 118410.
[119] Wang X Z, Zhang Q, Xu L S, et al. Water-energy-carbon nexus assessment of China's iron and steel industry: Case study from plant level [J]. Journal of Cleaner Production, 2020, 253: 119910.
[120] Abadie L M, Chamorro J M. European CO_2 prices and carbon capture investments [J]. Energy Economics, 2008, 30(6): 2992 - 3015.
[121] Lampert K, Ziebik A, Stanek W. Thermoeconomical analysis of CO_2 removal from the Corex export gas and its integration with the blast-furnace assembly and metallurgical combined heat and power (CHP) plant [J]. Energy, 2010, 35(2): 1188 - 1195.
[122] Liszka M, Manfrida G, Ziebik A. Parametric study of HRSG in case of repowered industrial CHP plant [J]. Energy Conversion and Management, 2003, 44(7): 995 - 1012.

[123] 国家发展改革委办公厅. 中国钢铁生产企业温室气体排放核算方法与报告指南(试行)[EB/OL]. (2013 - 10 - 15)[2024 - 06 - 18]. https://www.gov.cn/gzdt/att/att/site1/20131104/001e3741a2cc13e13f1803.pdf.

[124] Li F, Chu M S, Tang J, et al. Life-cycle assessment of the coal gasification-shaft furnace-electric furnace steel production process [J]. Journal of Cleaner Production, 2021, 287: 125075.

[125] 中华人民共和国交通运输部. 2019 中国交通运输统计年鉴[M]. 北京：人民交通出版社股份有限公司,2021.

[126] Ou X M, Zhang X L. Life-cycle energy consumption and greenhouse gas emissions of automotive energy pathways [M]//Sustainable Automotive Energy System in China. Berlin: Springer, 2013: 335 - 361.

[127] da Cruz T T, Perrella Balestieri J A, de Toledo Silva J M, et al. Life cycle assessment of carbon capture and storage/utilization: From current state to future research directions and opportunities [J]. International Journal of Greenhouse Gas Control, 2021, 108: 103309.

[128] 国家能源局. 火力发电厂技术经济指标计算方法：DL/T 904—2015[S]. 北京：中国电力出版社,2015.

[129] Lv W, Sun Z Q, Su Z J. Life cycle energy consumption and greenhouse gas emissions of iron pelletizing process in China, a case study [J]. Journal of Cleaner Production, 2019, 233: 1314 - 1321.

[130] Yang F, Meerman H, Faaij A. Harmonized comparison of virgin steel production using biomass with carbon capture and storage for negative emissions [J]. International Journal of Greenhouse Gas Control, 2021, 112: 103519.

[131]《中国钢铁工业年鉴》编辑委员会. 中国钢铁工业年鉴 2020[M]. 北京：《中国钢铁工业年鉴》编辑部,2020.

[132] Gan Y, El-Houjeiri H M, Badahdah A, et al. Carbon footprint of global natural gas supplies to China [J]. Nature Communications, 2020, 11(1): 824.

[133] Qin Y, Edwards R, Tong F, et al. Can switching from coal to shale gas bring net carbon reductions to China? [J]. Environmental Science & Technology, 2017, 51(5): 2554 - 2562.

[134] 环境保护部,商务部,发展改革委,等. 进口废物管理目录[R]. 北京：环境保护部,商务部,发展改革委,海关总署,质检总局,2017.

[135] Chen J, Li S Y, Li Y. Pursuing zero-carbon steel in China: A critical pillar to reach carbon neutrality [R]. Boulder: Rocky Mountain Institute, 2021.

[136] Ren L, Zhou S, Peng T D, et al. A review of CO_2 emissions reduction technologies and low-carbon development in the iron and steel industry focusing on China [J]. Renewable and Sustainable Energy Reviews, 2021, 143: 110846.

[137] 中华人民共和国工业和信息化部. 工业和信息化部发布废钢铁加工行业准入条件[EB/OL]. (2012 - 09 - 28)[2024 - 06 - 18]. https://www.gov.cn/gzdt/2012-10/12/content_2242109.htm.

[138] 中国金属废料网. 中国现存废钢回收厂[Z]. 2022.

[139] 中国煤炭工业协会. 2018 煤炭行业发展年度报告[R]. 北京：中国煤炭工业协会,2019.

[140] National Bureau of Statistics of China. China statistical yearbook 2019 [M]. Beijing:

China Statistics Press, 2019.
[141] 中华人民共和国交通运输部. 中国道路运输发展报告(2020)[M]. 北京：人民交通出版社股份有限公司,2021.
[142] 中华人民共和国交通运输部. 中国交通运输年鉴(2021)[M]. 北京：人民交通出版社股份有限公司,2021.
[143] Li N, Chen W Y. Modeling China's interprovincial coal transportation under low carbon transition [J]. Applied Energy, 2018, 222: 267 - 279.
[144] 王宜强,赵媛. 中国煤炭资源流源、汇地空间格局演变与内部空间差异研究[J]. 地理科学,2014,34(10)：1153 - 1160.
[145] Zhang Q, Zhou D Q, Zhou P, et al. Cost Analysis of straw-based power generation in Jiangsu Province, China [J]. Applied Energy, 2013, 102: 785 - 793.
[146] 中华人民共和国国家质量监督检验检疫总局,中国国家标准化管理委员会. 电工术语 基本术语：GB/T 2900. 1—2008[S]. 北京：中国标准出版社,2009.
[147] 生态环境部. 2019 年度减排项目中国区域电网基准线排放因子[R]. 北京：生态环境部,2020.
[148] Wei N, Jiao Z S, Ellett K, et al. Decarbonizing the coal-fired power sector in China via carbon capture, geological utilization, and storage technology [J]. Environmental Science & Technology, 2021, 55(19): 13164 - 13173.
[149] Gan Y, Griffin W M. Analysis of life-cycle GHG emissions for iron ore mining and processing in China — Uncertainty and trends [J]. Resources Policy, 2018, 58: 90 - 96.
[150] Ferreira H, Leite M G P. A Life Cycle Assessment study of iron ore mining [J]. Journal of Cleaner Production, 2015, 108: 1081 - 1091.
[151] Li J J, Wang Y G, Xu D P, et al. High-resolution analysis of life-cycle carbon emissions from China's coal-fired power industry: A provincial perspective [J]. International Journal of Greenhouse Gas Control, 2020, 100: 103110.
[152] Zhang L, Wang J M, Feng Y. Life cycle assessment of opencast coal mine production: A case study in Yimin mining area in China [J]. Environmental Science and Pollution Research International, 2018, 25(9): 8475 - 8486.
[153] Ou X M, Yan X Y, Zhang X L. Life-cycle energy consumption and greenhouse gas emissions for electricity generation and supply in China [J]. Applied Energy, 2011, 88(1): 289 - 297.
[154] Ou X M, Zhang X L. Life-cycle analyses of energy consumption and GHG emissions of natural gas-based alternative vehicle fuels in China [J]. Journal of Energy, 2013, 2013: 268263.
[155] Ou X M, Zhang X L, Chang S Y. Scenario analysis on alternative fuel/vehicle for China's future road transport: Life-cycle energy demand and GHG emissions [J]. Energy Policy, 2010, 38(8): 3943 - 3956.
[156] Chen W, Zhang Q, Wang C X, et al. Environmental sustainability challenges of China's steel production: Impact-oriented water, carbon and fossil energy footprints assessment [J]. Ecological Indicators, 2022, 136: 108660.
[157] Kirschen M, Badr K, Pfeifer H. Influence of direct reduced iron on the energy balance of the electric arc furnace in steel industry [J]. Energy, 2011, 36(10): 6146 - 6155.

[158] Fan Z Y, Friedmann S J. Low-carbon production of iron and steel: Technology options, economic assessment, and policy [J]. Joule, 2021, 5(4): 829 - 862.

[159] Lerede D, Bustreo C, Gracceva F, et al. Techno-economic and environmental characterization of industrial technologies for transparent bottom-up energy modeling [J]. Renewable and Sustainable Energy Reviews, 2021, 140: 110742.

[160] Ma X T, Ye L P, Qi C C, et al. Life cycle assessment and water footprint evaluation of crude steel production: A case study in China [J]. Journal of Environmental Management, 2018, 224: 10 - 18.

[161] 中国电力企业联合会. 中国电力统计年鉴 2021[M]. 北京：中国统计出版社，2021.

[162] 中国电力企业联合会. 中国电力行业年度发展报告 2021[M]. 北京：中国建材工业出版社，2021.

[163] 国家发展和改革委员会. 中国电煤价格指数[Z]. 2021.

[164] Dahlmann P, Lungen H B, Ghenda J T. Steel's contribution to a low-carbon Europe 2050: Technical and economic analysis of the steel sector's CO_2 abatement potential [J]. Iron & Steel Technology, 2015, 12(4): 62 - 72.

[165] de Maubeuge H L, der Laan S V, Hita A, et al. Iron production by electrochemical reduction of its oxide for high CO_2 mitigation (IERO) [R]. Luxembourg: Publications Office of the European Union, 2016.

[166] Guo Z H, Bai X X, Liu S H, et al. Heterogeneous variations on historical and future trends of CO_2 and multiple air pollutants from the cement production process in China: Emission inventory, spatial-temporal characteristics, and scenario projections [J]. Environmental Science & Technology, 2022, 56(20): 14306 - 14314.

[167] Shen L, Zhao J A, Wang L M, et al. Calculation and evaluation on carbon emission factor of cement production in China [J]. Chinese Science Bulletin, 2016, 61(26): 2926 - 2938.

[168] Fan J L, Yu P W, Li K, et al. A levelized cost of hydrogen (LCOH) comparison of coal-to-hydrogen with CCS and water electrolysis powered by renewable energy in China [J]. Energy, 2022, 242: 123003.

[169] Fan J L, Li Z Z, Li K, et al. Modelling plant-level abatement costs and effects of incentive policies for coal-fired power generation retrofitted with CCUS [J]. Energy Policy, 2022, 165: 112959.

[170] Filimonova I V, Kozhevin V D, Provornaya I V, et al. Green energy through the LCOE indicator [J]. Energy Reports, 2022, 8: 887 - 893.

[171] 魏宁，刘胜男，魏凤，等. 中国水泥行业通过 CCUS 技术的减排潜力评估[J]. 环境科学，2023，44(12)：6621 - 6629.

[172] 王喜平，赵齐，谭锡崇，等. 基于模糊实物期权的燃煤电厂 CCS 投资决策研究[J]. 工业技术经济，2019，38(12)：148 - 155.

[173] Li Z Z, Yu P W, Xian Y J, et al. Investment benefit analysis of coal-to-hydrogen coupled CCS technology in China based on real option approach [J]. Energy, 2024, 294: 130293.

[174] 陈子瞻，赵汀，刘超，等. 煤炭制氢产业现状及我国新能源发展路径选择研究[J]. 中国矿业，2017，26(7)：35 - 40.

[175] 彭松水，陆诗建. CCS—EOR 项目碳净减排量方法学模型[J]. 油气田地面工程，2015，34(4)：9 - 11.

[176] 国家统计局. 能源生产总量[Z]. 2021.
[177] 陈怡,田川,曹颖,等. 中国电力行业碳排放达峰及减排潜力分析[J]. 气候变化研究进展,2020,16(5): 632 - 640.
[178] 付坤,齐绍洲. 中国省级电力碳排放责任核算方法及应用[J]. 中国人口·资源与环境,2014,24(4): 27 - 34.
[179] 卢其威,何棒棒,吴明哲,等. 大长坡重载列车能耗模型的建立与分析[J]. 矿业科学学报,2018,3(4): 371 - 377.
[180] 陈曦,赵禄成,李鑫,等. 基于功效系数法的内燃机车能效排放指数模型研究[J]. 科技创新导报,2018,15(22): 80 - 82.
[181] 顾清华,张媛,卢才武,等. 低碳限制下综合成本最小的露天矿卡车运输优化研究[J]. 金属矿山,2019(8): 157 - 161.
[182] 国家统计局能源统计司. 中国能源统计年鉴 2011[M]. 北京: 中国统计出版社,2011.
[183] 中华人民共和国交通运输部. 中国交通运输统计年鉴 2011[M]. 北京: 人民交通出版社,2012.
[184] Ou X M, Zhang X L, Chang S Y. Alternative fuel buses currently in use in China: Life-cycle fossil energy use, GHG emissions and policy recommendations [J]. Energy Policy, 2010, 38(1): 406 - 418.
[185] Oberschelp C, Pfister S, Raptis C E, et al. Global emission hotspots of coal power generation [J]. Nature Sustainability, 2019, 2(2): 113 - 121.
[186] Liszka M, Malik T, Manfrida G. Energy and exergy analysis of hydrogen-oriented coal gasification with CO_2 capture [J]. Energy, 2012, 45(1): 142 - 150.
[187] 国家铁路局. 2017 年铁道统计公报[EB/OL]. (2018 - 04 - 12)[2024 - 06 - 18]. https://www.mot.gov.cn/tongjishuju/tielu/201805/t20180515_3020550.html.
[188] 高俊莲,徐向阳,郑凤琴,等. 基于全生命周期的煤炭碳排放清单计算与不确定性分析[J]. 中国煤炭,2017,43(6): 22 - 26.
[189] Li G, Zhang K, Yang B, et al. Life cycle analysis of a coal to hydrogen process based on ash agglomerating fluidized bed gasification [J]. Energy, 2019, 174: 638 - 646.
[190] U. S. Department of Energy, U. S. Environmental Protection Agency. Report of the interagency task force on carbon capture and storage [R]. Washington: U. S. DOE, U. S. EPA, 2010.
[191] Nuclear Energy Agency, International Energy Agency. Technology roadmap: Nuclear energy [R]. Paris: OECD/IEA, OECD/NEA, 2015.
[192] Viktorsson L, Heinonen J T, Skulason J B, et al. A step towards the hydrogen economy — A life cycle cost analysis of a hydrogen refueling station [J]. Energies, 2017, 10(6): 763.
[193] Orhan M F, Dincer I, Naterer G F. Cost analysis of a thermochemical Cu - Cl pilot plant for nuclear-based hydrogen production [J]. International Journal of Hydrogen Energy, 2008, 33(21): 6006 - 6020.
[194] Lassagne O, Gosselin L, Désilets M, et al. Techno-economic study of CO_2 capture for aluminum primary production for different electrolytic cell ventilation rates [J]. Chemical Engineering Journal, 2013, 230: 338 - 350.
[195] Ma L C, Castro-Dominguez B, Kazantzis N K, et al. Integration of membrane technology

into hydrogen production plants with CO_2 capture: An economic performance assessment study [J]. International Journal of Greenhouse Gas Control, 2015, 42: 424 - 438.
[196] 汪家铭. 中国石化洛阳分公司建设10.5万吨/年煤制氢项目[J]. 大氮肥, 2016, 39(4): 258.
[197] Li J Q, Yu B Y, Tang B J, et al. Investment in carbon dioxide capture and storage combined with enhanced water recovery [J]. International Journal of Greenhouse Gas Control, 2020, 94: 102848.
[198] 梁嘉能. 工业碳捕集与封存(CCS)和人工林固碳的对比分析[D]. 广州: 华南理工大学, 2017.
[199] 吴秀章. 中国二氧化碳捕集与地质封存首次规模化探索[M]. 北京: 科学出版社, 2013.
[200] International Renewable Energy Agency. Green hydrogen cost reduction: Scaling up electrolysers to meet the 1.5℃ climate goal [R]. Abu Dhabi: IRENA, 2020.
[201] Schmidt O, Hawkes A, Gambhir A, et al. The future cost of electrical energy storage based on experience rates [J]. Nature Energy, 2017, 2(8): 17110.
[202] 水电水利规划设计总院. 中国可再生能源发展报告2019[R]. 北京: 水电水利规划设计总院, 2020.
[203] Koj J C, Wulf C, Schreiber A, et al. Site-dependent environmental impacts of industrial hydrogen production by alkaline water electrolysis[J]. Energies, 2017, 10(7): 860.
[204] Lee B, Chae H, Choi N H, et al. Economic evaluation with sensitivity and profitability analysis for hydrogen production from water electrolysis in Korea [J]. International Journal of Hydrogen Energy, 2017, 42(10): 6462 - 6471.
[205] 中国气象局. 2020年中国气候公报[R]. 北京: 中国气象局, 2021.
[206] Kuckshinrichs W, Ketelaer T, Koj J C. Economic analysis of improved alkaline water electrolysis[J]. Frontiers in Energy Research, 2017, 5: 1.
[207] 石晓宇, Russell S, 朱晶晶. 中国燃煤电厂温室气体排放计算工具[R]. 北京: 世界资源研究所, 2013.
[208] 刘睿, 翟相彬. 中国燃煤电厂碳排放量计算及分析[J]. 生态环境学报, 2014, 23(7): 1164 - 1169.
[209] 龙芸. 燃煤电厂CO_2排放计算模型与方法研究[D]. 重庆: 重庆大学, 2016.
[210] Wang N, Ren Y X, Zhu T, et al. Life cycle carbon emission modelling of coal-fired power: Chinese case[J]. Energy, 2018, 162: 841 - 852.
[211] 国家发展和改革委员会应对气候变化司. 省级温室气体清单编制指南(试行)[R]. 北京: 国家发展和改革委员会办公厅, 2011.
[212] He Y J, Zhang Y, Ma Z F, et al. Optimal source-sink matching in carbon capture and storage systems under uncertainty [J]. Industrial & Engineering Chemistry Research, 2014, 53(2): 778 - 785.
[213] 孙亮, 陈文颖. 中国大陆CCUS源汇静态匹配管网布局[J]. 清华大学学报(自然科学版), 2015, 55(6): 678 - 683.
[214] 周蒂, 张云帆, Haszeldine S. 二氧化碳离岸运输与封存的工程要求国际经验简介[R]. 广州: 中英(广东)CCUS中心, 2014.